U0241458

本书为教育部人文社会科学研究青年基金项目

"气候的外生冲击与 17 世纪西欧社会变迁研究——基于历史学的视野"
（项目批准号：12YJC770051）的资助成果

全国普通高校人文社会科学重点研究基地东北师范大学世界文明史研究中心

世界文明史研究丛书 12

被遗忘的年代

气候的外生冲击与 17 世纪西欧社会变迁

孙义飞　著

生活·讀書·新知 三联书店

图书在版编目(CIP)数据

被遗忘的年代：气候的外生冲击与 17 世纪西欧社会变迁/孙义飞
著.—北京：生活·读书·新知三联书店,2019.1
ISBN 978 - 7 - 108 - 05812 - 6

Ⅰ.①被…　Ⅱ.①孙…　Ⅲ.①气候变化－关系－社会变迁－研究－
西欧－17 世纪　Ⅳ.①P467②D756

中国版本图书馆 CIP 数据核字(2016)第 220843 号

责任编辑　成　华
封面设计　米　兰
责任印制　黄雪明
出版发行　**生活·讀書·新知 三联书店**
　　　　　(北京市东城区美术馆东街 22 号)
邮　　编　100010
印　　刷　常熟市梅李印刷有限公司
版　　次　2019 年 1 月第 1 版
　　　　　2019 年 1 月第 1 次印刷
开　　本　720 毫米×965 毫米　1/16　印张　15.75
字　　数　220 千字
定　　价　58.00 元

序

　　这部以 17 世纪欧洲社会变迁为主要探讨对象的著述，为义飞同志十余年(先后经历硕士学位论文写作、博士学位论文写作和承担教育部人文社科青年项目等数个阶段)辛勤付出之后，收获的一份沉甸甸的成果。其中既显现出义飞同志多年在跟踪国际学术前沿动态方面的沉潜之功，又承载其自身独具个性的思考与探究。当全书杀青，行将付诸刊行之际，义飞向我索序一篇。笔者虽笔耕不辍，但极少为人作序，其缘由在于自己学力有限，才识不济，实在不堪充任"作序者"之责。然回首以往，自己的确在一个时期内对应该如何评估 17 世纪西方社会的历史进程和特征有过一些思考和体会，书写过一些文章。特别是在博士生研讨班课堂上与义飞等年轻学子就此问题有过长时间的切磋、研讨。有鉴于此，笔者方敢斗胆拾笔，作此文，以为书序。

一

　　在相当长的一个时期内，国内有关世界历史或欧洲史研究及评述中，经常将 16 世纪以后欧洲或西方的历史状况表述成一种波澜壮阔大步向前的进程。似乎自 16 世纪始，西方社会在文艺复兴、宗教改革、大航海运动等巨变推动下一直处于向现代社会发展的直线演进轨道之中。17 世纪中所发生的英国革命、理性的开端、科学的兴起等各种历史事件及其时代功用和意义，只有而且也必须按照 16 世纪的启动与 18 世纪的结果二者之间的逻辑联系，即以社会转型（或曰制度转型、文明转型）模式来进行认识，才能获得正确的阐发和解释。至于 17 世纪这一百年间，西方社会运动全部进程所包含的各种内容，特别是它所经受的种种磨难、苦痛、曲折、徘徊则都退居幕后。当时西方社会演进过程中所呈现出的内涵复杂性和所面临的多种发展的可能性都被现代化进程一个维度遮蔽起来。一言以蔽之，现今人们所批判的"线性发展史观"和对历史简单的处理方法，似乎在以往对 17 世纪欧洲历史的认识过程中表现得最为明显。

虽自 15 世纪末始，西方社会发展有了相当起色和一种新气象，但是它每一步进程又都充满着艰辛、苦难、徘徊、曲折甚至倒退。西方史学界普遍认为在"延长的 16 世纪"中取得长足进步之后，西欧各国又陷入一场"17 世纪普遍的危机"之中。20 世纪中叶，围绕着"17 世纪危机"，西方史学界曾爆发过一场由英国著名史学家霍布斯鲍姆首先掀起的、有众多史学家参与的大规模论争。在是否存在过一场危机以及这场危机的性质、强度、范围和作用影响等各个方面，学者们见仁见智，观点各不相同。但在当时西欧的确发生过一次剧烈的结构动荡这一事实的确认上，各家看法则基本一致。从对这场论争的过程和文献的辨析中，人们强烈地感受到了近代早期西方文明发展的复杂性、艰难性、起伏不定的周期性。而对这些，国内史学界所给予的关注、研究和认识应当说是不够充分的。

当我们对 17 世纪西方历史进程进行一番冷静的回眸和对 17 世纪之后欧美学术界对这一世纪的认知与评估进行一番客观而细心的梳理之后，就会发现这个世纪本身的状况和它在西方历史整体发展过程中的地位是极为复杂又饶有趣味的。可以不夸大地讲，对 17 世纪西方社会运动的复杂性和多样性进行深入的研讨与反思，对于中国史学界而言，构成了一个极具挑战性的研究课题。

正是从这种意义上讲，义飞同志所选择的这一研究课题以及其十余年辛勤探究的价值与意义便显现了出来。

二

作为一位最早阅读此书文稿的读者,笔者认为义飞同志的著述中值得首肯或称道之处,有以下诸端:

第一,辨析、评判、梳理有致。

在对西方学界有关17世纪历史研究状况的学术梳理与辨析上,义飞同志用力尤多,所获颇丰。若将此部著述细读,读者便知这一评价绝非虚言。他在书中以一章的篇幅,近三万言来完成这一方面的工作。其中既有对西方学者在这一领域探求历程的客观概述性介绍,也有对其争论重点的客观辨析、评判;既对研究现状做了类似白描式的勾勒,又从史学研究变迁角度对这一现状得以生成的缘由加以阐释,认为正是历史观念、研究视野和研究方法等诸方面的变异,西方学术界才有了对17世纪历史演进过程的重新认知。正如义飞在书中所言:

> 西方学术界的这一论争也揭示了西方学术界在解释社会转型中存在的连续和变革、内因和外因、结构和事件之间传统的二元对立问题。理论或模式的多样化,为西方学者们进行学术研究时提供了各种研究工具和具体的选择,这同样给可能的使用者提供了选择的问题,也给了他人以问难的机会。然而,正是在这种选择和诘难中,西方学术界的学术研究获得了飞跃性的发展。

尤其需提及的是,义飞同志非常坦诚地告知人们,自己的工作就是在上述西方学界业已获取的成就基础之上而展开的。此番梳理、评判工作或许还可能存在某些疏漏之处,其评价或许不够全面、准确、妥当,然一位青年学者能够对前人或别人学术劳作和努力给予如此的尊重,并在此基础上,展开自己的学术探讨,不能不谓是一件值得欣喜之事。记得当年北京大学历史系高毅教授在主持义飞的博士学位论文答辩会时,就曾对此予以首肯和较高评价。

我素来主张在对某个问题进行研究时，首先也必须对这一领域学术史进行梳理和辨析。无论在为学学理上还是为人义理上，这都是一位具有学术良知的学者在阐明自己学术主张之前，必须完成的一种程序，也是严格自律的表现，更是捍卫与保持严谨学风的应有之举。在国内学术研究尚显浮躁的当下，更应如此。只有这般，我们才能表明自身工作与他人研究成果之间的关系，才能表示出对他人劳动的承认、尊重，才能真切地确定自己出发点的方位。而更重要的是，彰显他人的成就并不会影响我们自己学说的创建。同时，我们又不能满足于任何已有的成说，不能囿于权威的定见，否则，断无进步、发展的可能。中外学术史发展历程表明，对以往学术成就进行纯正意义上的批判，是学术发展的前提和必要途径之一。但其意义绝不在于一味地"破坏"和所谓的"解构"，更主要的是能够以一种建设性姿态，将学术问题置于一种新的视野、新的框架之下加以深入研讨。

第二，视角调整，多维关注。

以往学界在西方近代社会变革研究方面，成果颇为厚重，后人理当给予尊重，不可随意菲薄诟病。然而新时期以来，新说迭出，不断地向前推进。这种进步变革体现在诸多方面：除了史观的变革之外，还体现在史学研究视野的拓展和史学研究方法的调整等等。而这些拓展与调整导致了17世纪西方社会的政治、经济、思想、文化、军事、人口、社会、生态等各种基本构成因素皆被纳入到史学考察研究的视野之中。而在史学研究的具体方法、手段上，以兰克学派为代表的传统史学注重考证史料，力求应用原始材料，以叙述往昔政治事件来试图再现真实的历史的方法逐渐被超越。20世纪尤其是"二战"以来的西方社会的自然科学的繁荣发展，为史学研究手段、方法、途径的借鉴、扩展和丰富提供了广阔前景。西方新史学以新的研究技术和方法的运用为前提向纵深发展，借鉴、吸收了其他学科的新技术和方法、理论和概念，于是出现了形形色色的史学研究新方法，如计量系列分析、放射技术分析、结构分析、比较研究方法等等。

义飞同志在对西方史学研究前沿状态的密切跟踪观察过程中，敏锐地捕捉到这些新的动向,有批判地汲取了诸多有益的成分,并有意识地引入到自己的思考和研究之中。如在本书第二章"气候与生态:西方文明变迁的基调"中,便将气候、生态作为研究的核心话题,甚至是全书立论的一个基本出发点,继而在第三章"精神和文化:戴着镣铐的舞蹈"、第四章"军事与战争:锻造西方文明"、第五章"人口与社会:危机与变革"等章节中,也从不同角度、运用不同方法展开自己的论说,从而使其对17世纪西方社会、西方文明的思考和探究有了一种令人耳目一新的气象。

第三,空间:西方与世界。

在全书最末的第六章中,义飞的追寻探究出现了一种转向,即从前几章仅局限于亚欧大陆西方一隅拓展开来,将西方与整个文明世界并置一处,特别着重将西方社会发展或变革置于整个文明世界的空间格局下来加以考量。探索空间的这一转变,同样引发大量值得重新思考、重新判断和重新定夺的问题。而近十余年来,许多学者已在这一领域取得了相当丰硕的成果,非常必要予以关注和汲取。重要的是不仅要将17世纪的西方社会的历史放到当时那个时代来对其进程和特征加以认知和评说,还要放到当时那个整体世界格局中和文明历史的总体进程中来看取它的价值与作用。当然,如何认知、评说、判断甚至做出定论,尚需更多的因素参与,绝非完成了这种空间转变便可即刻将历史的真实或真相全然揭示出来,但研究空间的拓展绝对是一个不可或缺的前提和条件。而且无论对于破除欧洲特殊论、西方中心论等传统窠臼,还是超越历史认识论中的线性发展史观和简单处理历史问题的习惯做法,进而对17世纪西方社会发展过程中的复杂性、艰难性、曲折性和多样性问题做出深入而全面的揭示,都必须如此。

行文至此,按说该停笔了。相信读者们完全可以凭借自己的阅读,对此书的可否、长短、优劣做出自我的判断。笔者只是想说,任何一种历史认识、研究都没有也不会有穷尽之时。作为西方社会和西方文明整体发展进程中的17世纪,其所具有的独特地位、独特性质和独特魅力,需要研究者们付出极大的努力方可有所成就,而现在尚远远不是做出定论之时。

换句话讲，一个"漫长的17世纪"中西方社会与西方文明变迁的真实图景，肯定不会是一笔便能绘就的。但值得肯定和欣慰的是，当下国内史学界有一批学者，如义飞同志，正在为此而付出努力。笔者也相信随着不断的付出，探究的逐步深入，我们肯定会逐步地靠近那段真实的历史，那种历史的真实，而这也正是数十年来一直从事西方文明史研究工作的笔者的自我期许。

王晋新

2014年夏于东北师范大学世界文明史研究中心

引言

　　16 至 18 世纪,是所谓的近代早期西欧社会文明转型时期,在世界历史的整体进程中具有划时代意义,也是包括中国在内的国际学术界久盛不衰的学术热点问题之一。然而长期以来,学术界对西欧近代早期社会历史研究所勾勒、描绘并传递给我们的是这样一幅宏伟壮丽的图景:大航海运动、文艺复兴、宗教改革、资产阶级大革命、启蒙运动、工业革命……这些"运动""革命""改革""复兴"以一种波澜迭起、汹涌澎湃的态势,不断地推动西欧社会阔步前行。西欧社会似乎由此踏上了一条笔直向前的康庄大道,飞奔向前,渐行渐远……西欧社会发展的进程果真如此吗?

　　与此同时,在这段研究时限之中,16 世纪因有文艺复兴和宗教改革,18 世纪有启蒙运动和法国大革命而成为学术界学术关注的宠儿,而介乎二者之间的 17 世纪则鲜有人谈及。正如一位西方学者所言:社会、经济以及马克思主义学派历史学家一直很关注更具革命性的 16 和 18 世纪,却极少顾及 17 世纪。[1] 而另一位学者则指出:"那镶嵌于16 世纪和 18 世纪之间的 17 世纪有时似乎没有自己的特

---

[1] J. V. Polišenský, *War and Society in Europe 1618 - 1648*, London: Cambridge University Press, 1978, p. 1. 另见[美]伊曼纽尔·沃勒斯坦著,尤来寅等译,《现代世界体系》第二卷,北京:高等教育出版社,1998 年,第 9 页注 12。

点","我们所得到的关于这个位于二者之间的世纪的情况仅仅是诸如'过渡''变迁'之类含混不清的术语。"①"我们一遍遍重复被错误所扭曲的无论是对法国还是对作为整体的欧洲都所知甚少的对 17 世纪的认识。"②17世纪遂成为学术研究中两个发达区之间的欠发达区。这是如何造成的呢?荷兰史学家 I. 舍弗尔(I. Schoffer)认为:"这可能是传统主义妨碍我们做出更好的判断,但我们确实应该给予 17 世纪一个应有的位置。我们的想象需要它。"③是该修正它的时候了。

　　随着时间的推移和历史学科的发展,中、长时段的世纪史开始越来越多地步入西方学者的学术研究视野之内。为此,从 20 世纪中叶起,西方史学界对 17 世纪西方文明的发展进程进行了系统、深入、全面的分析研究,提出了众多或相同、或相似、或具有明显差异的观点,掀起了一场为时长久、规模宏大的学术论争,即关于"17 世纪普遍危机"的大论战,从而使得西方学者对 17 世纪史的研究状况大为改观。在众多西方学者看来,17世纪西方文明经历了一场普遍危机,它是西方中世纪文明向近代文明转型的关键时刻,是位于两个经济上升周期之间的下降周期,在这一时期内,政治秩序动荡、经济衰退、战争频仍、瘟疫流行、人口下降……因而这是一个"堕落的世纪","是一个产生了严重动荡、面临严重考验的时代"。④ 而一些学者则对此种论调予以坚决反对,在他们看来,这是一个"黄金世纪",荷兰、英国蒸蒸日上,法国强大且生机勃勃,这一世纪的总人口并未有任何下降;这是一个伟大的时代,伟人辈出,产生了路易十

① Ivo Schoffer, "Did Holland's Golden Age Coincide with a Period of Crisis?", in Geoffrey Parker and M. Smith eds. , *The General Crisis of the Seventeenth Century*, London: Routledge & Kegan Paul Ltd, 1985, p. 83.
② Pierre Daix, "Le XVIIe siècle, cet inconnu", *Les Lettres Français*, No. 1152, 1965. cited by J. V. Polišenský, "The Thirty Years' War and the Crises and Revolutions of Seventeenth-Century Europe", in *Past and Present*, No. 39, 1968, p. 34.
③ Ivo Schoffer, "Did Holland's Golden Age Coincide with a Period of Crisis?", in Geoffrey Parker and M. Smith eds. , *The General Crisis of the Seventeenth Century*, p. 84.
④ [美]菲利普・李・拉尔夫等著,赵丰等译,《世界文明史》(上卷),北京:商务印书馆,2001年,第 935 页。

四、笛卡儿、牛顿、莱布尼茨……而另有一批学者对此则提出了更为谨慎的看法。

种种观点，孰是孰非？抑或是历史本来就是有多种面孔交叠在一起并且不停地在变幻着的。在思考这一问题的同时，同样令人深思的是：为何 I. 舍弗尔说"传统主义妨碍我们做出更好的判断"？传统主义是怎样妨碍这种研究的？西方史学的发展、变革是怎样打破传统主义的研究障碍的？西方史学界对 17 世纪历史到底进行了怎样的研究？也即它是围绕着哪些方面展开的？取得了哪些成果？又有何不足？更为重要的问题是，20 世纪中叶以来对此问题的研究与西方史学的发展、变革有何关联？17 世纪究竟在西欧社会的整体发展进程中处于何种地位？在洗掉重重油彩之后，17 世纪西欧社会将以怎样的面目示人？我们又该以怎样的方式来重新认识西欧社会的这段发展历程呢？西方史学界对 17 世纪历史的研究对我国史学界的史学研究有着怎样的启示？我们又应该怎样利用它的研究成果，以利于我们对这一问题的继续研究？

对上述这些问题进行思考并予以解答，是促使笔者选择对 17 世纪西方文明的研究的主要原因。同时，笔者以为，如果我们想发现真正促成西方文明的经济、社会和文化发展的因素，我们就必须历史地考察整个西方的社会-文化的、生态-经济的以及文化的体系，而这也就是本文所称的文明体系的主要内容，这个体系既提供了又限制着我们所有人历史思考的可能性。

但也必须坦诚地承认，以笔者目前的学术功力、所拥有的学术研究条件，在一本二十万字的著述中想要完成对这一系列庞大而复杂问题的探究，无疑是十分困难的。然而，无知者无畏，笔者抱着极大的勇气试图在文中通过吸收、借鉴前人的研究成果对上述问题抛砖引玉，给出自己的理解。还要说明的是，这篇小文不想也不可能写得面面俱到，而是试图以气候的角度出发，从气候的外生冲击视角去考察由此引发的 17 世纪西欧社会的连锁反应。

为了文章的顺利进行，本文将本着忧患意识、学术敏感和人文关怀精神，站在历史与现实的交汇点上，拟在努力吸取各个相关研究领域研究成果的基础上，尝试对特定的空间——西欧文明区域，在一个特定的时间段——延长的 17 世纪（约 1580—1720 年）的发展状况这一课题做一分析、研究。

目录

第一章
国内外研究状况

第一节　17世纪西方文明的
研究现状分析

一、国外学者对17世纪西方文明的研究现状分析

(1) 20世纪中期以前西方学术界对17世纪的研究

综观西方学术界对17世纪西方社会的研究，笔者以为大致可以将其分为两个阶段。在17—20世纪中叶的第一阶段，西方学人对17世纪西方社会尚缺乏系统性、整体性的专门研究，研究成果不多，关于其评价、看法的只言片语更多包含在诸如法国学者伏尔泰的《风俗论》《路易十四时代》，德国学者兰克等人所著的一些通史和国别史著作之中。而到了20世纪中叶以后，西方学术界对17世纪西方社会状态的研究进入了一个崭新阶段。西方学术界把17世纪作为一个整体的时段，对当时的社会进行了较为系统的研究，涌现出大批研究成果，加深了人们对于17世纪的认识。

17世纪的西方人，切身感受到了这个时代带给他们的一切，因而对其所处的时代也有着独特的认知和感受，这种观感诉诸笔端，便形成了他们对社会与文明进行的并不系统、全面的最初研究成果。

"永恒的上帝啊！我看见了一个多么美好的世界正在出现！我为什

么不能再变得年轻呢？"①这是生活于约 1466—1536 年的尼德兰人文主义学者德西迪里·伊拉斯谟(Desiderius Erasmus)对他所处时代做出的热情洋溢的评价，表达出一种对当下美好生活的幸福感受和自豪、自信的心态。然而，就在短短的半个多世纪之后，西方人对其所处时代的感受却发生了巨大的逆转，与生活在 16 世纪的前辈那种幸福、自得、自满、自豪的感觉形成了鲜明反差。专制、独裁、起义、暴动、叛乱等种种恶政、劣行、冲突和革命接踵而至，而又迅速弥散遍布于西欧各地区，从而使得当时的西方人先是震惊，而后又陷于一种相当普遍的失望与悲观境遇之中。1643 年，英国教士杰里迈亚·惠特克(Jeremiah Whittaker)不无欣慰地通告议会下院，处在动荡不安中的英国人在西方并不孤单："这是动荡的岁月，而且这种动荡无处不在：巴拉丁、波希米亚、德意志、加泰罗尼亚、葡萄牙、爱尔兰、英格兰。"②而约翰·古德温(John Goodwin)则在此前的一本议会宣传册中宣称，英格兰与国王的斗争将蔓延至许多大国，如法国、德意志、波希米亚、匈牙利、波兰、丹麦、瑞典和其他一些国家。③ 17 世纪英国著名诗人约翰·弥尔顿(John Milton)则写道："从赫拉克勒斯柱到印度最远的边境……自由被如此长久地放逐，如此漫长地放逐。"④英国著名哲学家霍布斯也指出，17 世纪中期的混乱令人难忘。⑤

　　无独有偶，欧洲大陆上，荷兰人利弗维·范·艾特泽玛(Lieuwe Van

---

① 张广智、张广勇，《史学：文化中的文化》，上海：上海社会科学院出版社，2003 年，第 155 页。

② H. R. Trevor-Roper, "The General Crisis of the Seventeenth Century", in Trevor Aston ed., *Crisis in Europe 1560 - 1660*, New York: Routledge & Kegan Paul Ltd, 1965, p. 63; Gary Martin Best, *Seventeenth Century Europe*, HongKong: Macmillan Education Ltd, 1983, p. 112; Christopher Hill, "Introduction", in Trevor Aston ed., *Crisis in Europe 1560 - 1660*, p. 2.

③ C. Hill, *Puritanism and Revolution*, London, 1959, p. 131, 转引自 Christopher Hill, "Introduction", in Trevor Aston ed., *Crisis in Europe 1560 - 1660*, p. 2.

④ Christopher Hill, "Introduction", in Trevor Aston ed., *Crisis in Europe 1560 - 1660*, p. 2.

⑤ Geoffrey Parker and M. Smith eds., *The General Crisis of the Seventeenth Century*, London: Routledge & Kegan Paul Ltd, 1985, p. 83, p. 3.

Aitzema)比较了 1647 年的那不勒斯起义和 1648 年的莫斯科叛乱。意大利人康特·伯拉戈·阿沃加德罗(Count Birago Avogadro)根据报纸的报道,于 1653 年出版了一卷对此前十年政治叛乱的研究著作。他的研究范围包括加泰罗尼亚、葡萄牙、西西里、英格兰、法国、那不勒斯和巴西等地的起义。[①] 法国历史学家罗伯特·门泰·德·萨尔莫内(Robert Mentet de Salmonet)则干脆认为欧洲人生活于"以发生巨大而陌生的革命而臭名昭著的'黑铁时代'。叛乱频繁地发生于东西方"。[②] 他写道:"我不想多谈我们生活的这一时代的习俗。我所能说的只是,这一时代不是一个最美好的时代,而是一个邪恶的世纪。"[③]这与伊拉斯谟的观感形成了巨大的反差。个中缘由,可想而知。

而在启蒙时代,虽然精英政治史仍然占据着 17 世纪西方史学研究的主流,但也出现了一股支流,一些学者开始以新视野对 17 世纪西方社会展开研究并做出了独特贡献。法国启蒙思想家伏尔泰就是其中的佼佼者。在其著作《路易十四时代》中,伏尔泰不仅叙述了该时代的政治、军事状况,同时还重点"致力于叙述值得各个时代注意,能描绘人类天才和风尚,能起教育作用,能劝人热爱道德、文化技艺和祖国的事件"。[④] 伏尔泰把路易十四时代视为世界历史上文化技艺臻于完美的、人类精神崇高而伟大、成为后世典范的四个时代中的第四个,也是"四个时代中最接近尽善尽美的时代"。他认为在这个时代人类的理性已臻成熟,健全的哲学为人所知,欧洲的文明礼貌和社交精神的产生都应归功于路易十四的宫廷,"在这段时期内,我国的文化技艺、智能、风尚,正如我国的政体一样,都经

---

① Christopher Hill, "Introduction", in Trevor Aston ed. , *Crisis in Europe 1560 - 1660*, p. 1.

② Christopher Hill, "Introduction", in Trevor Aston ed. , *Crisis in Europe 1560 - 1660*, pp. 2 - 3.

③ R. 门泰·德·萨尔莫内,《大不列颠动乱史》,1649,转引自《世界文明史》(上卷),第 933 页。

④ [法]伏尔泰著,吴模信等译,《路易十四时代》,北京:商务印书馆,1982 年,第 10 页。

历了一次普遍的变革,这变革应该成为我们祖国真正光荣的永恒标志"①,从而表达出他对路易十四的好感和衷心敬慕。

在他看来,虽然这一时代的各种技艺臻于完美,但也存在着王公贵族的野心勃勃、平民百姓的兴风作浪、教士僧俗的骚动叛乱与欺诈作伪。后一观点在其著作《风俗论》中被伏尔泰发挥得淋漓尽致。也就是在这部伏尔泰献给其女保护人夏特莱侯爵夫人的著作中,伏尔泰指出:"……西班牙自菲利普二世以后开始削弱,……法国自亨利四世以后……黎塞留取得重大成就之前曾经陷入动荡和衰败之中……英国早从伊丽莎白当政时起,就开始衰败了。伊丽莎白的继承人詹姆斯一世……的统治时期却更加黯淡无光。"这一时代"同样对所有的国王也是不幸的时代……17世纪是篡权者的时代……世界是抢劫掠夺、胡作非为的一个大舞台"。伏尔泰认为:"在我们所看到的世界各地的许多动乱中,似乎有一种命定的因果关系牵连着人们,就像风卷起沙土、掀起波浪一样。"②后世学术研究者也从中找到了被他们视为首次提出"普遍危机"理论的依据,而将之追溯为"17世纪普遍危机"观点的先声。

19世纪,随着西方工业革命的逐渐完成以及殖民主义在世界各地的胜利,西方人变得极为自信,这种心态也反映到了历史研究上,尤其是在西方近代社会与文明研究方面,字里行间充满了对西方社会与文明的溢美之词。

在法国人基佐那里,十分明显地表现出他对以法国为代表的西方文明的过度赞赏。他认为17世纪的法国已处于欧洲文明的领先地位,法国的文明具有传布性特色。在整个17世纪中,它是大陆上的各国君主、国民羡慕的政府。③ 即使路易十四时期发动的诸多战争在他看来也"是由一个坐镇中央的政府征服周边国家,为了扩张和巩固自己领土,是政治性的

① 《路易十四时代》,第5—7页。
② [法]伏尔泰著,谢戊申、邱公南等译,《风俗论:论各民族的精神与风俗以及自查理曼至路易十三的历史》(下册),北京:商务印书馆,2000年,第372、480、481、517页。
③ [法]基佐著,程洪逵、沅芷译,《欧洲文明史》,北京:商务印书馆,1998年,第227页。

战争"①。在他看来,路易十四的征服没有不合理和任意的性质。他认为西方文明是不断进步的,"从总的情况看,大陆和英国都经过同样宏伟的文明阶段,两地事情都循着同一道路演进,同样的原因导致了同样的后果"②。

而自19世纪中后期起,随着兰克学派的兴起,政治史、军事史、外交史更是牢牢占据了史学研究的主流,精英政治和人物成为历史研究的重点,此时的17世纪西方社会文明史在史学家看来,越来越多地失去了自己的特征和意义,17世纪历史似乎只剩下了路易十四、克伦威尔、英国资产阶级革命、三十年战争等几个有限的研究题材。这种情形一直延续到20世纪中期而少有突破。这在英国阿克顿勋爵编著的《剑桥近代史》系列丛书中有着十分突出的表现。

(2) 20世纪中期以来西方学术界对17世纪的研究

1. 研究概况

到了20世纪中叶,西方学术界对17世纪西方社会的研究进入了一个崭新的阶段,涌现出大批研究成果,使得西方学术界对17世纪西方社会的研究状况大为改观。只是到目前为止,国内学术界对这一重要问题,还鲜有人问津。③ 本节试图对近半个世纪以来西方学术界对此问题的探索作一概要回顾和介绍。

1954年,英国著名马克思主义历史学家E. J. 霍布斯鲍姆(E. J. Hobsbawm)在《过去与现在》(*Past and Present*)第5、6两期上先后发表了题为《17世纪危机》的长篇论文。霍氏指出此时期欧洲频繁发生经济衰退、谷物生产萧条甚至下降、人口死亡率上升、资产阶级革命、社会叛乱等

---

① 《欧洲文明史》,第223页。
② 《欧洲文明史》,第220页。
③ 查阅大量文献,目前国内学界相关研究的著述甚少,仅有几篇提及且多为介绍性文章,详见:王宇博、何元兴,《欧洲"十七世纪总危机"在地域上的区别》,《江苏教育学院》(社会科学版),1995年,第2期;王宇博,《欧洲"十七世纪总危机"在地域上的差异》,《安庆师范学院学报》(社会科学版),2000年第5期;刘景华、邹自平,《十七世纪危机中的经济转型》,《长沙电力学院学报》(社会科学版),2003年第1期;等等。

现象，从而认为欧洲经济"在17世纪经历了一场'普遍危机'"，①由此正式揭开了这场大讨论的帷幕。

其实，从时间上考察，在此之前已有学者提出了类似观点，如早在1932年，法国著名经济学家弗朗索瓦·西米昂（Francois Simiand）在其著作《长时段的经济不稳定与世界危机》（*Les Fluctuations Économiques à Longue Période et la Crise Mondiale*）中就指出：西方在16世纪是经济扩张时期，而在17世纪这种扩张先是停止，继而约在1650年进入萧条时期。② 1935年，保罗·哈泽德（Paul Hazard）在其著作《欧洲的道德危机》（*La Crise de la Conscience Européenne*）中提出欧洲在17世纪经历了一场重要的理性危机。1938年，R. B. 梅里曼（R. B. Merriman）在其著作《同时期的六次革命》（*Six Contemporaneous Revolution*）中比较了英格兰、法国、加泰罗尼亚、那不勒斯、葡萄牙、荷兰等国家和地区的六次革命，指出当时欧洲正经历着一场政治和经济危机。③ 然而，这些著作在当时传统史学仍占主导地位的西方学术界并未引起多大反响。随后，法国历史学家布罗代尔在对地中海地区经济的研究、意大利学者罗马诺（Ruggiero Romano）在对17世纪佛罗伦萨纺织工业的研究中也都提出了诸如"经济发展的普遍停止"或"普遍危机"的类似观点。④ 这些观点在一定程度上对此后的学术论争有开启之功。1954年，法国著名历史学家R. 穆尼埃（Roland Mousnier）在其著作《16、17世纪》中更进一步指出欧洲在1598—1715年是一个影响人类生活的"危机时代"，经历了一场涉及人

① E. J. Hobsbawm, "The Crisis of the Seventeenth Century", in Trevor Aston ed. , *Crisis in Europe 1560 - 1660* , p. 6.

② John Elliott, "Revolution and Continuity in Early Modern Europe", in Geoffrey Parker and M. Smith eds. , *The General Crisis of the Seventeenth Century* , p. 113.

③ Gary Martin Best, *Seventeenth Century Europe* , HongKong: Macmillan Education Ltd, 1983, p. 112; John Elliott, "Revolution and Continuity in Early Modern Europe", in Geoffrey Parker and M. Smith eds. , *The General Crisis of the Seventeenth Century* , p. 111.

④ E. J. Hobsbawm, "The Crisis of the Seventeenth Century", in Trevor Aston ed. , *Crisis in Europe 1560 - 1660* , p. 6.

口、政治、经济、社会、精神思想等领域的全面危机。① 然而,直到霍氏方始提出了 17 世纪危机问题并给出了系统的解说,将其时正在进行的西方社会转型、西方社会的兴起等学术热点问题与 17 世纪有机结合起来,并凸显了经济的重要地位,为 17 世纪的研究提供了一个较高的起点和平台,使之成为世界历史上有重大研究意义的问题。

一石激起千层浪,霍氏论文引起了西方学术界的广泛关注。1959年,英国钦定教授、著名学者 H. R. 特雷弗-罗珀(H. R. Trevor-Roper)率先响应,于《过去与现在》(*Past and Present*)杂志第 16 期发表《17 世纪普遍危机》一文。虽然赞同"普遍危机"观点,但他批驳了马克思主义史学家的解释,马克思主义史学家将这场危机归结为一场生产的危机,并认为革命的动力来自封建主义生产保护机制对资本主义经济生产活动的抵制。② 他指出这种观点无法被证实或无法获得强有力证据的支持,并认为这场危机是惯于施加重赋的过度膨胀的寄生性官僚政治的一种危机。当欧洲在 17 世纪不再扩张时,官僚政治的税赋便导致了衰竭、损失和破产,③因而它"不是生产组织或生产机制的危机,而是国家,更确切地说是国家和社会之间关系的危机"④,从而将"17 世纪普遍危机"的观点又引入到政治领域。

针对特雷弗-罗珀的观点,1960 年的《过去与现在》杂志第 18 期组织了一次专题讨论,刊登了 R. 穆尼埃、约翰·H. 埃利奥特(John H. Elliott)等人的批驳文章以及特雷弗-罗珀的回应文章。穆尼埃指出官员被剥夺了权势,导致他们的荣誉、特权和利益被损害,由此引发了官员的

① Ivo Schoffer, "Did Holland's Golden Age Coincide with a Period of Crisis?", pp. 84 – 85; John Elliott, "Revolution and Continuity in Early Modern Europe", p. 110; Gary Martin Best, *Seventeenth Century Europe*, p. 112.

② H. R. Trevor-Roper, "The General Crisis of the Seventeenth Century", in Trevor Aston ed., *Crisis in Europe 1560 – 1660*, p. 69.

③ H. R. Trevor-Roper, "The General Crisis of the Seventeenth Century", in Trevor Aston ed., *Crisis in Europe 1560 – 1660*, pp. 82 – 85.

④ H. R. Trevor-Roper, "The General Crisis of the Seventeenth Century", in Trevor Aston ed., *Crisis in Europe 1560 – 1660*, p. 101.

反叛。① 埃利奥特则认为财政危机是由战争引起的，而非王宫的过度奢侈引发的。② 特雷弗－罗珀则指出批评者们对其本人的观点存在误读，指出他所说的官员是指所有官员，既有都城的也有地方的，既包含法律的也包括教会的官员。官员的花费不仅指君主超出税收的花费，还包括维持这种组织的所有花费。同时，战争虽有其影响和负担，但却无法将之与维持它的社会形势相区分。他认为，这场危机不仅仅是社会的危机，许多其他压力也牵涉其中，尤其是由强大王权的封建结构引发的地方反对派的压力。作为回应，无疑导致了社会或经济压力，西班牙、法国、英国的君主们寻求将官僚制度体系强加于那些曾作为独立王国的、现在却无固定宫廷的、更为弱小的领地，结果引起了起义，并因缺乏地方宫廷和地方支持者的帮助而使镇压更为困难，并使反叛省份获得了一种额外的意识形态力量。各地起义证明了这种巨大压力的相似性，而这就是作者所宣称的"17世纪普遍危机"。③

1962 年，R. 罗马诺（R. Romano）发表《16 和 17 世纪之间：1619—1622 年的经济危机》一文，试图通过对价格、信贷、金融、国际贸易、工业和农业生产等的全面考察，揭示当时发生的促使整个经济走向萧条的决定性变革。他指出："1619—1622 年的危机不仅代表这两个世纪之间的断裂，而且决定着新世纪的特征。"④ 同年，迈克尔·罗伯茨（Michael Roberts）发表文章，阐发瑞典与 17 世纪普遍危机之间的关系。⑤ 荷兰历

---

① Roland Mousnier et. al, "Trevor-Roper's 'General Crisis': Symposium", in Trevor Aston ed. , *Crisis in Europe 1560 - 1660*, pp. 106 - 107.

② Roland Mousnier et. al, "Trevor-Roper's 'General Crisis': Symposium", in Trevor Aston ed. , *Crisis in Europe 1560 - 1660*, pp. 116 - 117.

③ Roland Mousnier et. al, "Trevor-Roper's 'General Crisis': Symposium", in Trevor Aston ed. , *Crisis in Europe 1560 - 1660*, pp. 117 - 123.

④ Ruggiero Romano, "Between the Sixteenth and Seventeenth Centuries: the Economic Crisis of 1619 - 22", in Geoffrey Parker and M. Smith eds. , *The General Crisis of the Seventeenth Century*, p. 165.

⑤ Michael Roberts, "Queen Christina and the General Crisis of the Seventeenth Century", in Trevor Aston ed. , *Crisis in Europe 1560 - 1660*, p. 206.

史学家伊沃·舍弗尔于 1964 年发表了《荷兰的黄金时代是否伴随着一段危机时期?》,文中认为 17 世纪在荷兰是一个黄金世纪,因此他使用稳定和有时的"改变"来取代危机一词。"在某种程度上,17 世纪在我看来,是巩固和组构时期。"①

1965 年,英国《过去和现在》杂志社将此前刊发的 13 篇关于 17 世纪危机的重要研究论文辑录成册,出版了《危机中的欧洲:1560—1660》论文集。英国著名史学家 C. 希尔(C. Hill)为之作序。在序言中,希尔总结了 17 世纪历史的一些特征,指出当时中欧和西欧存在着一次经济和政治危机;各个国家对危机采取了不同的反应方式;对这些国家状况的分析应联系社会政治结构与宗教组织和信仰;危机的后果各不相同;等等。② 该文集的出版不仅提供了一部研究"17 世纪普遍危机"学术史的重要参考文献,也推动了学术界的进一步讨论。笔者以为它标志着该问题研究第一个阶段的结束。

第二个研究阶段始于 1966 年。在此阶段,西方学术界对该问题的探讨不再局限于经济和政治领域,开始向更多角度与层面扩展。

1966 年,J. 布卢姆(J. Blum)等人共同撰著的《欧洲世界的形成》一书,集中探讨了 1600—1660 年危机时代中绝对主义的发展状况。J. R. 梅杰(J. R. Major)的《西方世界的文明:从文艺复兴到 1815 年》,则对 1560—1715 年间的 17 世纪危机进行了阐述。③ 1969 年,埃利奥特发表《欧洲近代早期的革命与连续性》一文,指出欧洲近代早期的连续性要大于断裂。他区分了革命与叛乱等的差异,认为 16、17 世纪欧洲社会结构

---

① Ivo Schoffer, "Did Holland's Golden Age Coincide with a Period of Crisis?", in Geoffrey Parker and M. Smith eds. , *The General Crisis of the Seventeenth Century*, p. 104. 该文原为 1963 年作者在乌特勒支学术会议上的论文。

② Christopher Hill, "Introduction", in Trevor Aston ed. , *Crisis in Europe 1560 - 1660*, p. 3.

③ J. Blum et. al. eds. , *The Emergence of the European World*, Boston and Toronto, 1966; J. R. Major, *Civilization in the Western World: Renaissance to 1815*, Philadelphia and New York, 1966.

虽然发生明显变革，但这是在贵族-王权国家的弹性框架内发生的。有人在暴力发生时试图从下面破坏这种框架，但却未能达到恒久的胜利。对国家权势及其实施方式唯一有效的挑战可能来自政治国家的内部。[①] 同年，J. R. 斯特雷耶(J. R. Strayer)等人出版的《1500 年以来的西方文明》分析了 17 世纪的政治和经济危机。[②]

1970 年，丹麦哥本哈根大学的史学家尼尔斯·斯廷斯加尔德(Niels Steensgaard)发表了论文《17 世纪危机》，将前不久发生的有关危机的争论分成五种类型，即普遍的经济危机、普遍的政治危机、资本主义发展的危机、涵盖人类生活各方面的危机、危机假说的质疑或反对派。随后，他指出要对所谓的"危机"的真实含义进行重新思考。在具体分析了欧洲的政治、经济状况，包括人口、农业、工业、国际贸易、绝对主义等等之后，他认为 17 世纪危机不是普遍的退步，而是在不同时期由不同因素所带来的不同程度的打击。从经济和政治方面来看，种种迹象都指向同一方向，并导致了一种众所周知的现象：国家权力的增长、绝对主义的频繁介入等特征。因此，危机不是生产的危机，而是分配的危机；暴动不是社会革命，而是反对国家需要的反应。因而，根据我们的偏好，可以全然拒绝或结合绝对主义问题来摒弃危机概念。但他同时也指出这两个问题的结合似乎为争论成果的丰富性提供了可能。[③] 同年出版的重要著作还有《新编剑桥近代史》第四卷《西班牙的下降和三十年战争：1609—1648/1659》。该书主编 J. P. 库珀(J. P. Cooper)在序言中写道：欧洲的 17 世纪是一个充满冲突的多事之秋。在对"17 世纪普遍危机"问题的产生背景所进行的解说中，他认为欧洲权势的失落、地位的改变等变动导致了欧洲中心论的不合时宜；亚非国家出于政治或道德教化的需要而创造自己的历

---

① John Elliott, "Revolution and Continuity in Early Modern Europe", in Geoffrey Parker and M. Smith eds., *The General Crisis of the Seventeenth Century*, p. 130.

② J. R. Strayer et al. eds., *West Civilization since 1500*, New York, 1969.

③ Niels Steensgaard, "The Seventeenth-Century Crisis", in Geoffrey Parker and M. Smith eds., *The General Crisis of the Seventeenth Century*, pp. 40 - 42, 48.

史;更重要的是,他们觉得将数倍于欧洲人口数量的亚洲人排除在外并不恰当……这众多原因导致了历史学家对于历史的新展望:为了满足现实想象和不确定的未来而去恢复过去。然而,在库珀看来,就17世纪而言,欧洲国家在这一时期成为具有决定性优势的国家并由此导致后来对亚洲的征服。因此,这将一直是世界史的重要时刻,不管未来政治权势和流行学术如何改变,都不能从根本上改变欧洲及世界史研究的视角。①

1971年,亨利·卡门(Henry Kamen)发表了著作《黑铁世纪:欧洲的社会变革,1559—1660》,他将这一时期视为欧洲的黑铁世纪并指出欧洲生活的各个方面都出现了重大危机。②

1973年,诺贝尔经济学奖获得者、美国著名经济史学家道格拉斯·诺思(Douglass North)和罗伯特·托马斯(Robert Thomas)在其合著《西方世界的兴起》中认为"17世纪是战争、饥荒和瘟疫充斥的一个可怖的时代","西欧进入了受累于马尔萨斯抑制的17世纪:饥荒、瘟疫再次席卷欧洲各国",并指出经济组织的效率在决定马尔萨斯控制的效力上起了很大的作用。③ 同年,A. 劳埃德·穆迪(A. Lloyd Moote)的论文《近代早期欧洲革命的前提:它们是否真的存在?》发表。他指出要认真区分"革命"与"起义"的含义,应试图避免肤浅地使用未经证明的假定,类似"革命"的标签,甚至更具荣誉感的术语"危机"进行争论。④ 此外,这一时期还有学者将"17世纪普遍危机"与亚洲国家联系起来,进一步扩大了危机

---

① J. P. Cooper ed. , *The Decline of Spain and the Thirty Years War 1609 -48/59*, in *The New Cambridge Modern History IV*, Cambridge University Press, 1971, pp. 1 - 2.

② Henry Kamen, *The Iron Century*: *Social Change in Europe*, *1559 - 1660*, New York, 1971.

③ [美]道格拉斯·诺思、罗伯特·托马斯著,厉以平、蔡嘉译,《西方世界的兴起》,北京:华夏出版社,1999年,第132、144页。

④ A. Lloyd Moote, "The Preconditions of Revolution in Early Modern Europe: Did They Really Exist?", in Geoffrey Parker and M. Smith eds. , *The General Crisis of the Seventeenth Century*, pp. 138 - 139, 158.

发生的范围。[①]

　　1976 年，又有一些重要论著问世：如美国天文学家约翰·埃迪（John A. Eddy）的论文《蒙德最小值：路易十四统治时代的太阳黑子和气候》、T. K. 拉布（T. K. Rabb）的著作《欧洲近代早期寻求稳定的斗争》、简·德·沃瑞斯（J. D. Vries）的著作《危机时代中的欧洲经济：1600—1750》以及由卡洛·奇波拉主编的《欧洲经济史》第二卷《十六和十七世纪》等。埃迪通过对裸眼可视太阳黑子记录、极光记录、大气碳-14 和当时日食的描述的研究，认为在 17 世纪，更确切说是路易十四统治的 1645—1715 年之间，几乎无法看到太阳黑子，从而指出实际上这是太阳活动全部停止的时代，并由此导致地球热量的下降，影响到了地球的气候。[②] 拉布认为 17 世纪危机是始自 15 世纪的"增长的压力和冲突"的终结。而欧洲 1660 年前后由危机向稳定的转变是因为 16 世纪的巨大变革导致旧有的解决办法不再奏效，而新方法仍在寻求中，因而他将 17 世纪危机视为对社会稳定的寻求。[③] 沃瑞斯则认为欧洲在 1600—1750 年于经济领域内经历了一场危机。[④] 奇波拉（Cipolla）则指出，"17 世纪危机重重"是"将问题简单化，从根本上说，固然常常能揭示一些真理，但是这种简单化的说法应当有所保留地被接受"。事实上，"17 世纪对于西班牙、意大利和德国来说是一个黑暗的世纪，对于法国来说至少也是一个灰暗的世纪。然而，对于

---

① M. Adsheed 1973 年发表了"The Seventeenth Century General Crisis in China"一文，将危机的发生范围扩大到了亚洲国家。从欧洲中心论出发，他认为"欧洲危机实际上在世界范围产生了反响……不仅影响了欧洲，而且也影响了伊斯兰世界和东亚"。他认为中国和欧洲在 17 世纪分道扬镳，中国和欧洲对这场普遍的 17 世纪危机做出了不同反应，中国靠老办法得以恢复，欧洲通过变革原有的制度结构摆脱了危机。该文详细情况可参阅［德］贡德·弗兰克著，刘北成译，《白银资本》，北京：中央编译出版社，2001 年，第 316、321、475 页。

② John A. Eddy, "The'Maunder Minimum': Sunspots and Climate in the Reign of Louis ⅩⅣ", in Geoffrey Parker and M. Smith eds., *The General Crisis of the Seventeenth Century*, p. 226.

③ Gary Martin Best, *Seventeenth Century Europe*, p. 113.

④ J. D. Vries, *The Economy of Europe in an Age of Crisis*, 1660 - 1750, Oxford University Press, 1976.

荷兰,它却不失为一个黄金时代;对于英国,如果算不上黄金时代,起码也
算是一个白银时代"。①

　　1978 年,有两部重要的相关学术著作问世。美国著名学者杰弗里·
帕克(Geoffrey Parker)和 M. 史密斯(M. Smith)将上述的多篇论文收录
成集,命名为《17 世纪的普遍危机》出版。帕克将这场危机视为遍布世界
各地的普遍危机,它涵盖各个领域。他认为普遍危机实际上是两个并存
却又各自独立的现象:其一,是一系列独立的政治冲突,其中一些发展成
为革命;其二,是在世界人口和经济发展之中真实的普遍危机。② 同时,他
还借用伏尔泰的话,指出气候、政府和宗教是持续影响人类社会的三个因
素,也是用来解释世界之谜的唯一方法。③ 其文集所收录的皆为关于此问
题研究的重要文章,因而成为又一部具有经典权威意义的重要学术史文
献。同时,它的出版标志着"17 世纪普遍危机"问题研究第二阶段高潮的
到来。同年,法国历史学家勒鲁瓦·拉迪里在其著作《历史学家的思想和
方法》中认为,17 世纪危机仍属于旧式的生存危机,是因某种物质供应短
缺引起的短缺危机,它既是结构的危机,又是战争累积效应的危机。④ 他
指出危机的含义广泛,以至于被滥用了,结果反倒失去了用途。因而,他
把对危机的分析严格界定在历史学家普遍认可的经济学和人口学的意义
上。对其而言,"危机总是表现为某种类型的突破,即长期趋势或趋向当
中的否定阶段和短暂阶段,它可以指延缓,即整个成长时期中的停滞和崩
溃阶段,它也可以指稳定时期中的与之相反的衰落"。⑤ 他还指出危机是
催化剂,它加速了社会变革。

---

① ［意］卡洛·M. 奇波拉主编,贝昱、张菁译,《欧洲经济史》,北京:商务印书馆,1988 年,第
　　5—6 页。
② Geoffrey Parker, "Introduction", in Geoffrey Parker and M. Smith eds. , *The General
　　Crisis of the Seventeenth Century*, p. 6.
③ Geoffrey Parker, "Introduction", in Geoffrey Parker and M. Smith eds. , *The General
　　Crisis of the Seventeenth Century*, p. 21.
④ ［法］伊曼纽埃尔·勒鲁瓦·拉迪里著,杨豫、舒小昀、李霄翔译,《历史学家的思想和方
　　法》,上海:上海人民出版社,2002 年,第 362 页。
⑤ 《历史学家的思想和方法》,第 351 页。

1979 年，法国年鉴学派第二代领袖布罗代尔的《15 至 18 世纪的物质文明、经济和资本主义》发表，它和 1990 年后发表的《法兰西的特性：人与物》①都记述了长波趋势、周期理论等相关问题。他认为 17 世纪的欧洲经历了一场危机或萧条、衰退，但它是自 1450 年开始直至 1950 年异乎寻常的上升曲线中的一部分。②

1980 年，有一部重要著作问世，即美国学者沃勒斯坦的《现代世界体系》第二卷。此书开篇即以"17 世纪危机"为题，他指出了这一问题产生的原因和研究过程，认为欧洲在此时段上是否经历了一次重大的历史断裂，导致不同历史学家对此做出了截然不同的回答。在他看来，资本主义世界经济体在延长的 16 世纪得以产生，而其扩张与紧缩的周期模式使得 16、17 世纪本质上有着连续性，也有扩张（A）与紧缩（B）、增长与欠增长的重大区别。③ 这样，17 世纪危机就被沃勒斯坦融入其中心—边缘、A—B 阶段周期、霸权—竞争三位一体的世界体系内。该书一经发表，立即成为学术界公认的一部扛鼎之作，成为后来学者对此问题继续研究时无法回避的重要成果，并激励着更多的学者投入其中。

1981 年，诺思在其《经济史中的结构与变迁》一书中进一步发展了自己以往的观点，指出人们普遍认为 17 世纪发生过危机，但对危机的根源和特征有着不同看法。他认为该时代的特征是：破坏性的战争、工资下降、普遍的社会动乱以及宗教冲突。同时，到该时期结束之时，一些政治经济单位的结构已发生根本的转化。但他同时也认为虽然当时经济收缩，危机横扫欧洲，但对各国的影响有所不同。其原因可在每个国家建立的产权性质中找到。因此，解释要从人口变化开始，这种解释是建立在经济机会的变化与国家的财政需求之间的相互作用

---

① 该书虽然出版于 1990 年，但因该书是作者 1985 年的遗著，学术思想上与前书并未有大的变化，故而在此一并列出。——笔者注
② ［法］费尔南·布罗代尔著，顾良、张泽乾译，《法兰西的特性：人与物》（上），北京：商务印书馆，1997 年，第 145 页。
③ 《现代世界体系》第二卷，第 6 页。

上的。①

1982年，由甘瑞·马丁·贝斯特（Gary Martin Best）编著的《文献与争论》丛书之《17世纪欧洲》出版，该书描述了西方学术界对17世纪欧洲历史的研究概况，其中第十部分即是对17世纪危机研究状况的介绍，虽然篇幅不长，仅短短千余字，却勾勒出了这一问题研究的基本状况。该书的出版也可视为第二研究阶段的结束。

从20世纪80年代中期起，对"普遍危机"的研究进入了第三阶段。这一阶段总的说来，相较于前两个阶段，相关研究著作略有减少。另一个特点是，除了对欧洲的继续关注外，更多的人将目光投到了亚洲国家，涌现出一批相关研究成果。②

1986年，美国学者马文·佩里在其主编的《西方文明史》中认为，到17世纪上半叶中期，整个欧洲人口下降，由于价格革命期间需求的增长继续超过供给，物价上涨，人们的实际收入下降，衰退形成。农业歉收造成大规模饥荒，城市越来越动荡，卫生状况越来越糟。当周期性瘟疫到来，人口死亡，物价下跌，经济一片混乱。③ 同年，由法国学者安德烈·比尔基埃等人主编的《家庭史：现代化的冲击》简略考察了1580—1720年的欧洲人口的演变，显现出"17世纪普遍危机"论争对人口史研究的影响。1991年版的《世界文明史》指出1560—1660年期间是西欧历史上一个"堕落的世纪"，是一个动荡剧烈、面临严峻考验的时代，在许多方面与中世纪后期可怕的岁月相类似，但就性质和程度而言，不像后者那样始终如一。

---

① ［美］道格拉斯·C.诺思著，陈郁、罗华平等译，《经济史中的结构与变迁》，上海：上海三联书店、上海人民出版社，2002年，第165—167页。

② William Atwell 1986年在 *Journal of Asian Studies* 上发表"Some Observations on the 'Seventeenth-Century Crisis' in China and Japan"，1990年，在 *Modern Asian Studies* 上发表"A Seventeenth-Century 'General Crisis' in East Asia"；同期杂志还刊载了John Richards "The Seventeenth-Century Crisis in South Asia"和东南亚研究专家安东尼·里德（Anthony Reid）的"The Seventeenth-Century Crisis in Southeast Asia"；等等。

③ ［美］马文·佩里主编，胡万里等译，《西方文明史》（上卷），北京：商务印书馆，1993年，第161—162页。

由于地区不同,各地情况也迥然相异。[1] 1992 年法国学者加亚尔、德尚等人所编著的历史教科书《欧洲史》出版。其中一节即以《"铁的世纪"还是"黄金世纪"》为题对 17 世纪进行了较为简略的分析,认为在 17 世纪的欧洲发生了一系列问题,如高死亡率、瘟疫、战乱、经济停滞、社会对抗等,同时,也指出这些问题在各国的影响不尽相同。[2] 上述著述均体现出"17 世纪普遍危机"大讨论的深刻影响。

　　1994 年,一批西班牙历史学家利用新的技术、方法和资料,经过长期研究后出版了《17 世纪的卡斯蒂利亚危机：17 世纪西班牙经济和社会史新探》一书。他们认为卡斯蒂利亚的发展关系到 17 世纪欧洲经济普遍危机问题。西班牙在近代早期欧洲处于中心地位,其经历是理解近代早期欧洲经济态势的关键之一。[3] 在对卡斯蒂利亚的各个方面进行了细致分析后,他们指出,发生在 17 世纪的这场危机在卡斯蒂利亚各领域的强度、发生时间、各地对危机的反应和解决危机的成败原因等问题的解释上也具有新意。与以往的传统观点相比,该书具有很多研究亮点。这部著作将个案研究与整体研究有机地联系起来,成为研究西班牙,尤其是卡斯蒂利亚地区与 17 世纪普遍危机关系的重要参考著作。

　　1997 年,由帕克和史密斯于 1978 年编著的论文集《17 世纪普遍危机》再版。除了原有文章外,又增加了 4 篇新文章,其中包括安东尼的《"17 世纪危机"在南亚》和阿特韦尔的《"17 世纪普遍危机"在东亚》两文,以及其他两位学者关于德国与 17 世纪危机、17 世纪危机与亚欧历史的一体性问题的两篇文章。该书在时隔 19 年后再版,除增加的文章外,未有大的改动,从一个侧面反映了它的权威性和研究深度。帕克也由此成为对"17 世纪普遍危机"问题研究的一位领军人物。

---

① 《世界文明史》(上卷),第 935 页。

② ［法］德尼兹·加亚尔、贝尔纳代特·德尚等著,蔡鸿滨、桂裕芬译,《欧洲史》,海口：海南出版社,2000 年,第 405—408 页。

③ I. A. A. Thompson and Bartolomé Yun eds., *The Castilian Crisis of the Seventeenth Century：New Perspectives on the Economic and Social History of Seventeenth-Century Spain*, Cambridge and New York：Cambridge University Press, 1994, p. 5.

同年，剑桥大学出版社出版了《欧洲历史新探索》系列丛书之一的由罗伯特·杜普莱西斯所著的《早期欧洲现代资本主义的形成过程》一书。作者在文中对"17 世纪普遍危机"的讨论进行了一番总结，并指出许多历史学家拒绝使用"危机"术语、"危机"没有精确地抓住完全不同的持久现象的现实，但他仍保留了"危机"一词，是基于它表明了结构变革。①

1998 年，有两部重要著作出版。一部是德国著名学者贡德·弗兰克的《白银资本》。他在书中对欧洲中心论观点进行了前所未有的严厉批判，并对"欧洲的兴起"的基线加以重新界定，探求隐藏在其后的真实世界历史进程。弗兰克还对 17 世纪危机与亚洲的关系，即亚洲是否发生过"17 世纪普遍危机"，做出了自己独特的解释，从而否认了"17 世纪普遍危机"是世界性范围危机的观点。另一著作是 J. K. J. 托马森（J. K. J. Thomson）的《历史中的衰落：欧洲的经历》。作者聚焦于欧洲近代的经济史，尤其是地中海欧洲部分的经济史，探讨了布罗代尔、沃勒斯坦等人对欧洲崛起的看法，随后分析了意大利和伊比利亚的衰落。②

2001 年，约瑟夫·伯金（Joseph Bergin）主编的《17 世纪：欧洲 1598—1715》一书出版。这是多位学者、专家经过深入研究后产出的学术成果。他们从欧洲的整体性出发，对 17 世纪西方社会进行了探讨，同时对曾引起长期争论的 17 世纪普遍危机问题、军事革命问题等都进行了分析。根据西方社会遭遇的重大战争的困扰以及战争范围的扩大，瘟疫的回归以及高死亡率，经济、人口的困难，内在的社会骚乱、宗教的分裂等等状况，认定自 16 世纪 90 年代起欧洲的许多地区是痛苦和混乱的。③ 同年，特雷弗-罗珀将其长文拓展成书出版，对 17 世纪的文化、宗教、经济与社会进行了详细分析。④

---

① 《早期欧洲现代资本主义的形成过程》，沈阳：辽宁教育出版社，2001 年，第 191—193、196 页。

② J. K. J. Thomson, *Decline in History*: *The European Experience*, Polity Press, 1998.

③ Joseph Bergin ed. , *The Seventeenth Century*: *Europe*, *1598 - 1715*, Oxford: Oxford University Press, 2001.

④ Trevor-Roper, *The Crisis of the Seventeenth Century*, Liberty Fund, Inc. , 2001.

2002 年，D. J. 斯特迪（David J. Sturdy）的《断裂的欧洲：1600—1721》出版。围绕着政治框架，作者以 1660 年为断限，分别叙述了 17 世纪前、后两个阶段欧洲全部而非局部地区的发展状况，揭示了政治、经济、社会、宗教、文化等因素之间的相互关系。以叙事史的方式铺展出一幅由动荡不断走向进步，并于 1720 年在绝大多数方面达到健康状态的欧洲历史画卷。[①]

时至今日，西方学术界有关"17 世纪普遍危机"的研究成果仍在不断涌现。[②] 当然 17 世纪历史研究也以另外一种方式存在，如 J. 柯林斯《现代早期欧洲：问题与阐释》、B. 坎贝尔和 M. 沃顿的《中世纪和现代早期农业》《英格兰的农业革命》、彼得·伯克的《欧洲近代早期的大众文化》、卡普的《大众文化和英国内战》、达宁顿的《屠猫记》、弗瑞杰霍夫的《官方和大众宗教》、斯科菲尔德的《现代早期社会中的饥荒、疾病与社会秩序》、乔治·杜比的《私人生活史》和范迪尔门专注于德国历史的《欧洲近代生活》三部曲以及各种冠之以家庭、巫术、流民盗匪、女性史等专题著作中。2009 年，沃瑞斯、安妮·麦坎特斯等在专业期刊《跨学科历史》中专题探讨 17 世纪史的跨学科研究前景。同时，这一课题也成为当今众多大学近代史的主要课程之一。需要明确指出的是，本文所列举的各种著述并非西方学术界的全部成果，限于篇幅，笔者无法对此作更多回顾，但上述概述足以展示出西方学术界以"17 世纪普遍危机"论争为载体，在近代早期、资本主义发展史以及西方社会转型研究方面所取得的丰硕学术成果。

2. 研究的焦点问题

综观这场绵延近半个世纪的学术论争，西方学者们几乎在每一个领

---

① David J. Sturdy, *Fractured Europe*, *1600 - 1721*, Oxford: Blackwell, 2002.

② 如，2013 年 4 月，杰弗里·帕克再出新书，从 17 世纪战争、气候变迁和灾害等视角展现混乱时代全球的社会经济变革与革命。笔者近日获悉，帕克凭此书获得 2014 年英国国家学术院奖章。帕克此书与本书有相似研究取向，惜本书成稿时，限于条件，未能及时看到该书出版，深以为憾。详细情况可见 Geoffrey Parker, *Global Crisis: War, Climate Change and Catastrophe in the Seventeenth Century*, Yale: Yale University Press, 2013.

域都提出了截然不同的结论和解释。各种观点针锋相对、相互碰撞、彼此激荡,推动着这场论争逐步向深入发展。其中所涉及的争论焦点很多,发人深思,笔者择其要点而述之:

争论一:"17 世纪普遍危机"存在与否

自"危机"假说提出之后,其存在与否立即成为论争的首要焦点问题。霍布斯鲍姆的长篇论文《17 世纪危机》,提出了欧洲经济曾经历了一次大断裂,"在 17 世纪经历了一场'普遍危机',即封建主义经济向资本主义经济全面转变的最后阶段"的著名论断。此文一经发表,立刻得到一些学者的赞同。特雷弗-罗珀支持并发展了霍氏的"普遍危机"说,但他却认为这应是一场政治危机。学者穆尼埃则延续了其一贯主张,认为 17 世纪是一个影响到人类的一切活动领域——经济、社会、政治、宗教、科学、艺术活动的全面危机时期。[①] 20 世纪 70 年代后,"危机"论者越来越多地受到社会学、人口学、天文学、军事学等学科的影响,学者们开始从更多角度来论证"17 世纪普遍危机"的存在,研究范围也逐渐向所有人类生活领域扩展。美国学者杰弗里·帕克从战争、人口、气候等多个角度,表达了对"17世纪普遍危机"论的支持。拉迪里、诺思等人从人口-社会角度对此进行了较为系统的分析论证。也就在此时,阿谢德、帕克等学者将危机的发生范围扩大到了亚洲乃至全球。20 世纪八九十年代的《现代亚洲研究》等杂志曾为此展开了一场争论。此外,布罗代尔、斯廷斯加尔德、拉布、沃瑞斯等一批学者也都在一定程度上承认了"17 世纪普遍危机"的存在。虽然他们的认识角度、侧重程度有所不同,这只能说是"危机"论者的内部分歧。

有赞同者,自然就有反对者。有一批学者坚决否认"17 世纪普遍危机"的存在。他们认为 17 世纪虽然存在着一些变革,但总体上是稳定的,并未发生大的断裂,连续性要远大于断裂,它是西方社会巩固和进行组构的时期。他们怀疑危机的普遍性,进而拒绝使用"普遍危机"一词。这的

---

① Gary Martin Best, *Seventeenth Century Europe*, p. 112.

确也是普遍危机论最经常被攻击的"软肋"。由舍弗尔为代表的反对派，以荷兰、英国等国家和地区的发展为例，指出了西欧社会内部地区间发展的不平衡性，在他们看来，17 世纪是荷兰的黄金世纪，英国如果不是黄金世纪，也至少是白银时代。他们列举欧洲资本主义的发展、重商主义的成就、绝对主义的壮大，以及欧洲科学、哲学、艺术的巨大进步，认为 17 世纪"实际上，如果不是最高点，也可能是一个全欧洲人有理由为之自豪的高峰"。[①]持此类观点的代表人物有奇波拉等众多史学家。几乎所有的荷兰史学家都对危机保持沉默甚至对此嗤之以鼻，根本不愿参与这场讨论。在他们看来，事情再明显不过了，荷兰黄金时期的发展使得"17 世纪普遍危机"假说根本就不能成立。而"危机"支持论者则又强调绝对主义、科学与哲学革命等等反对派口中的"发展"其实正是普遍危机的表现。[②]

　　另一些学者则采取了较为谨慎的态度。在其中一些学者眼中，17 世纪的西方社会虽然出现了一些问题，但他们却将其表述为"停滞时期""萧条时期""欠增长时期"或"相对衰退时期"，而尽量避免使用含义广泛的"危机"一词。如皮埃尔·维拉尔（Pierre Vilar）就在其著作中提到了"17 世纪的相对衰退"，法国著名历史学家皮埃尔·肖尼（Pierre Chaunu）则使用了"增长与欠增长的差别"。另一些学者则是将危机、萧条、停滞等词语进行混用，如布罗代尔在认可危机的同时也将 17 世纪视为 1450—1950 年上升曲线中的一个停滞、萧条时期。与此相类似，沃勒斯坦将之视为萧条或紧缩，并指出它是世界体系中 A—B 阶段周期的 B 阶段，是现代世界体系的巩固时期。[③] 同时，他们并不忽视荷兰、英国等国家和地区在某一时期的发展与增长，持有这种观点的代表人物有伯金、纳什（Nash）等人。

---

① Gary Martin Best, *Seventeenth Century Europe*, p. 4.
② T. K. Rabb, *The Struggle for Stability in Early Modern Europe*, Oxford: Oxford University Press, 1975, pp. 58 - 59. 转自《现代世界体系》第二卷，第 43 页注 114；J. V. Polišenský, "The Thirty Years' War and the Crises and Revolutions of Seventeenth-Century Europe", in *Past and Present*, No. 39, 1968, p. 38.
③ 《现代世界体系》第二卷，第 17、34—35 页。

持有类似观点的还有法国学者加亚尔、德尚等人。而罗伯特·杜普莱西斯在其著作中认为整个欧洲的迹象证明,农业受到负面影响长达一个世纪。"危机"术语没有精确地抓住完全不同的持久现象的现实,但他仍保留了"危机"一词,并指出,17世纪不仅仅是困难时期,而且是一个调整时期和紧缩时期。同时,他还指出了17世纪危机在地域上的不平衡性。[1]意大利医学家卡斯蒂廖尼认为,17世纪的医学明显地反映了当时的趋势,17世纪是一个多事之秋,是一个准备与过渡的时代。同时,该世纪的流行病也是历史上最严重的。[2]

对此,笔者以为历史本来就是多张面孔交叠在一起并且不停变幻着的,"普遍危机"说或"黄金时代"说都不足以说明17世纪的本来面目,我们必须对此采取谨慎的态度。因而,伯金等人的观点无疑具有很大的启发性。或许只有这样才能更接近西方社会的历史真实。

争论二:"17世纪普遍危机"的性质

如果说,"普遍危机"假说可以成立,那么这场危机是何种性质的呢?换句话说,它主要体现在哪些领域呢? 在此问题上西方学者可谓针锋相对,争论不休。霍布斯鲍姆认为它是一场普遍的经济危机,是始于13世纪、终于19世纪的封建主义向资本主义转变的全部过程的一系列危机中的一部分,是危机中的一次危机。17世纪以欧洲经济危机和封建主义结构向资本主义结构的决定性变革为特征。多数马克思主义史学家和一些非马克思主义史学家如肖努、罗马诺等人也多持有相似观点,认为这场危机归根结底是一场生产危机,并且隐于革命背后的动力源自封建主义生产保护机制阻碍了资产阶级的经济生产活动。特雷弗-罗珀则认为这场危机不是生产组织或生产机制的危机,而是一场政治危机,是国家,更确切地说是国家与社会之间关系的危机。特雷弗-罗珀的观点很快又遭到了有力批评,虽然他看到了政治方面的危机,但因其观点过多依赖于英国

---

[1] 《早期欧洲现代资本主义的形成过程》,第191—193、196页。
[2] [意]卡斯蒂廖尼著,程之范主译,《医学史》(上册),桂林:广西师范大学出版社,2003年,第436、487页。

的事例，而未能将欧洲视为一个整体，而且批评者认为他低估了一些很重要的因素。莫斯尼尔批评他缺乏对坏收成、饥荒和瘟疫数量的增加等的关注和对思想因素的考察。埃利奥特、斯廷斯加尔德等人批评他低估了战争的影响和绝对主义国家需求。斯廷斯加尔德也反对马克思主义史学家的观点，他认为危机是国家权力的增长（绝对主义），并非生产的危机，而是分配的危机，起义、暴动是针对国家需求的行动。而帕克则认为"17世纪普遍危机"遍布全球，"普遍危机"实际上是两个并存却又各自独立的现象：其一是一系列独立的政治冲突，其中一些发展成为革命；其二是在世界人口和经济发展之中的真实的普遍危机。拉迪里则认为17世纪危机仍属于旧式的生存危机，是因某种物质供应的短缺引起的短缺危机，它既是结构的危机，又是战争累积效应的危机。而在拉布眼中，这一时期是欧洲社会寻求稳定并为之奋斗的时期。一些学者则将之视为因缺乏用于贸易用的金银而引发的"银货危机"①。沃勒斯坦则认为17世纪的紧缩是现代世界体系巩固的时期，而非该体系的危机，17世纪的萧条是发生在一个活跃的、前进的资本主义世界经济之中，它是这种体系以后将经历的多次世界性紧缩或萧条的第一次②，即17世纪危机实际上只是现代世界体系中众多A—B周期阶段中的一个B阶段。诺思认为它是一场马尔萨斯式的人口危机，是马尔萨斯周期的陷阱时期。同时，他认为17世纪经济危机理论是马克思主义历史学家因为其理论缺陷而人为制造出来的，是为了弥补封建主义解体和资本主义兴起之间的断裂面。③上述这些争论在一定程度上反映出西方史学家在认识"普遍危机"性质方面的复杂态度和多重视角。时至今日，相关讨论还在继续。

争论三：关于危机的定义及"17世纪普遍危机"的时间断限

这一争论，实则与上述两个争论有着密切联系。历史学家对危机概念的界定，必然影响对其性质的看法，甚至对这一命题本身的看法，也在

---

① Joseph Bergin ed., *The Seventeenth Century: Europe, 1598 - 1715*, p. 11.
②《现代世界体系》第二卷，第17、34页。
③《西方世界的兴起》，第130页。

一定程度上决定对其时间断限的划定。

很多学者认为"危机"这一术语含义过于广泛，而这是造成诸多分歧、争议的一个主要原因。如在英国历史学家的著述中，危机一词多为转折点之义，《简明牛津字典》中将之解释为"事物向好的或坏的方向的决定性变革的紧急状态"。而在意大利、西班牙词汇中，危机指繁荣中的暂时下降，巴洛克支持者则认为它是指代社会的混乱、紧张状态的一般用词。[①]它们之间意思较为接近，但也有着区别，因而造就了众多具有差异的观点。

勒鲁瓦·拉迪里就曾指出危机含义广泛，以至于被滥用了，结果反倒失去了用途。因此他将危机定义严格界定在历史学家普遍认可的经济学和人口学的意义上。对其而言，"危机总是表现为某种类型的突破，即长期趋势或趋向当中的否定阶段和短暂阶段，它可以指延缓，即整个成长时期中的停滞和崩溃阶段，它也可以指稳定时期中的与之相反的衰落"。他指出，危机是催化剂，它加速了社会变革。这与布罗代尔对危机的使用具有很大程度上的相似性。沃勒斯坦则认为，危机一词不应被贬为一个周期性转变单纯的同义词。它应被视为一个剧烈紧张的时期，不仅是一次危机，也标志着一个长时段结构的转折点。[②] 罗伯特·杜普莱西斯认为危机术语虽然有其自身缺陷，但它却表明了社会变革，从而主张保留该术语。而在弗兰克那里，危机则具有危险与机遇双重含义。[③] 这些观点无疑极具启发性，对于揭示 17 世纪西方社会的真实面目大有裨益。

在危机发生时间断限上，学者们也是观点纷纭。霍布斯鲍姆认为它大致发生于 17 世纪 20 年代至 18 世纪 20 年代。[④] 而阿斯顿则将其定为 1560—1660 年间。穆尼埃将时间断限定在 1598—1715 年，大致是以西班

---

① Ivo Schoffer, "Did Holland's Golden Age Coincide with a Period of Crisis?", in Geoffrey Parker and M. Smith eds. , *The General Crisis of the Seventeenth Century*, pp. 87 - 88.

②《现代世界体系》第二卷，第 5 页。

③《白银资本》，第 24、461 页。

④ E. J. Hobsbawm, "The Crisis of the Seventeenth Century", in Trevor Aston ed. , *Crisis in Europe 1560 - 1660*, p. 30.

牙国王腓利二世去世始，终于法王路易十四去世。布罗代尔、沃瑞斯、沃勒斯坦等人选择了一种"延长的 17 世纪"——1600—1750 年。帕克则认为是 1598—1648 年。法国学者比尔基埃等人在《家庭史：现代化的冲击》一书中以 1580—1720 年的前出头后伸尾的另一种"延长的 17 世纪"考察了欧洲人口的演变。J. 布卢姆、T. G. 巴恩斯等人视 1600—1660 年为危机时代，梅杰则探讨了 1560—1715 年的 17 世纪危机。凡此种种，不一而足，限于篇幅，恕不一一赘述。

笔者以为，对"危机"内涵的种种界定以及时间划分，主要原因在于历史学家观察的侧重点和对近代世界看法上的不同。同时，由于各个国家和地区之间、发生时间以及强度的差异，导致历史学家选择的参照系不同，必然造成评判标准不一。因此，我们若想探寻 17 世纪的本真面目，必须扩展视野，打破这种时间划分，从一个较长的时间段里看待它。那么，"延长的 17 世纪"无疑是一个较好选择。

争论四：关于"17 世纪普遍危机"产生的原因

马克思主义史学家，如霍布斯鲍姆等人认为，危机的产生是因为 16 世纪欧洲的大发展使得封建主义框架对资本主义经济发展构成了严重阻碍，加之该世纪发生的饥荒、流行病等因素的促动，导致 17 世纪欧洲出现了向资本主义结构发展的决定性变革。而在 20 世纪 50 年代，对此通常的解释是：1610 年后从西属美洲输入白银的减少，导致"银货危机"的出现，致使货币刺激的增长让位于收缩和衰退。[1] 这种观点后来遭到了其他学者的反驳。他们认为这一年份应严格限制在 17 世纪 30 至 50 年代之间，实际上 1660 年后输入量就超过了 17 世纪初的水平。[2] 特雷弗-罗珀认为是因为政府的奢侈浪费、寄生的官僚制度引发了社会对国家的不满。莫斯尼尔认为官员的不满造成了政治动乱，农民对国家征税的不满引发了农民的起义。另有一些学者另辟蹊径，指出 1580 年开始的"小冰川期"

---

① Joseph Bergin ed. , *The Seventeenth Century*: *Europe*, *1598 - 1715*, p. 11.

② Joseph Bergin ed. , *The Seventeenth Century*: *Europe*, *1598 - 1715*, p. 11.

的气候变化,导致了饥荒、流行病爆发、种植面积的缩减等,进而造成农业的失败,最终导致"17世纪普遍危机"的爆发。此外,有些学者强调巴尔干市场的萎缩;另一些学者则强调战争的巨大破坏及其连锁反应是导致"17世纪普遍危机"产生的原因,笔者姑且将这种模式称之为"广岛模式"①。还有一些历史学家则受马尔萨斯人口理论的影响,将危机视为人口的危机。然而,在对人口下降原因进行分析时,却又观点纷纭。有人认为这是密闭的经济体系的内在发展引起的马尔萨斯危机,也就是说是由于前一世纪人口的快速增长,导致食物供应出现短缺,加之农业革新的失败,造成了生存危机,而这又反过来造成了经济的不稳定;可别的学者则强调饥荒在造成人口下降中的重要地位。而最近的研究却强调了非经济因素的外来流行病和这一时期为限制人口增长而采取的婚姻和生育的预防措施的作用。② 但当这一模式由荷兰、英国扩展至法国、西班牙、意大利等国时,又遭到了纳什等人的质疑,从而使问题更为复杂。天文学家埃迪又说明了气候对17世纪人类的影响。

与此相似,将此次危机视为经济危机、政治危机等的历史学家在对其产生原因进行分析时,也遭遇到了相似的问题,各种解释各有侧重,也各有缺陷,似乎都不足以说明问题。这无疑对正确解释这一问题增加了难度。故而笔者以为,将某一个或几个因素孤立出来超脱于其他因素之上无助于问题的解决,应当寻求这些推动西方社会运动变革的基本因素之间的互动联系,在互动中揭示17世纪西方社会遭遇众多问题的原因。

3. 关于17世纪气候史的研究

相对于上述17世纪社会变迁研究而言,气候与社会变迁二者研究间长期缺乏明显交集。17—20世纪初,在政治、军事、外交史占据史学研究主流的氛围中,偶有学者关注到气候。如法国启蒙运动三大思想家的孟

---

① 该词借用自中世纪史家对14—15世纪长期军事冲突带来的灾难性后果的描述,参见《历史学家的思想和方法》,第356页。

② Joseph Bergin ed., *The Seventeenth Century: Europe, 1598 - 1715*, pp. 13 - 18, 48.

德斯鸠在其著作《论法的精神》中曾谈及气候威力是世上最高威力。英国人 H. 巴克尔也认为气候是影响国家或民族文化发展的重要外因。但 1915 年 E. 亨廷顿的"气候决定论"让这一领域名誉扫地。此后的几十年，可以说是考古学家而非历史学家在更多地使用气候因素来解释社会变革。然而，从 20 世纪 30 年代起，直至 90 年代期间，学术界对气候与历史研究的交集随研究领域的扩大而进一步扩展，如上文所述，英国著名学者霍布斯鲍姆在探讨 17 世纪农业歉收和经济危机时就曾将之部分归因于恶劣气候，虽然社会经济因素仍是霍氏《17 世纪危机》一文学术关注的核心所在，而政治危机向革命的演变也被其视为阶级斗争史。又如，1955 年瑞典经济史学家古斯塔夫·乌特斯特伦在其长篇论文《气候波动与现代早期的人口问题》中一反传统观点，试图从所谓的社会系统外寻找社会变迁的解释。在他看来，糟糕的气候应被视为解释 16、17 世纪斯堪的纳维亚面临的经济和人口问题的答案。[①] 但随后的相关研究显现出明显的两极分化：一部分学者对此论调大力支持，极力主张气候因素的重要性，如 1974 年著名的法国《年鉴》杂志曾出版《历史与环境》专号，年鉴派第二代领军人物布罗代尔在其名作《15 至 18 世纪的物质文明、经济和资本主义》第一卷中对人和环境关系的诸多分析，J. 格罗夫的名著《小冰期》以及约翰·埃迪、杰弗里·帕克等人对气候史的研究、关注等等；另一部分学者则对气候的长期重要性持公开质疑态度，其代表人物如勒鲁瓦·拉迪里及其名著《盛宴时代、饥荒时代》，另外也包括著名气候史家 H. H. 拉姆等人，他们均不同程度地怀疑长期气候变化对历史发展的明显影响，并强调人类的能动性。此外，经济史家沃瑞斯的论文《气候与经济史》等也对气候有所涉及。但早期气候史多是无人历史，学者关注地质、气候、瘟疫、细菌等因素在历史演进中的作用，研究方法也多采用自然科学的分析方法，以便符合历史是一门科学的定性化、定量化标准。R. 罗特伯格、T.

---

① Gustaf Utterström，"Climatic Fluctuations and Polulation Problems in Early Modern History"，*Scandinavian Economic History Review*，1955，No. 3，pp. 3 - 47.

K. 拉布《气候与历史：跨学科研究》虽收录多篇交集论文，但气候对历史影响的理论和方法并未有太大发展，气候与人的互动也未能被明显呈现出来。

自 20 世纪 90 年代以来，随着学科视域的扩展以及其他社会因素的参与，气候与社会的交集更为广泛，气候史得到了更多关注。树龄、冰川、同位素、花粉、考古材料、历史文献记录及许多特定地区特定气候重建的案例出现，使许多特定时间段的气候变动更为清晰地呈现出来，其中也包括对 17 世纪气候史的研究。如帕克、H. H. 拉姆、西蒙斯、德洛尔和瓦尔特等人的《全球危机：17 世纪的战争、气候变迁与灾难》《气候、历史和现代世界》《大不列颠环境史》《永恒边疆：现代早期世界环境史》《公元 1500 年后的气候》《1675—1715 年的气候趋势和异常》《欧洲环境史》等。更多的气候与人类历史互动的著述出现，如费根的《小冰期：1300—1850 年气候如何塑造历史》、贝林格的《气候的文化史》[1]以及其他学者的《城市与灾变：欧洲历史上对紧急事变的应对》《自然灾难和文化反应：针对全球环境史的案例研究》等。而勒鲁瓦·拉迪里最近的三卷本著作《人类气候比较史》十分关注气候影响及其引发的法国和邻国生存危机史。[2] 可以说，进入 21 世纪后，该领域研究的两大趋势是：一、气候正在重回人类思维，并成为国际历史学研究中的一个重要的新问题。时下，各种极端气候事件的频繁出现以及它们对全球化社会发展的多尺度、全方位、多层次影响的加深，人是自然的一部分的观念进一步加强。这从近年来的国际历史科学大会的主题、各种圆桌会议、专题讨论会中对于气候的关注可见一斑，如 2005 年第 20 届国际历史科学大会三大主题之一即为"历史上的人和自然"，2010 年第 21 届国际历史科学大会对古代、中世纪时期天文学的

---

① Wolfgang Behringer, *A Culture History of Climate*, Cambridge: Polity, 2010.

② Emmanuel Le Roy Ladurie, *Histoire Humaine et Comparée du Climat. I, Canicules et Glaciers XIIIe-XVIIIe Siècles*, Paris: Fayard, 2004; *Histoire Humaine et Comparée du Climat. II, Disettes et Rovolutions, 1740 - 1860*, Paris: Fayard, 2006; *Histoire Humaine et Comparée du Climat: Tome 3, Le Réchauf Fement de 1860 à nos Jours*, Paris: Fayard, 2009.

关注等等。此后更是掀起了自然环境史与人类历史关联的研究热潮。二、虽然气候与人类历史得到更多关注，但气候变化很少被整合进对历史综合的分析和理论著述之中。气候与社会变迁的关联解读相对薄弱，这也给我们的进一步研究留下广阔空间。

第二节　史学变革与学术界对 17 世纪西欧文明的研究变迁①

西方学术界对"17 世纪普遍危机"假说问题的研究与西方史学变革密切相关，它从一个特定的学术侧面折射出 20 世纪 50 年代以来西方史学的研究发展、变革的历程。

(1) 西方史观变革与"17 世纪普遍危机"问题

"17 世纪普遍危机"假说的提出和研究是西方学术界史学史观多元化的结果和反映。

20 世纪中叶前，以精英政治史为代表的传统史学占据西方史学研究的主流。它主张历史研究是史学家客观地反映历史的过程，是史料自己说话的过程，因而它奉行为恢复过去或为过去而研究过去的历史观念，注重考证史料，力求应用原始材料，依靠直觉，以时间为轴线，对往昔政治事件进行叙述并试图再现真实的历史。因此，在这些传统学者的眼中，路易十四、英国内战、克伦威尔、三十年战争等等人物和事件就成为 17 世纪的代名词。从而导致了学术界缺乏对于 17 世纪其他方面的关注，这也就使得舍弗尔所说的"传统主义妨碍了我们做出更好的判断"成为可能。虽然其间也曾有少数学者另辟蹊径，给予 17 世纪史的其他方面以一定程度的关注，但这仅仅是昙花一现，未能成为学术研究的主流。

---

① 在此，主要分析 17 世纪普遍危机研究与史学变革的问题，对气候史研究的相关分析将在后文中呈现。

至 20 世纪 50 年代中叶,这种状况被逐渐打破了。在以年鉴学派为代表的西方新史学家看来,历史研究是一个认识过程,这一过程也就是历史学家对过去构建的过程;历史学家写过去,同时也是在写现在,他以过去来反映当代,即"通过过去来理解现在,通过现在来理解过去"①。同时,由于世界上各地区联系的加强,科学技术的飞速发展,欧洲地位的下降以及自由体系的解体,全球史观得以确立,其影响进一步疏离了欧洲中心说,新形势迫切需要历史学家跳出欧洲与西方,将视线投射到所有地区和时代。② 另外,英国马克思主义史学家汤普逊和霍布斯鲍姆等人主张"自下而上看的历史学",亦即从普通民众视角去观察、研究历史,进一步疏离了传统史学信奉的"自上而下看的历史学",即只关注"精英人物"与政治史的传统。此外,新史学倡导总体史或综合史研究,对历史时间观有了新的见解,历史时间被分为短、中、长时段,长时段才是关键。这与传统史学关注短时段的事件形成了鲜明对比。

与此同时,西方社会在 20 世纪的遭遇使人们对科学和进步产生了怀疑,动摇了人类不断走向进步、统一的历史观念,使一些学者认为历史不是从一个中心出发的,不是朝一个方向直线运动的。线性史观在不同程度上被史学家抛弃,转而寻求新的历史观解释,借用了诸如经济学家惯常使用的趋势概念和周期理论等等。正是在此多元化旗号下,西方学术界对欧洲历史进行了重新审视,而这正是"17 世纪普遍危机"研究得以产生和发展的重要背景和契机。

随着时间的推移,新史学的缺陷与不足日渐暴露,使得一些新新史学家不再视史学为科学。同时,结构分析过于静态化,很难使读者和作者充分地理解变革,因此,这些新新史学家们逐渐放弃了这种大而无当的"宏大叙事"与"结构分析",而日渐注意时空上皆有限的历史。20 世纪后期逐渐成长起来的后现代主义史学家和部分后殖民主义史学家主张历史循

---

① 《史学:文化中的文化》,第 342 页。
② [英]杰弗里·巴勒克拉夫著,杨豫译,《当代史学主要趋势》,上海:上海译文出版社,1987年,第 1—2 页。

环观,强调事物的复杂性、多元性、多样性、相对性和无结构性,提倡个别性和破碎性,重视权力关系的转移,重视地方和边缘的"他者"。这种观念反映到对 17 世纪西方社会研究方面,进一步粉碎了历史发展的线性史观,打破了西方中心论或欧洲中心论,正如弗兰克在《白银资本》中所做的论述那样。但在另一个层面上,这种史观也在一定程度上消解了对历史解释的共性和规律的寻求。而另一些史学家则将研究重点转向人类自身,探求某个群体或个人的心态、思想、感受,以揭示某种文化的特点。"17 世纪普遍危机"假说也随之在某种程度上被越来越多地消解。这种历史观的影响在今天变得越来越强大,这也是造成 20 世纪末期以来西方学术界对"17 世纪普遍危机"的讨论有所减少的重要原因,但争论并未就此消失,2013 年帕克的新著从全球化视角对 17 世纪气候、灾变、战争的研究即是一例。

　　笔者兹以为,过于宏观或微观,都不利于史学研究的健康发展。对 17 世纪西欧历史的探讨应该将宏观和微观有机地结合起来,也许这才是解决问题的最好和最合理的方式。但毋庸置疑,史观的多元化扩大了学术界学术研究的时间和空间。

(2) 西方史学研究方法的变革与"17 世纪普遍危机"问题

　　"17 世纪普遍危机"假说的提出和研究是西方学术界史学研究方法多样化的结果和反映。

　　随着西方史学的发展,史学研究在方法论方面得到了创新。新史学认为历史学家的工作最重要的是提出问题,历史研究就是回答现实所提出的各类问题。费弗尔认为:"确切地说,提出问题是所有史学研究的开端和终结。没有问题,便没有史学……在科学指导下的研究这个程式涉及两个程序,这两个程序构成了所有现代科学工作的基础:这就是提出问题和形成假设。"①"问题史学"这一方法论原则实则是与跨专业、跨学科

---

① 〔法〕雅克·勒戈夫、皮埃尔·诺拉主编,郝名玮译,《史学研究的新问题、新方法、新对象》,北京:社会科学文献出版社,1988 年,第 27—28 页;〔法〕马克·布洛赫著,张和声、程郁译,《历史学家的技艺》,上海:上海社会科学院出版社,1992 年,第 10 页。

研究这一方法论倾向密切关联的。它主张从传统史学的那种描述性的历史转为分析性历史,对问题从各个角度、方面及层次去分析、观察、解释,反对单纯地描述。"17 世纪普遍危机"正是表现出新史学这种开放倾向的一个假说。

在史学研究的具体方法、手段上,以兰克学派为代表的传统史学注重考证史料,力求应用原始材料,以叙述往昔政治事件来试图再现真实历史的方法被放弃。20 世纪尤其是第二次世界大战以来的西方社会、自然科学经历了一个繁荣时期,为史学研究手段、方法、途径的借鉴、扩展和丰富提供了广阔前景。新史学以新的研究技术和方法的运用为前提向纵深发展,借鉴、吸收了其他学科的新技术、方法、理论和概念,于是出现了形形色色的史学研究新方法,如计量系列分析、放射技术分析、结构分析、比较研究方法等等。其共同特点是要求打破学科之间各自为营的状态,注重跨学科的研究。大量现代自然科学方法的运用,也使得学术研究成果数理模式化。20 世纪 50 年代以来,西方出版、发表的史学著述中充斥着大量的图表、数据与曲线便是这种状况的反映。

当下风头正健的西方新新史学,由于其研究对象的改变而主要同人类学和心理学发生紧密的联系,故而逐渐放弃了新史学的计量方法,而主要依靠直觉分析来处理资料和进行解释;放弃了新史学的分析方法而重新回归叙述,即以讲故事的方式进行叙事。虽然尚未有人以新新史学的方法对 17 世纪的西欧社会文明史发展状况进行系统的微观研究,但其中的一些方法,如叙述方法也开始为宏观上研究 17 世纪西方社会历史的学者所使用,如在《断裂的欧洲:1600—1721》所使用的方法。

(3) 西方史学研究视野的变革与"17 世纪普遍危机"问题

"17 世纪普遍危机"假说的提出和研究是西方学术界史学研究视野拓展化的结果和反映。

传统史学与其他学科间壁垒重重,视野仅仅局限在各民族国家的政治、军事、外交等领域,传统史学家把全部注意力都集中在一系列个别事件与人物上,国家和政治成为史学研究的主要题材,上层精英分子的活动是其主要内容，实为"自上而下看的历史学"。而新史学史观的多元化、方法的多样化使西方历史学家的视野与历史学研究的领域得到了前所未有的开拓与扩展，使得传统史学同其他学科间的界限越来越模糊。在广泛采用新的史学方法的基础上，出现了一系列历史学新的分支学科，诸如社会史、人口史、家庭史、计量史学等。

新史学倡导的总体史或者综合史观念反映到具体研究上，强调要把历史研究的范围和内容扩充到整个人类社会的发展过程，扩充到人类生活的各个方面，如政治、经济、宗教、军事、生态、人口……因而，新史学在 20 世纪五六十年代主要提倡经济、政治、社会史研究并向深层发展，反映到 17 世纪研究具体实践上，也就有了"17 世纪普遍危机"说的提出以及最初的争论。随之，人口、军事、生态环境、心态、心理、性别、身体等等新领域也繁荣起来并涌现出一大批相关史学著作，诸如前文所提及的帕克、埃迪、诺思等人的相关著述。虽然，这些研究仍较为薄弱，但这或许正是笔者可以努力尝试的地方。

(4)"17 世纪普遍危机"研究对中国史学界的启示

西方学术界关于"17 世纪普遍危机"问题的研究历程对我国的史学研究有着十分重要的启示作用。

坦率地讲，迄今我国史学界对近代早期西方社会的研究一直深受各种源自于西方或苏联的不同理论模式的影响与制约，如"资产阶级革命说""封建主义向资本主义（变迁）过渡说""现代化（起飞）理论说""西方社会（制度）转型说"等等。故而，国内有关世界历史或欧洲史的研究及评述中，一般是将 16 世纪以后西方的历史状况表述成一种波澜壮阔、大步向前的进程。似乎自 16 世纪始，在文艺复兴、宗教改革等运动的推动下，西方社会一直处于向现代社会发展的直线演进轨道之中。17 世纪所发生的各种事件及其时代功用和历史意义，只有而且也必须按照 16 世纪的启动与 18 世纪的结果二者之间的逻辑联系，即以社会转型（或曰制度转型、文明转型）模式来进行认识，才能获得正确的阐发和解释。至于这 100 年间，西方社会运动全部进程所包含的各种内容，特别是它所经受的种种磨难、苦痛、曲折、徘徊则都退居幕后,它所面临的多种发展可能性都被"进步"或"现代化"进程的维度遮蔽起来。一言以蔽之,现今人们所批判的线性发展史观和对历史简单的处理方法,在以往对 17 世纪西方历史的认识过程中表现得最为明显。

然而,当我们对 17 世纪欧洲历史进程冷静地进行一番回眸并对 20 世纪中叶以来西方学术界对 17 世纪历史的认识与评估进行一番客观而细心的梳理之后,就会发现这个世纪本身的状况和它在西方历史整体发展过程中的地位是极为复杂又饶有趣味的,就会发现西方学术界在对"17 世纪普遍危机"假说进行讨论的过程中,逐渐开始摆脱传统的社会转型或文明转型理论——斯宾塞模式和马克思模式的束缚,转而开始寻找"第三条道路"——一种既能超越马克思而又能超越斯宾塞的模式或理论,并为之做出了一些有益的尝试,如布罗代尔倾向的长时段循环模式、勒鲁瓦·拉迪里等人推崇的生态学和人口学的模式等等。① 虽然这些努力和尝试还存在着缺陷与不足,然而最有价值的是破而不是立,也就是在对流行的观念进行批驳、修正过程中,流行的观念在很大程度上就逐渐瓦解了,再也无法恢复到原来的面貌。

可以毫不夸大地讲,对 17 世纪西方社会的政治、经济、思想、文化、军事、人口、社会、生态等基本构成因素进行全方位、多视角、多层次、多学科的深入考察、研讨与反思,揭示其在社会发展进程中的互动联系,帮助人们认识历史本真状态下的 17 世纪西方社会,从史实和理论两方面修正以往人们在历史认识论中的线性发展史观和简单处理历史问题的习惯做法,探究社会发展过程中的复杂性、艰难性、曲折性和多样性问题,对于中国史学界而言,这已经构成了一个极具挑战性的研究课题。

与此同时,西方学术界的这一论争也揭示出了西方学术界在解释社会转型中存在的连续和变革、内因和外因、结构和事件之间传统的二元对

---

① [英]彼得·伯克著,姚朋、周玉鹏等译,刘北成校,《历史学与社会理论》,上海:上海人民出版社,2001 年,第 166—191 页。

立问题。理论或模式的多样化，为西方学者们进行学术研究提供了各种研究工具和具体的选择，这同样给可能的使用者提供了选择的问题，也给了他人以问难的机会。然而，正是在这种选择和诘难中，西方学术界的学术研究获得了飞跃性的发展。这不能不让笔者在佩服西方学术界的开放性和西方学人的勇气时，反思中国学术界的发展现状和学术机制。

但无论如何，"对无论来自何方的新观念采取开放态度，有能力让它为自己所用并能找到检验它是否有效的方式，这可以说是一个优秀的历史学家同样也是一个优秀的理论家的标志"[①]，这同样是对中国史学界的严峻考验。

第三节　本书的研究视角

一、本书的学术价值

首先，就研究对象而言，本课题研究是对西欧社会变迁这一老故事的新解读。长期以来，欧美学术界对17世纪的历史研究已卓见成效，然而它给我们留下的思考空间也极为广阔。我们看到多数西方学者在探讨这一问题时，或过分强调某一个或某些方面、因素的作用，或忽视某些方面及因素，很少多角度、多因素、全方位地对17世纪的西方文明发展状况从整体史研究的角度进行客观、公正的考察，缺乏对各种历史因素互动关系的深入细致的考察。受此影响，气候史的研究长期以来是无人的历史。而在学术上，缺少人的气候史的研究是不完整的。17世纪被西方学界视为西欧社会变迁的关键时期，也是气候史上的一个极端时代，因而对二者及其关联的研究无疑将具有重要的价值。加强气候和民众生活的关联研究，可加深对西欧和人类文明史的认知程度，或可为转型时期的西欧史研究提供新理路。

---

① 《历史学与社会理论》，第 207 页。

其次,从研究视角来看,将传统史学"人-人"研究拓展为"气候-人-人"研究。从气候出发,关注 17 世纪西欧自然生态和社会文化系统的时空互动,揭示 17 世纪气候变动带来的社会即时效应和次生效应问题,关注气候的时代作用、历史影响和意义。

再次,从多数历史学家失于深入考察的当时人们的感受和风暴、寒冷等气候异常证据出发,并以农业边缘地带为中心进行个案研究,探寻气候和农业生产间的功能模式。当然,在用气候的外生冲击模式为近代早期西欧社会转型这个"老故事"做颇具挑战性和创新性的新解读的同时,也要考虑气候和社会、经济行为之间关联的巨大复杂性,对气候在重大历史事件中的重要影响做出合理定位,避免沦为气候决定论。

同时,在学界关于这一世纪的探讨中,我们发现,受西方主流史学影响的历史研究者也掺杂着十分严重的欧洲中心论倾向,其观点也存在着一些误区并产生了许多不良影响,如对必然性的强调,对历史发展偶然性及历史事件的偶合性作用等的忽视。究其原因,其基点仍是建立在对"驯服偶然"的现代逻辑的绝对服从上,目的是给"必然"戴上炫目的光环,并且令其具有更多的规划预测未来的霸权能力。而其代价和危险就是"偶然"的丰富性,历史发展的多样性、多元性、复杂性被"必然"的暴力逻辑所取代,历史被裁减成了十分单一、乏味的某种既定逻辑的重复表演。因而,在研究中,本文将关注"偶然"变动的气候对西欧社会变迁的影响,审视 17 世纪气候和西欧社会变革间的关联及以自然为中介的社会关系,并尝试构建社会变迁的气候外生冲击模式。在研究中,我们将关注大变动时期农业社会的中下层民众和边缘群体,以此丰富人类经历,关注社会变迁的内在复杂性,增进对西欧社会历史的整体性研究。研究中,本课题将以他者的立场反思西方文明,审视 17 世纪西欧人和自然的关系、以自然为中介的社会关系,为摆脱生态困境以及为当前我国社会建设提供一定学术支撑。

另外,本文尝试在努力吸取各相关研究领域研究成果的基础上,以整体的文明史观对特定文明时空进行个案研究,但有鉴于几十年以来西方学术界在17世纪政治及经济领域所取得的丰硕成果和巨大成就，笔者学力有限并不敢置喙多言，而主要致力于学术界忽视或关注度不够的气候，并由此出发，进而旁及政治、经济、精神文化等领域。

通过以上所述，笔者力图对气候在重大历史事件中的重要影响和合理定位进行尝试，探寻17世纪西欧自然生态和社会文化系统时空互动的进程及变化，揭示气候在世界范围的现代性因素，以及在西欧的聚集与融合过程中的重要性，重构17世纪西欧社会的整体发展图景，并从史实和理论上修正历史认识论中的线性发展史观和对历史问题简单处理的方法，力图纠正人们对历史发展的一些简单、错误的看法，了解历史发展中可能遭遇的问题，从而加深对社会发展的正负两方面影响的认识，加深人们对文明转型时期的复杂性、艰巨性、曲折性的认识。

此外，通过对17世纪的重新思考，对20世纪中期以来的西方学术界史学研究对象、方法、方式等的变化与17世纪史研究关系的分析、探讨，也有助于我们加深对欧美历史学科发展趋势和方向的把握，并从中汲取经验教训，来推动中国历史学科的发展。

所以，出于此种目的，给我们在努力吸取、借鉴各个相关领域研究成果的基础上尝试对17世纪这一特定的文明时空继续进行个案研究、探讨，提供了方向与目标。

二、基本研究思路与方法

本书将以唯物史观为基本出发点和指导思想，在充分掌握史料的基础上，吸收、借鉴国内外学术界的研究成果，运用相关学科知识，以历史学的视野将17世纪气候与西欧民众生存状态相联系，并进行深入研究。由于本课题实际上探究的是西欧社会转型问题，且时间长达一个多世纪，因此本研究将采用以下思路与方法：第一，将从文明史角度出发，评析气候因素在社会变迁中的时代作用和历史意义，分析其在西欧文明再建构中的地位；第二，从发生学和现象学着眼，描述17世纪各种生存危机并探寻其发生机制中气候因素的作用，揭示气候变化与17世纪西欧大众社会生活变迁间的互动；第三，从大量的公私教俗文件、土地清册、账簿、法庭记录、田野调查成果和其他原始资料，如菜谱、歌曲等着手考察西欧17世纪生活画面，并深入人物心灵，关注心理、心态与情感，涉足一些前人涉及相对较少的研究领域，如农民的休闲活动、农民的疾病与乡村卫生状况、农民与外界的交往方式等，并从史料出发，着手考察西欧特定的历史场景中人类生动的生活画面，深入人物心灵世界，说明其感受，解释其生活价值所在及生活质量；第四，跨学科研究和计量分析比较方法至为重要，通过基于历史学阐释体系之上的跨学科研究，本课题将运用自然科学研究数据、图表，考古材料和历史文献记录，以历史学、社会学视角，通过比较气候变化、谷物收成等数据，探讨农业变革、农民起义、犯罪等问题。

三、基本概念

为了更好地完成这项分析工作，有必要对文中涉及的几个重要概念进行一番界定。

首先要界定的是"17世纪"。随着史学的发展，对历史时间的划分已经不再仅仅局限于传统的世纪百年划分。因此，在本文写作过程中，笔者根据需要，对"17世纪"的界定已不同于传统的绝对意义上的世纪百年划定，即1600—1699年的时间断限，而是采用了一个特定的时间划分，对特定的"17世纪"，即对前出头、后出尾的"延长的17世纪"——约1580—1720年——进行研究。

其次要界定的是"文明"和"西欧文明"。

何为"文明"？长期以来，人们一向对"文明"的界定多种多样。笔者以为，文明是动态的，它具有较长的时间跨度，是气候与生态紧密联系的空间区域，是被制度化、组织化的物质和精神的集合体，是人类与自然社会交往所达到的较高级的存在状态。因此，文明包含着众多基本的构成因素，诸如生态、气候、精神文化、军事、人口、经济、政治等等。

对于本文所讲的西欧，其所涵盖的地域国家大致包括今天的法国、荷兰、英国、德国、意大利、西班牙、葡萄牙以及西北欧等地。

最后，是对"危机"的界定。本文综合采纳杜普莱西斯和贡德·弗兰克等人的意见，因为危机表明了变革，而对其有所保留地使用，并将之视为危险与机遇的集合体。

第二章
气候与生态：西方文明变迁的基调

人类和自然界长期共存于一个互动的动态体系之中,气候与人类社会生活息息相关,它的些微波动都会对人类社会产生极大影响,尤其是在以农业为主的传统社会,气候变动对农业生产及社会经济乃至整个社会的发展都有着无法估量的重要影响。17 世纪西欧气候的"突然"变动对西方历史的发展进程曾产生了极为深刻的影响,促使西方社会出现了一些深刻的变革与调整,从而在很大程度上改变了西方历史发展的面貌与轨迹。因而,从某种意义上讲,气候的变动推倒了多米诺骨牌的第一张,从而引发了连锁反应,决定着西欧文明发展走向的基调。

第一节 地理分布与气候变动

按世界气候类型的分布规律,温带海洋性气候约分布在北纬 40 度—60 度的大陆西岸,但欧洲西半部的温带海洋性气候却分布于北纬 39 度—64 度的大陆西岸。它北起斯堪的纳维亚半岛西海岸,南到伊利比亚半岛西北部,西到不列颠群岛,向东一直扩展到易北河下游、莱茵河中游和阿尔卑斯山脉西麓。其分布范围之广,远远超过世界其他各洲同类型气候的分布。从分布地带来看,欧洲西半部的温带海洋性气候是世界同类型气候中唯一呈纬向分布的地区,该气候类型在这里是自西向东呈逐渐过渡变化的。因而,气候变动对笔者所说的西欧文明诸国的影响虽然在具体国家上有些微差异,但总的看来差异不大。

弗吉尼亚大学的鲁迪曼（William Ruddiman）教授指出，在过去的2000年中西欧曾出现过三次气候变冷的现象，而其中最近的一次就是17、18世纪的"小冰河世纪"。[①] 而在历史发展的进程中，我们看到，气候就像一位乐队指挥，在西方文明区域的许多地区留下了其意志标记。有迹象表明，17世纪气候波动明显。在各种历史记载中，我们常常可以发现关于冰川前进的描述，冰雪覆盖了许多农田、村庄、山谷和草原，以及波罗的海、泰晤士河、罗讷河频繁封冻的记录。如1608年、1677年伦敦泰晤士河封冻；1684年1月2日泰晤士河一直封冻到伦敦桥，这年冬季出现了英国的最冷纪录；1694年12月27日泰晤士河封冻，持续到次年1月；1709年1月7日泰晤士河结冰，持续50天，而此前几个世纪中从未出现过；波罗的海也曾频繁封冻，1658年，哥本哈根紧邻的波罗的海冰冻，使得瑞典国王及其军队可以渡过冰海对其进行围攻；在英国，地面积雪从1657年12月11日起至次年3月21日止，长达90天，为英国最长的积雪日期纪录，而1674年3月则下了13天雪。[②] 17世纪留存的资料显示，17世纪的伦敦，冬天冷得出奇，狂欢活动能在封冻的河面上举行，气氛尤其热烈，在整个英格兰，狂欢活动从圣诞节一直延续到主显节[③]前夕。泰晤

---

① 摘自2003年12月20日英国《经济学家》周刊《气候变化与文明》一文，李慧译，转自《国外社会科学文摘》，2004年，第3期，第76—77页。

② H. G. Koenigsberger, *Early Modern Europe 1500 - 1789*, London: Longman, 1987, p. 161；J. P. Sommerville, "Geography, Climate, Population, Economy, Society"，该文为威斯康星麦迪逊大学（University of Wisconsin Madison）历史系教授萨默维尔2006年秋季《17世纪欧洲》（*Seventeenth Century Europe*）的课堂讲义，见 http://history. wisc. edu/sommerville/351/351 - 012. htm；"Baltic Sea Past Climate"，载瑞典哥德堡大学（Goteborg University）地球科学中心（Earth Sciences Centre）海洋气候研究组（Ocean Climate Group）网站，见 http://www. oceanclimate. se/research_baltic_sea_past_climate. htm，2006年9月7日下载；牛文元，《自然地理新论》，北京：科学出版社，1981年，第266页。

③ 主显节，原本是东方教会庆祝耶稣诞生的节日。公元4世纪开始，罗马天主教会便固定在12月25日庆祝耶稣圣诞，并在1月6日庆祝主显节，纪念耶稣把自己显示给世人的三个核心事件：贤士来朝、耶稣受洗、变水为酒。圣诞节八日庆期以后，从1月2日至主受洗节前之星期六为圣诞期平日。这期间的最大庆节为"主显节"，通常1月6日为此节日本日。但在本节日为非法定节日的地区，可将此节日移到圣诞八日庆期后的主日，即圣诞节后第二主日（在1月2日至8日之间）。

士河甚至曾在此时期频繁冰冻并一度成为商品交易市场。如1683年的
1—2月,伦敦的城市活动迁到河上,河面变成货车和客车的通衢大道,商
人、摊贩和手工业者在那里搭盖棚屋。江湖骗子、小丑和玩杂耍的也纷纷
赶来捞几个子儿。一个庞大的集市凭空冒了出来,其规模之大,足以衡量
首都人口之多,以至时人称其为巨型交易会。(图2-1展现了当时的
情形)①

图2-1　1677年泰晤士河冰冻图②

　　气候寒冷的"小冰期"(the Little Ice Age),给原来位置偏北、气候寒
冷的斯堪的纳维亚、冰岛、苏格兰和其他地方造成灾害。阿尔卑斯冰川沿
着山谷扩展并吞没了很多小村庄。③拉迪里给出了冰川前进造成危害的
一些例子,如:1595年,瑞士吉特兹(Gietroz)的冰川前进,阻断了德兰瑟
(Dranse)河,并引起了巴涅(Bagne)的洪水;1600—1610年,法国的夏蒙尼
(Chamonix,法国东部山谷,旅游胜地)冰川前进,毁坏了3个村庄并严重

---

① [法]费尔南·布罗代尔著,顾良、施康强译,《15至18世纪的物质文明、经济和资本主义》
　　第二卷,北京:生活·读书·新知三联书店,1992年,第9—11页;H. G. Koenigsberger,
　　Early Modern Europe 1500 - 1789, London: Longman, 1987, p. 95.
② J. P. Sommerville, "Geography, Climate, Population, Economy, Society", *see* http://
　　history. wisc. edu/sommerville/351/351 - 012. htm.
③ H. G. Koenigsberger, *Early Modern Europe 1500 - 1789*, p. 95.

毁坏了第四个；1670—1680 年是东阿尔卑斯山历史上的最大扩张时期，该时期，冰川附近区域的人口下降；1695—1709 年，爱尔兰冰川急剧扩张，毁坏了农田；1710—1735 年，挪威的冰川平均每年前进 100 米①。葡萄酒收获期的推迟、劣质酒的生产和更大范围冰川的出现则说明了天气恶劣和温度下降；1595—1605 年间，夏莫尼赫和格林德尔瓦尔德的一些小村庄被冰川吞没；同时，由于寒冷、微凉和湿润的夏季使葡萄在成熟前即已干枯或腐烂并致生产出的葡萄含糖量过高，导致 1593—1602 年的这 9 年里，德国生产的葡萄酒质量较为低劣，而 1675 年生产出的葡萄酒则根本不能喝②。16 世纪 90 年代，"斯堪的纳维亚各国经历了 7 个世纪以来空前的寒冷气候"③。在苏格兰，1690 年，一个因纽特人划着独木舟出现在唐河上，说明其习惯的生存环境已经抵达苏格兰北部。④ 位于法国南部的罗讷河也封冻了⑤。在夏季，阴雨连绵，据瑞士卢塞恩镇（Lucerne）一位自然学家的记载，1613 年 5 月该地降雨时长为 25 天，其中有 9 天在整日整夜地下雨。⑥ 许多地区夏季洪水频发。这些现象都不应被忽视。

　　而在科学研究中，自然科学家们则用"小冰期"来对此进行解释，认为现代早期西方文明转型时期的西方社会曾经历了一次小冰期。小冰期又称为小冰川期，其概念最早是由马瑟斯（Matthes）于 1939 年提出的，用来描述全新世高温期之后的冰川活动时期，泛指气候最适宜期后，大约从 2000aB. P. 开始的冷期。⑦ 后来许多学者把广义的冷期称为新冰期，而小

① E. Le Roy Ladurie, *Times of Feast*, *Times of Famine*: *A History of Climate Since the Year 1000*, Barbara Bray trans. New York: Doubleday & Company, Inc., 1971, pp. 141 - 160, 174 - 176, 183 - 193.

② 《史学研究的新问题、新方法、新对象》，第 161—162 页。

③ 《15 至 18 世纪的物质文明、经济和资本主义》第一卷，第 52 页。

④ ［美］阿尔·戈尔著，陈嘉映等译，《濒临失衡的地球——生态与人类精神》，北京：中央编译出版社，1997 年，第 49 页。

⑤ H. G. Koenigsberger, *Early Modern Europe 1500 - 1789*, p. 95.

⑥ Christian Pfister, Rudolf Brazdil et al., "Documentary Evidence on Climate in Sixteenth Century Europe", in *Climatic Change*, Vol. 43, No. 1, Kluwer Academic Publishers, 1999, p. 64.

⑦ 刘嘉麒等，《第四纪的主要气候事件》，《第四纪研究》，2001 年第 3 期，第 244—245 页。

图 2-2 描述 1612—1613 年图林根洪水的木刻画

冰期则专指近数百年中出现的冷期。① 现在,小冰期的概念被越来越多的历史学家所熟悉。小冰期的成因至今仍有分歧。通常说来,它是指气候史上由于太阳活动减弱、火山活动加强以及海洋和大气环流变化等因素共同作用所造成的地球气候异常寒冷时期②。一般说来,小冰期的平均温度要比正常温度低 1—2℃。

　　早在 17 世纪后期,天文学家,包括波兰的约翰·赫维留(Johan Hevelius)、法国的 G. D. 卡西尼(G. D. Cassini)、英格兰的约翰·弗拉姆斯蒂(John Flamsteed)的记录就指出,1645—1715 年间几乎无法观测到与太阳活动和地球气候密切相关的太阳黑子,而且也无法观察到与此二者

---

① 虽然目前人们对小冰期的起讫时间说法不一,开始时间有 1250、1350、1430、1450、1550、1570 年等说,结束时间也有 1700、1850、1900 年等之分。如庞廷认为是 1430—1850 年,参见[英]克莱夫著,王毅、张学广译,《绿色世界史》,上海:上海人民出版社,2002 年,第112 页。兰姆则认为是 1550—1850 年,参见《史学研究的新问题、新方法、新对象》,第152 页。但无论怎样划分,17 世纪都位于其中。

② 小冰期成因的分歧主要有太阳活动减弱说、火山喷发说、紫外线辐射说等,且各有缺陷。如太阳理论说也有很多问题解释不了,因为以往的太阳活动强弱并没有直接观测,直接观测数据是最近几十年才有的;紫外线说无法解释宇宙射线凝结核如何增加,如何影响降水,如何降低温度,等等。

相关的北极光或日食晕。这些详尽记录揭示出太阳旋转在 17 世纪中叶以一条明显不同的方式进行，从而指出了气候的波动。[①] 气候学家兰姆指出，近一千年或两千年来气候变化的类型之一是大气环流向南移动，但内能促其逐渐消失。而上层西风带的峰槽结构间距较近，特别是向西移动的西风带更是如此。在一些有关因素的推动下，这一类型导致了例如 1550—1850 年间北美、欧洲的寒冷、恶劣的气候。[②] 当代美国天文学家约翰·埃迪则通过对历史上裸眼可视太阳黑子记录、极光记录和当时日食描述的研究，认为 17 世纪，更确切地说是路易十四统治的 1645—1715 年之间，是太阳活动几乎全部停止的时代，而 C^{14} 测量则揭示出 1650—1750 年期间 C^{14} 储量大幅增加，显示了大气中碳的充足，而这与太阳能量的下降有关，由此导致地球热量的下降，影响了地球气候。[③] 更多的中外学者则根据对太阳黑子、日冕、耀斑等的历史观测记录，英格兰气温，捷克地温，阿尔卑斯山和挪威冰川、大气中放射性 C^{14} 含量，树轮，冰芯，英国泥炭沼泽等的研究结果显示，中世纪至现代早期的欧洲冷期最冷时段在 17 世纪。[④] 而其直接效应则是气温的下降，冬天更长，夏季更凉爽。作为小冰期最冷期的 17 世纪气候变动必然会对人类活动产生深刻的影响。这其

---

① Geoffrey Parker and M. Smith eds., *The General Crisis of the Seventeenth Century*, London: Routledge & Kegan Paul Ltd, 1997, p. 7.

② 《史学研究的新问题、新方法、新对象》，第 151 页。

③ John A. Eddy, "The 'Maunder Minimum': Sunspots and Climate in the Reign of Louis Ⅹ Ⅳ", in Geoffrey Parker and M. Smith eds., *The General Crisis of the Seventeenth Century*, London: Routledge & Kegan Paul Ltd, 1997, p. 264.

④ H. H. Lamb, "Trends in the Weather", *Discovery*, Feb. 1964; John A. Eddy, "The 'Maunder Minimum': Sunspots and Climate in the Reign of Louis Ⅹ Ⅳ", in Geoffrey Parker and M. Smith eds., *The General Crisis of the Seventeenth Century*, London: Routledge & Kegan Paul Ltd, 1997；王绍武，《小冰期气候的研究》，《第四纪研究》，1995 年第 3 期；王劲松等，《小冰期气候变化研究新进展》，《气候变化研究进展》，2006 年第 1 期；宋燕等，《小冰期气候研究回顾和机理探寻》，《气象》，第 29 卷第 7 期；于希贤，《历史时期气候变迁的周期性与中国地震活动期问题的探讨》，载《中国历史地理论丛》，1997 年第 4 期。上述几篇论文都对以前国内外学者的研究做了不同程度的介绍。王绍武、王劲松等人更在其研究基础上，明确指出欧洲小冰期最冷期为 17 世纪，见：王绍武，《小冰期气候的研究》，第 209 页；王劲松等，《小冰期气候变化研究新进展》，第 24 页。

中最主要的就是对农牧业的影响以及由此带来的频繁饥荒和瘟疫、流行病的肆虐。

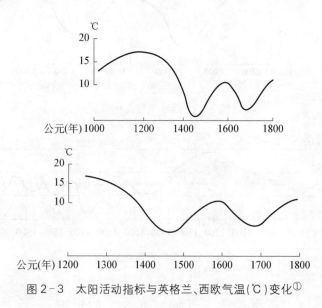

图 2-3　太阳活动指标与英格兰、西欧气温(℃)变化①

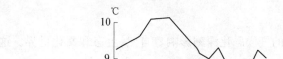

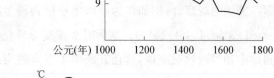

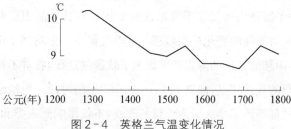

图 2-4　英格兰气温变化情况

① Patrick R. Galloway，"Long-Term Fluctuations in Climate and Population in the Preindustrial Era"，*Population and Development Review*，Vol. 12，No. 1，1986，pp. 7，14，Figure2.1，2.2，4.1，4.2 and 5.2。最小活动指标为 0，最大指标为 25。

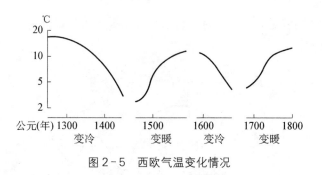

图 2-5　西欧气温变化情况

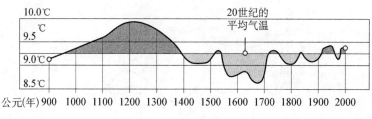

图 2-6　过去千年欧洲气温的变化情况[①]

第二节　气候对农牧业的影响

　　长期的气候恶化深刻影响着自然、生态和文化世界。这些变化当然无法逃脱那些警觉的观察者，例如作为政治家和植物科学家的伦瓦德·塞萨（Renwaed Cysat，1545—1614）。塞萨时常在夏季攀登邻近卢塞恩的群山并在路途中和当地牧民交谈，这让其获得了丰富的当地环境变化知识，他从中了解到山区气候不可思议的变化并在其作品中记载下来。他注意到山区对气候的变化极为敏感。夏季气候寒冷影响到了山上牧场牧草的成长，而频繁过早的降雪严重影响了牧群的迁徙，牧群不得不转移到山脚。塞萨的气候观察，涵盖了 1570—1612 年的时段。他指出当时气候和其他事物都经历了令人极为惊讶的改变，不仅影响到人类和动物世界，

---

① Christopher Monckton，"The Sun is Warmer Now Than for the Past 11,400 Years"，in http://www. telegraph. co. uk/news/uknews/1533312/The-sun-is-warmer-now-than-for-the-past-11400-years. html.

也包括地球的所有生物,它改变了星辰、风和其他现象。[1] 17 世纪的西欧社会仍是传统的农业社会,经济受到气候的控制,气候决定着作物的生长状况,对此布罗代尔指出:"在 15 至 18 世纪期间,世界只是农民的广阔天地,80%至 90%的人口以土地为生,而且仅仅依靠土地。收成的丰歉决定着物质生活的优劣。"[2]而从 16 世纪末起,气候的异常变化,对时人产生了重大影响,在有关城市和乡村的农业民俗记载中可以见到众多因地力耗尽、坐吃山空、价格上涨和饥荒而呈现的惨状。如 17 世纪英国埃塞克斯郡的拉尔夫·乔斯林牧师的日记就清楚地记载了气候影响导致的艰苦时

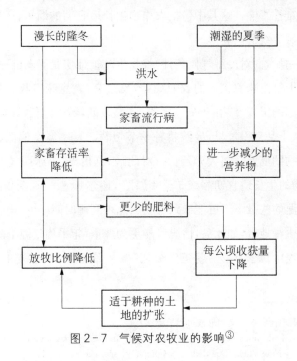

图 2-7 气候对农牧业的影响[3]

[1] Christian Pfister," Climatic Extremes, Recurrent Crises and Witch Hunts Strategies of European Societies in Coping with Exogenous Shocks in the Late Sixteenth and Early Seventeenth Centuries", *The Medieval History Journal*, Vol. 10, No. 1-2, 2007, p. 54.

[2]《15 至 18 世纪的物质文明、经济和资本主义》第一卷,第 52 页。

[3] Wolfgang Behringer, *A Cultural History of Climate*, Patrick Camiller trans., Cambridge: Polity Press, 2010, p. 94.

期："季节寒冷，日子艰难，玉米和商品的价格上涨，找不到工作……"①法国中西部昂热（Angers）的一位教士则这样描写 1709 年的严寒："严寒始于 1709 年的 1 月 6 日，一直持续到 24 日。此前栽种的庄稼全被摧毁……绝大多数的母鸡死于寒冷，一如厕房中的动物。即使有幼禽在严寒中存活下来，它们的肉冠也或被冰冻或掉落了。许多鸟类、鸭类被发现死于路上且身体覆盖着厚冰和积雪。橡树、桉树和其他一些树被严寒冻裂。三分之二的葡萄树被冻死……在安茹没有葡萄丰收……我在自己的葡萄园没有获得足够的葡萄酒去装满一个坚果壳。"②气候变动尤其对西方农业产生了灾难性影响。这其中包括农作物生长适宜期的缩短、产量下降、农业植被区域界线的内卷等。

世纪初始，面对冷湿气候条件，谷物生产被证实是脆弱的。学者们指出："冷湿天气意味着较短的农业周期，反过来，就意味着收成减少，农业歉收和广泛的饥馑。"③由于气候寒冷，气温较低，冬季延长，导致冰雪化冻极晚，而秋季又来得过早，导致耕种季节短暂。夏季温度偏低且多雨，从而使农作物的成熟时间大为延长。对此，帕克指出，小冰期气温下降 1℃ 将使"作物的生长适宜期缩减 3 至 4 周"④，谢尔顿·J. 瓦茨也指出："夏日平均气温的些微下降可能导致谷物成熟可利用时间减少 2—3 周。"⑤在农业区的边缘地带，如冰岛，情况可能更为严重，年平均气温下降 1℃ 将使冰岛的小麦生长季节缩短将近三分之一。⑥ 许多谷类、小麦的种植不得

① 《早期欧洲现代资本主义的形成过程》，第191 页。
② E. Le Roy Ladurie, *Times of Feast*, *Times of Famine*: *A History of Climate Since the Year 1000*, New York: Doubleday & Company, Inc., 1971, p. 91.
③ Peter N. Stearns, general ed., *The Encyclopedia of World History* (sixth edition), Boston and New York: Houghton Mifflin Company, 2001, p. 284.
④ Geoffrey Parker and M. Smith eds., *The General Crisis of the Seventeenth Century*, London: Routledge & Kegan Paul Ltd, 1997, p. 8.
⑤ Sheldon J. Watts, *A Social History of Western Europe*, *1450 -1720*: *Tensions and Solidarities among Rural People*, London: Hutchinson University Library, 1984, p. 21.
⑥ 《绿色世界史》，第 113 页。

不被放弃，而代之以燕麦和黑麦。生长期的缩短导致很多作物来不及成熟，作物歉收也就在所难免，而连续不断的降雨，则增大了耕作难度。过多的雨水会冲去田地的表层土壤，过度严寒则会冻死种子、降低种子发芽率。同样，来自农业收成的观察数据表明，糟糕的气候条件影响到水果开花的时间、牧草的生长，气温下降尤其对敏感的喜温、喜光作物葡萄的种植是一个严重打击。在一些年份，阿尔卑斯山北部的夏季太短以致葡萄无法成熟或因光照太少糖分不足而仅能酿造酸葡萄酒。[1] 种植条件的限制对欧洲的两种主要作物——小麦和藤蔓植物影响极大。在中世纪盛期，葡萄曾存在于南挪威和英格兰，但随着气温下降，种植线一再南缩。到 16 世纪末，葡萄在波罗的海已经消失无踪。即使在最为适宜的葡萄种植地德国的莱茵河和摩泽尔河流域，许多年份生产的葡萄酒也无法饮用。此外，歉收"如若接连两次，就会物价飞涨"。[2] 1645—1646 年、1649—1650 年间，英、法的小麦价格上涨了 2 倍，意大利则上涨了 3 倍。[3] 蒋孟引先生指出，在 1646 年旱灾后，本来小麦每夸脱（合 1.14 升）的年均价格在 17 世纪 20 年代为 30 先令，1646 年涨到 58 先令，一般贫苦人民所食用的燕麦、黑麦、豌豆等粗粮，价格也成倍上升。根据伦敦一个单位购买燕麦的记账资料，1643 年燕麦平均售价 7 先令 8 便士，1647 年涨到 21 先令 4.25 便士。1646—1650 年间，工资增加远比不上物价上涨，工资增加 15%～30%，而面包市价上涨了 100%～200%。[4] 人民生活更为困苦。

　　许多保存下来的书面行政记录向我们提供了关于 17 世纪寒冷对农业影响的详细信息。因为农民们希望提供令人信服的理由来寻求税收的减免，而坏收成是远远不够的，由此也带来了大量的农业损失报告。例如

---

[1] Wolfgang Behringer, *A Cultural History of Climate*, Patrick Camiller trans., Cambridge: Polity Press, 2010, p.94.
[2] 《15 至 18 世纪的物质文明、经济和资本主义》第一卷，第 86 页。
[3] J. P. Cooper ed., *The Decline of Spain and the Thirty Years War 1609 - 48/59*, Cambridge: Cambridge University Press, 1971, p.73.
[4] 蒋孟引主编，《英国史》，北京：中国社会科学院出版社，1988 年，第 350—351 页。

在挪威,1650--1750 年流入北峡湾的河流几乎每年都冲破堤坝,而且同一时期由于冰川和雪崩或岩崩造成的损失的报告也不断涌现:1687 年大量的农庄被滑坡损毁;1693、1702 年由于洪水严重以致牧场的牧民不得不背井离乡。挪威西部山谷中,绝大多数损失是因暴雨和雪融之后引发的洪水和滑坡。各地区的记录清晰表明了牛羊等农畜数目在 17 世纪的下降。[①]

气候变动对谷物产量的影响也极大。有学者指出,在气候及其他因素的影响下,农作物产量大幅下降。西班牙中部在 16 世纪 90 年代及随后的几十年中,谷物产量下降了 30％～50％,在法国,从 17 世纪 30 年代到 60 年代早期,下降了 20％～40％,德国也经历了巨大的谷物产量损失。[②] 谷物产量的大幅下降,将人口推向了生存危机的边缘。

同时,气温的下降也给土地施加了发展压力,导致了农牧过渡带的向内推移。帕克指出,由于冰川前进,雪盖南移,气温下降 1℃使农耕区的有效海拔高度减少约 500 英尺。[③] 而阿尔卑斯山高海拔地区的林木线也下降了,许多高山牧场被迫放弃。有学者还以牛群健康、牛奶生产和每日生产质量的结果来推测阿尔卑斯地区牧场受影响的草本植物的范围。[④] 自然科学家也指出,17 世纪最后十年瑞士中部海拔 900 米的山丘直到 5 月份还被雪覆盖。阿尔卑斯山冰川又一次扩张,一直延伸到海拔 2 000 米的草地。[⑤] 由于冰雪覆盖了许多农田、村庄、山谷和草原,寒冷潮湿的夏天及短暂的耕种季节使得畜牧和农业都很困难。气候变冷对苏格兰、瑞士、挪威等国家影响严重,出现了许多生产衰退的迹象。一些耕地被迫放弃,耕

① Jean Grove,"The Incidence of Landslides, Avalanches and Floods in Western Norway during the Little Ice Age", *Arctic and Alpine Research*, No. 4, 1972, pp. 131 - 138.

② Joseph Bergin ed., *The Seventeenth Century: Europe, 1598 -1715*, p. 21.

③ Geoffrey Parker and M. Smith eds., *The General Crisis of the Seventeenth Century*, London: Routledge & Kegan Paul Ltd, 1997, p. 8.

④ Christian Pfister, *Klimageschichte der Schweiz 1525 - 1860*, Berne, 1988.

⑤ 许靖华,《太阳、气候、饥荒与民族大迁移》,《中国科学》(D 辑),1998 年第 4 期,第 370—371 页。

地面积大为缩水。如苏格兰高地的弃耕地明显增加（参见图 2‐8）。1597—1636 年间，英国剑桥郡的奇彭哈姆村，许多中等份地农民被迫放弃谷物种植，卖掉耕地；奥威尔村在 17 世纪前 30 年也发生了同样的事情。[1]在瑞士，由于寒冷的气候、冰雪覆盖大地，一种在雪盖下生存的寄生虫大量繁殖破坏庄稼。而且，由于冰雪覆盖时间加长，喂养牲口的牧草被吃光以致牲畜只能被喂以麦秸和松枝。许多牛被屠宰。在挪威，位于高纬度的许多庄稼被放弃。据记载，1665 年挪威的谷物收成量仅有 1300 年左右的 67%～70%。[2] 在一些敏感或边缘的过渡带，有证据表明，在爱尔兰，夏日温度下降 1℃使作物减产 15%。[3] 此前，较为温暖的 16 世纪的人口膨胀曾使许多边缘土地都种满了庄稼，但随着 17 世纪气温的下降，这些土地无法耕种，之前的努力也付之东流。庄稼产量的下降，让众多人口处于饥饿边缘，许多人直接死于饥饿。饥荒和饥饿一度成为可怕的杀手。1693—1694 年的法国北部饥荒可能导致 10%的人口死亡，在奥弗涅，这一数字可能达到 20%。[4]

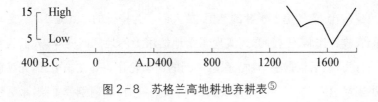

图 2‐8　苏格兰高地耕地弃耕表[5]

① Margaret Spufford, *Contrasting Communities*, *English Villagers in the Sixteenth and Seventeenth Centuries*, Sutton Publishing, 2000, p. 92, 118.

② H. H. Lamb, *Climate*, *History and the Modern World*, Second Edition, London and New York：Routledge, 1995, p. 224.

③ Geoffrey Parker and M. Smith eds., *The General Crisis of the Seventeenth Century*, p. 8.

④ Pierre Goubert, *Louis XIV et Vingt Millions de Français*, Paris：Fayard, 1966, pp. 166‐170；Manry André‐Georges ed., *Histoire de l'Auvergne*, Toulouse：Privat, 1974, p. 304.

⑤ Patrick R. Galloway, "Long‐Term Fluctuations in Climate and Population in the Preindustrial Era", *Population and Development Review*, Vol. 12, No. 1, 1986, p. 17, Figure6.8.

此外，气候变化对动物生活的改变也在时人的记录中有所揭示：
"水中鱼类不再像过往那样丰富，森林和田地不再像过往那样生产猎物，
空中不再遍布鸟类。"①由气候原因引发的瘟疫也使得畜牧业和渔业备
受打击。如 1709—1713 年的牛瘟曾给欧洲畜牧业带来毁灭性打击。②
在极端严寒的 17 世纪中，苏格兰鳕鱼的捕获量也大幅降低，因为鳕鱼
更向南移，法罗群岛的鳕鱼捕获在 1615 年左右开始中断，1625 和
1629 年在法罗群岛都无法捕获鳕鱼，1675—1704 年的 30 年时间里再
次中断。③

面对气候变动对农业的巨大挑战，首先，改变旧有农业无疑是一个积
极的应对策略。为此，西方社会内部进行了一系列变革，从而改变了西方
农业社会的面貌和发展轨迹。这其中就包括新耕作制度的实行、新农作
物的种植、作物种类的变化、围湖造田等方式扩展耕地以及一定程度上的
农业新技术新方法的运用等等。

具体说来，农业困境促使西方社会采用了更为复杂的新耕作制度以
促进农业发展。传统的两轮或三轮耕作制被不同程度地废止，休耕地大
为减少。在 17 世纪上半叶的英国，被人们广为接受的形式是 10 年或 12
年的农牧轮作制。这种方式实现了土地使用上的地区间变革，人们先将
土壤分类，然后依据不同种类采取不同的作物轮作。如在黏土区，先种两
年小麦或黑麦，接着种一年大麦、三年燕麦、一年白羽扇豆或巢菜，最后三
年或四年种牧草。到 17 世纪末，四茬或六茬轮作的诺福克轮作制将复
杂轮作制发展至顶峰。④J. D. 弗瑞斯认为，更为基本的轮作制放弃了耕
地和牧场的分隔，而采用先种几年谷物、豆类和根茎作物，继之是红花草、

① Wolfgang Behringer, *A Cultural History of Climate*, Patrick Camiller trans.,
　 Cambridge: Polity Press, 2010, p. 95.
② H. G. Koenigsberger, *Early Modern Europe 1500 - 1789*, London: Longman, 1987,
　 p. 161.
③ Lamb, *Climate, History and the Modern World*, p. 219; Brian Fagan, *The Little Ice
　 Age*, New York, 2000, pp. 69 - 77.
④《欧洲经济史》第二卷，第 280—281 页。

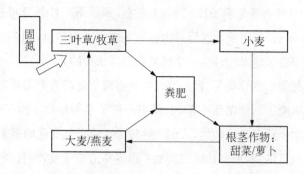

图 2-9　诺福克四茬轮作制示意图[1]

三叶草等草类,随后几年转为牧场的 7—11 年周期轮作模式。[2]

　　将不同种类的作物轮种以及将饲料通过牲畜转化为粪肥,三叶草等则起到了除杂草、固氮的作用,这样就有效提高了地力以及作物的产量,如 1700 年的诺福克郡和萨福克郡的小麦产量要高于 1600 年(参看表 2-1)。

表 2-1　英格兰诺福克郡和萨福克郡小麦产量估算(单位:蒲式耳/英亩)[3]

1520 年	9—11	1750 年	15—20
1600 年	11—13	1801 年	20
1630 年	12—14	1831 年	23
1670 年	14—16	1851 年	32
1700 年	14—17		

　　此外,一旦某种作物歉收,不同的收获时间也减少了由于年成不好而出现饥荒的可能。同时,与传统的三圃制相比,诺福克的轮作制优越性更强,它有效解决了三圃制下扩大种植面积和地力衰竭的矛盾。而且牲畜饲料作物的种植,也有利于畜牧业的发展。据统计,在低地国家和英国,

①　Mark Overton, *Agricultural Revolution in England: The Transformation of the Agrarian Economy, 1500 -1800*, Cambridge: Cambridge University Press, 1996, p. 68.

②　J. D. Vries, *Economy of Europe in an Age of Crisis, 1660 -1750*, p. 40.

③　Anne Digby and Charles Feinstein eds., *New Directions in Economic and Social History*, Basingstoke: Macmillan, 1989, p. 15.

17 世纪上半叶收获与种子比在 6∶1 左右,到了下半叶甚至可达到 10∶1。[1] 1700 年后,英国成为国际谷物市场上的主要出口国,到 1750 年谷物和面粉出口总数达 20 万吨,占全国粮食总需求量的 13%。[2]

作物种类的变化是 17 世纪西方农业面貌变化的重要方面,这有助于分散农业风险。如法国西南部,农民们种植了多种作物。由于气温与湿度变化无常不适于种植橄榄,人们改种较为适应天气变化的坚果树。[3] 从加来海峡到夏朗德,所有地区都增加了很容易适应气候,而且产量颇高的荞麦和斯佩尔特小麦的种植。[4] 在英国,人口的压力,也使得人们对高产量、高热量的农作物有了更多的需求。在这种情形下,以赫特福德郡为代表的英国一些地区的大麦和豆类种植比例有所提高,而热量较低的黑麦数量大为减少(参见表 2-2)。同时,英国政府还鼓励小农种植水果、蔬菜、香料、亚麻等经济作物,密集使用土地和劳动力,借以增加就业,分散农业风险,由此也带动了伦敦周围诸郡土地租金的明显上涨。根据霍顿的统计数字,伦敦周边 11 个郡,除个别郡外,土地租金均在 1 先令/英亩以上,米德赛克斯郡甚至高达 5 先令 11 便士/英亩,远高于其他偏远郡的 1 便士/英亩左右。[5] 在荷兰,生长期较短的荞麦在接下来的一百年中变得越来越重要,而在 1550 年前,它在欧洲还基本上无人种植。[6] 而可作为牲畜过冬饲料的芜菁以及翘摇在佛兰德尔等地也普遍种植。[7] 1650 年后,饲料作物得到了普及,从而使牲畜饲养有了饲料保障,增加了牲畜数量。

---

① J. D. Vries, *Economy of Europe in an Age of Crisis*, 1660-1750, p. 36.

② Joseph Bergin ed., *The Seventeenth Century*: *Europe*, 1598-1715, p. 30;《欧洲经济史》第三卷,第 367 页。

③《欧洲经济史》第二卷,第 285 页。

④《欧洲经济史》第二卷,第 284 页。

⑤ Andrew Browning, *English Historical Documents*, 1660-1714, Eyre & Spottiswoode, 1953, pp. 520-522.

⑥《绿色世界史》,第 114 页。

⑦ J. D. Vries, *Economy of Europe in an Age of Crisis*, 1660-1750, p. 40.

表 2 - 2　16—17 世纪赫特福德郡农作物种植比例① 　　（%）

年代	小麦	黑麦	大麦	燕麦	豆类
1540—1579	28	15	18	21	18
1580—1609	31	12	14	26	17
1610—1639	29	7	17	24	23
1640—1669	32	5	21	21	21
1670—1699	26	3	23	20	23

更为重要的变化是：高产新作物的种植，如来自美洲的新产品——玉米、土豆等的引入，极大地改变了欧洲的农业面貌。这类作物即使在贫瘠的土地上也长势良好，适应气候环境能力也更强，且有助于恢复地力，有利于庄稼轮种和畜牧业的发展。在伊比利亚半岛，早在 16 世纪末就引入了玉米，随后其在葡萄牙和西班牙扎根并得到推广，到 1700 年玉米占到了所有谷物种植的 2/3，1750 年则达 90%。② 玉米在法国内地于 17 世纪后期开始种植，并很快被增添到轮种作物中，为轮作制增添了新的内容。③ 这也间接促进了畜牧业的发展。雨水丰沛则使来自亚洲的稻米在此期间获得了巨大发展，在伦巴第，稻米种植面积从 1550 年的 5 000 公顷增加到了 1710 年的 15 万公顷。④

产量的提高，并非仅仅是依赖于单位产量的提高，在很大程度上也依赖于耕地数量的增加。排水造田是其中一种重要的方式。在英国，斯图亚特王朝早期沼泽排水计划最终创造了近 16 万公顷土地。⑤ 英国东部"大水平"工程，30 余年造田 30.7 万英亩⑥，相当于荷兰全国 1540 年至 1690 年一

① Mark Overton, *Agricultural Revolution in England：The Transformation of the Agrarian Economy*，1500－1800，p. 94.

② Henry Kamen, *Early Modern European Society*, London and New York：Routledge，2000，p. 29.

③《欧洲经济史》第二卷，第 286 页。

④ E. J. Hobsbawm, "The Crisis of the Seventeenth Century", in Trevor Aston ed. , *Crisis in Europe 1560－1660*，New York：Routledge & Kegan Paul Ltd. ，1965，p. 35.

⑤ J. D. Vries, *Economy of Europe in an Age of Crisis*，1660－1750，p. 38.

⑥ 1 公顷（ha）＝15 亩＝2.471 英亩（acre）——笔者注

个半世纪中造田数的 7/10。① 荷兰大规模填海造田始于 16 世纪末，到 17 世纪中叶，荷兰北部半岛造田 3.6 万公顷，增加的土地种植面积超过 1/4。② 为了赢得阿姆斯特丹、哈乐姆和登哈之间的荷兰中心带 1.8 万公顷的土地，荷兰人甚至在 17 世纪就制定了直至 19 世纪才得以完成的哈乐姆海 (Haarlem)排水工程。③ 荷兰人的丰富经验甚至让他们对英国的排水工程产生了兴趣，纷纷到英国沿海各郡投资承担排水工程。如 1628 年，有荷兰人投资 1.3 万英镑用于排干阿克斯霍姆岛(the Isle of Axholme)工程，荷兰人维劳尼顿、维那提等曾在英格兰约克郡、林肯郡的哈特菲尔德和奇泽等地以及苏格兰承担过排水工程。④ 同样的排水计划也实施在法国波瓦图潮汐地、乌尔班七世的庇护地、罗马南部的蓬蒂内沼泽以及德国西北部的北海沿岸浅滩。⑤

　一些新发明的工具虽然效果有限，但也被运用于农业产量的提高上。如英国发明的畜力双铧犁、铁穴播器、脱粒机等。⑥ 新方法也用于扩展耕地。如荷兰工程师发明的排水方法每年可增加 6—7 平方英里可耕地。⑦ 此外，增加土壤肥力也是农业调整的一个方面。如农肥(包括粪肥和混合肥)的使用，深犁松土和既能提供牲畜饲料又能提供硝酸盐、氮化物等有利于恢复土地肥力的豆类与草类——车轴草、三叶草等的种植。⑧ 同时，

① C. Singer, E. Holmyald, et al. eds. , *A History of Technology*, Vol Ⅲ: *From the Renaissance to the Industrial Revolution 1500 - 1750*, Oxford: Clarendon, 1957, p. 320.

② J. D. Vries, *Economy of Europe in an Age of Crisis* , *1660 - 1750* , p. 37.

③ ［德］约阿希姆·拉德卡著，王国豫、付天海译，《自然与权力——世界环境史》，石家庄：河北大学出版社，2004 年，第 147 页。

④ Violet Barbour, *Capitalism in Amsterdam in the Seventeenth Century*, Michigan: University of Michigan Press, 1963, p. 122.

⑤ J. D. Vries, *Economy of Europe in an Age of Crisis* , *1660 - 1750* , p. 38.

⑥ ［英］亚·沃尔夫著，周昌忠等译，《十六、十七世纪科学、技术和哲学史》，北京：商务印书馆，1991 年，第 524—526 页。

⑦ D. H. Pennington, *Europe in the Seventeenth Century*, London and New York: Longman, 1989, p. 62.

⑧ J. D. Vries, *Economy of Europe in an Age of Crisis* , *1660 -1750* , pp. 40, 42; Sheldon J. Watts, *A Social History of Western Europe*, *1450 -1720*: *Tensions and Solidarities among Rural People* , p. 22; Joseph Bergin ed. , *The Seventeenth Century*: *Europe*, *1598 - 1715* , p. 29; Henry Kamen, *Early Modern European Society* , p. 126.

豆类植物不仅提供了植物性蛋白质，对人们的日常饮食也是一种有益的补充，也抵消了休耕时间减少所造成的损失。

其次，改善农业远非立竿见影的事。因而，改变饮食习惯成为当务之急。

布罗代尔指出，吃粮食或肉取决于人口多少。17世纪前，欧洲以吃肉为主，而当人口增长超过一定水平，人们就势必更多地依赖植物而减少吃肉。如在蒙比扎镇，肉铺数量逐渐减少，从1550年18家到1641年6家再到1660年的2家。餐桌上的食肉量也大为减少，养济院中穷人的饮食中，谷物提供的热量高达81％；1609—1618年博罗米学院的学生饭菜中，谷物占热量总数的73％；同样，1614—1615年热那亚富人斯皮诺拉家族的餐桌上，谷物提供的热量也占53％，食用的肉和鱼并不多。[①] 在法国，普通农民养不起家畜，也无多余金钱消费肉类，因而他们的食谱中几乎无肉，饮料也多为野生浆果或掺水的果酒。如在博韦地区，农民的基本食谱是由面包、汤、燕麦粥、豌豆和其他豆类等组成，明显营养不良。[②] 瑞典的格里普斯哥尔摩堡庄园的食物预算也清楚地表明了每日摄取热量的下降（见表2-3）。

表2-3　瑞典格里普斯哥尔摩堡庄园每日摄取热量表[③]

年份	每日消费热量（卡路里）
1555	4 166
1638	2 480
1653	2 883
1661	2 920

而新农作物的种植则弥补了原有谷物产量的不足，很快成为人们的日常食物，并以其高产量养活了大量人口。1601年，土豆已在德国大部

①《15至18世纪的物质文明、经济和资本主义》第一卷，第118—120、227、149页。

② Pierre Goubert, "The French Peasantry of the Seventeenth Century: A Regional Example", in Trevor Aston ed., *Crisis in Europe*, *1560-1660*, p. 167.

③ J. P. Cooper ed., *The Decline of Spain and the Thirty Years War 1609-48/59*, p. 75.

分菜园种植。17 世纪上半叶，爱尔兰农民开始食用土豆。1680 年后，法国人普遍食用土豆。① 而在一些地区，如佛兰德地区土豆消费量的急剧上升导致谷物消费量下降。17 世纪下半叶，玉米也成为日常食物。一些玉米食物，在法国南部的米亚斯、意大利的波朗塔和罗马尼亚的玛玛利加都是大众食品。②在西班牙北部海岸，玉米以其 40∶1 的收成与播种比，养活了大量农民。③ 1651 年后，原来只是作为园艺观赏植物的萝卜，被东盎格利亚农民试种到大田里。农民们发现，萝卜很适合于在各种土地上生长，因而从 17 世纪起，萝卜遍布整个东盎格利亚，尔后又扩展到其他地区。17 世纪末，萝卜已遍种于所有适合它生长的土地上。萝卜不仅为牲畜提供了过冬饲料，而且由于中耕除草，又有利于次年农作物的生长。另外，稻米也成为救灾食品，为法国养济院的穷人、士兵和水手所食用。④ 一些地区的周期性饥荒因而结束。

小麦、黑麦、燕麦、大麦、稻米、小米等都可制作面包。然而，这些食物加在一起仍不能保证食物的充足，西方人仍不能免于经常挨饿。瓜菜、栗子粉、荞麦面、各种豆类乃至橡实也成为重要的补充性食物。在荷兰，生长期较短的荞麦在 1550 年后的百年中地位越来越重要，而此前在欧洲基本上还无人种植。⑤ 1674—1675 年多菲内地区的冬季，民众竟以橡实和块茎为食。⑥ 一些地方甚至狗肉、猫肉也被标价出售。⑦

第三，进口粮食与限制粮食出口，也是西方社会一段时期内的即时应对粮食问题的方式之一。

保障民众谷物供给，是君主制政府的重要职责。西欧对食物的需求

---

① 《15 至 18 世纪的物质文明、经济和资本主义》第一卷，第 194、196 页；Peter N. Stearns, general ed. , *The Encyclopedia of World History*, p. 328.

② 《15 至 18 世纪的物质文明、经济和资本主义》第一卷，第 197、192 页。

③ Henry Kamen, *Early Modern European Society*, p. 29.

④ 《15 至 18 世纪的物质文明、经济和资本主义》第一卷，第 126 页。

⑤ 《绿色世界史》，第 114 页。

⑥ 《15 至 18 世纪的物质文明、经济和资本主义》第一卷，第 126—128 页。

⑦ Thomas Munck, *Seventeenth-century Europe: State, Conflict, and the Social Order in Europe, 1598 - 1700*, New York: Palgrave Macmillan, 1990, p. 85.

因波罗的海生产能力的增长而得到补充。在 1591—1593 年伊比利亚半岛、意大利半岛出现粮荒之后，荷兰商船频频光顾地中海、波罗的海港口采购粮食运至两地。有资料表明，大量粮食从波罗的海的半殖民地粮食产区输送进来。17 世纪上半叶，年均 14 万吨谷物通过荷兰松德海峡向西流动，以满足西北欧及地中海国家及城市的粮食需求。[①] 1618 年波罗的海的粮食贸易达到高峰，当时有 11.8 万拉斯特（Lasts）粮食进入西欧。[②] 荷兰每年则有成千上万的来自伊比利亚的运输合同，把波罗的海小麦、黑麦，荷兰本土市场上的一些食物，西西里的粮食运到巴伦西亚、巴利阿里群岛、加泰罗尼亚、安达卢西亚、加利西亚和热那亚。1631 年，西班牙北部、东部以及葡萄牙爆发了 17 世纪最为严重的饥荒，大量的荷兰商船把波兰谷物运到法国西南部的南特、波尔多、伯约纳。再由那里的英、法、汉堡船只把粮食运到伊比利亚半岛的里斯本、阿利坎特、巴伦西亚和那不勒斯等地。即使是在 1635 年后，英国船只还经常到法国南部沿海去购买由荷兰商船运到那儿的粮食，再把这些粮食运到伊比利亚半岛。[③] 17 世纪末，美洲卡罗利纳地区通过英国转口出售的稻米数量非常大，法国在 1694、1709 年则从埃及亚历山大港输入稻米用以缓解本国穷人的粮食困境。[④] 而英、法等国在 17 世纪初还曾采取政府干预手段一度限制本国的粮食出口。英国在整个 17 世纪的粮食出口数量甚微，60 年代英国没有任何一个港口平均出口谷物超过 2000 夸特。英国枢密院甚至在 1629—1644 年间多次禁止粮食出口。[⑤] 为了更有效地应对 17 世纪危机，英国实

① J. D. Vries, *Economy of Europe in an Age of Crisis*, *1660－1750*, p. 35.

② 拉斯特，英国容量单位，1 拉斯特等于 80 蒲式耳，1 蒲式耳等于 27.216 千克。见［英］诺曼·戴维斯著，郭芳、刘北成等译，《欧洲史》（上卷），北京：世界知识出版社，2007 年，第 512 页。

③ Jonathan Israel, *The Dutch Republic and the Hispanic World 1606－1661*, Oxford: Clarendon Press, 1982, p. 212.

④ 《15 至 18 世纪的物质文明、经济和资本主义》第一卷，第 125—126 页。

⑤ J. F. Larkin ed. , *Stuart Royal Proclamations*, Vol. Ⅱ: *Royal Proclamations of King CharlesI*, Oxford: Clarendon, 1983, pp. 230, 271; D. C. Coleman, *The Economy of England 1450－1750*, Oxford University Press, 1977, p. 120.

行了一系列以商业贸易为中心的重商主义政策。英国政府先后于 1663、1670、1689、1690 年颁布了《谷物法》，调节谷物价格，鼓励并奖励出口以刺激本国农业生产。与此同时，为了发展商业，英国还大力发展海外贸易，发展航海业和海军，实行关税保护政策，并不惜为了商业权益而与荷兰、西班牙等国进行多次商业战争。英国政府还采用政府法令的方式，要求绅士慷慨解囊施行慈善救助贫民。如：1608 年农业歉收，议会担心社会秩序混乱，发布了两个法令：第一个是命令乡绅返回家乡，认真执行国王命令；第二个则是禁止乡绅过多生产麦芽，限制粮食再加工，以减少粮食消耗，目的是让贫民在小麦和黑麦短缺时，能以合理的价格储存足够的大麦，以解决他们所需之口粮。1622 年农业再次歉收，议会发布两个法令，要求绅士返回家乡。英国政府对粮食问题的干预不仅在粮荒等非常时期，也加强了平时的预防措施，如：1630 年法令禁止啤酒和粮食出口，并尽可能多地栽种大麦；政府通过立法，用许可证规范粮食供应，如伦敦的面包商有权在伦敦周围 20 英里以内购买粮食。[1]

法国柯尔柏时期也曾禁止粮食和其他农产品出口而鼓励外国同类产品的输入。柯尔柏时期，法国也采用重商主义政策，采用多种措施鼓励生产并加强对生产领域的管理，如大力提倡养马养牛，资助亚麻、桑树等经济作物种植户，大规模植树造林，开垦改良荒地和沼泽地，等等。工业方面，柯尔柏鼓励兴建各种类型的作坊、工场，并对产品质量、工序等作了规定。法国政府还采用多种方式确保食物供给。但近代早期的法国，谷物市场化程度较低、农民缺乏营利动机，再加上交通不便，谷物运输运费高、速度慢，单靠市场的力量无法完成供给任务。在这种情况下，政府只好亲力亲为，自掏腰包购买谷物，建造谷仓，在饥荒时赔本卖给百姓，即所谓的"国王的谷物"[2]。1567 年 2 月 4 日，查理九世率先建立谷仓，以备不时之需。亨利三世、亨利四世和路易十三纷纷效仿，路易十四则进一步建成

---

[1] 尹虹，《十六、十七世纪前期英国流民问题研究》，第 168—170 页。

[2] Léon Cahen, "*Le prétendu pacte de famine, questions précisions nouvelles*", *Revue Historique*, 1935(176), p. 175.

"国王谷物总署"①，饥荒时期派人在但茨等地购买大量谷物，再以低于市场价的价格卖给市民。② 但由于财政困难，政府只好求助于商人，于是官商结合的谷物供给模式应运而生，先后经历了"官商共营""官督商办""官办商营"和"官督商办"4个阶段。但最终失于流弊，不得已继续重农。窃以为，这也或许是英法后来一段时间内分别于重商、重农道路上发展的一个原因。为了稳定农民阶层，后来的法国政府常常对农业采取保护政策，限制农产品进口，对过剩的农产品实行保护价收购等，这更加维护了小农经济的长期存在。法国农民以一家一户为单位，直接经营属于自己的一小块土地，生产出家庭所需的绝大部分日常生活用品，很少与商品市场发生联系。农业技术进步缓慢，到19世纪中期，人们使用的基本上仍是传统的手工工具，农业机械在法国极为罕见。因法国农业发展的缓慢，大大制约了法国工业革命的速度。我国学者李世安在分析法国工业化发展缓慢的原因时，认为："第一个基本原因是，法国是一个小农经济占统治地位的国家，其农业结构与英国不同。"因小农过着自给自足的生活，使法国缺乏工业革命的动力；小农经济浪费了大量的劳动力，使法国工业革命缺乏自由劳动力；小农经济使农村人口的消费能力有限，限制了国内市场的发展；等等。③

农业困境，也对原始工业生产产生了诸多影响。对英国而言，许多城乡经济发展速度逐渐放缓，部分中等城市在1640年后开始出现萎缩，如索尔兹伯里、考文垂、南安普顿、伍斯特、格洛斯特等地。一些乡村工业较为发达的地区出现了"逆工业化"现象，尤其是英国东南、西南等地区的乡村工业中，曾经较为发达的呢绒纺织业消失了。据统计，英国10个原工业化地区中只有4个进入了工业化。④ 比较典型的是索尔兹伯里、伍斯

① Gustave Bord, *Histoire du Bléen France : le Pacte de Famine*, *Histoire-légende*, Paris: A. Sauton, 1887, pp. 18 - 20.

② Nicolas de La Mare, *Traitéde La Police*, Vol II, Paris: P. Cot, 1710, pp. 1032 - 1033.

③ 李世安，《欧美资本主义发展史》，北京：中国人民大学出版社，2004年，第127—128页。

④ 王加丰、张卫良，《西欧原工业化的兴起》，北京：中国社会科学出版社，2004年，第249—255页。

特郡、肯特郡、威斯特摩兰等地的传统工业都未能成长为现代工业，而更多转向传统的农业种植业。另外，农业困境也促使乡村劳动力向非农领域转移的规模进一步扩大。农民们除从事农牧业外，也不断开发各种自然资源，种植各种经济作物，大力发展制陶、金属加工、麻纺织等家庭工业，许多地区出现大规模的农舍重建现象。如英国兰开夏郡的曼彻斯特、罗奇代尔等地发展起来的棉麻毛纺织业是英国乡村工业最为发达的行业。[①]

此外，我们还要看到的是，这一时期后期土地生产集中化、规模化趋势更为显著。如法国的于勒普瓦，16 世纪 50 年代 33％的土地掌握在农民手中，平均规模在 2.5 英亩以下，而到 1670 年，农民享有的份额已降到了 20％，而大土地所有者拥有的平均土地规模达 125 英亩甚至更大，覆盖了耕地面积的 40％。[②] 在英国，通过圈地运动而发展起来的带有资本主义性质的农场造成的土地集中化程度要更高。这就为农业的集约化发展和农业革命创造了条件。

总之，到 17 世纪末 18 世纪初，农业的种种变化已逐渐开始产生了重要影响。正如美国全球史家皮特·斯特恩斯所指出的那样：新农业技术和方法转变了传统的农夫农业，为西方社会提供了更充足的食物，促进了城市膨胀和人口增长。[③]

第三节　饥荒、瘟疫和流行病

关于人口和食物供应之间的关系，在学界通常有三种观点。第一种是消极的，如马尔萨斯等人的观点。该观点认为，人口有其自身自然增长趋势，一定生产资料维持的人口总量有限。在技术无大变动的前提下，人口增长势必降低农业劳动生产率和人均粮食占有量，限制社会财富的积

---

① 《西欧原工业化的兴起》，第 191—199 页。

② Joseph Bergin ed. , *The Seventeenth Century：Europe，1598 - 1715*，p. 31.

③ Peter N. Stearns, general ed. , *The Encyclopedia of World History*, p. 281.

累和增长,加深民众生活贫困度,使更多人口经常处于饥饿、半饥饿状态,降低其抵御自然灾害的能力。而人口经常发展过度,必须通过一些或大或小的灾难,如饥荒、疾病、瘟疫即"马尔萨斯压力",来使人口适应环境最大承受力。借助于人与自然生态系统间的相互依存、制约关系,往往产生连锁效应。① 第二种是积极的,如博斯鲁普等人的观点。他强调人口数量是推动人类社会变迁和整体历史前进的力量,人口增长会带来社会的连锁式反应:劳动专业化与职业化、技术发明、劳动生产率的改进、国家规模经济的发展、机构创新等,从而推动社会发展。他认为技术发明可以不依赖人口增加的多寡而发生,但这些新技术发明的运用、推广却有赖于人口增加和食物总需求的上升,人口增加是新技术发明推广运用的必要条件,②正如博斯鲁普所说的,人口的增长促进技术变化并由此导致资源存量的扩张。③ 第三种观点认为人口与食物供应之间的关系是有时积极有时消极的,如 R. D. 李的观点,指出了其间的不确定性,因为在经验上确定技术革新的广度和深度是非常困难的。④

而在笔者看来,在 18 世纪前的旧体系下,发明对人口的拉力作用相对较小,人口仍极大地受制于传统的马尔萨斯危机。对此,奇波拉指出:"在农业社会中,不论什么时候,只要特定农业人口的增长超过了一个特定的'最高限度',那么发生大量地夺去人口的突发性灾难的可能性也就增加了。"⑤布罗代尔也认为,18 世纪前的人口发展的机理是趋向平衡的,人口体系被困在一个不可捉摸的圈子里。一旦触及到圈子周边,人口很

---

① 关于具体观点,请参见[英]马尔萨斯著,郭大力译,《人口原理》,北京:商务印书馆,1959年;[意]卡洛·M. 奇波拉著,黄朝华译,《世界人口经济史》,北京:商务印书馆,1993 年。

② E. Boserup, *Population and Technological Change: A Study of Long-Term Trends*, Chicago: University of Chicago Press, 1981;[英]亚当·斯密著,杨敬年译,《国富论》,西安:陕西人民出版社,1999 年;[美]朱利安·西蒙著,彭松建等译,《人口增长经济学》,北京:北京大学出版社,1984 年。

③ 《经济史中的结构与变迁》,第 14 页。

④ R. D. Lee, "Malthus and Boserup: A Dynamic Synthesis", *Program in Population Research Working Paper*, No. 15, Berkeley: University of California, 1984.

⑤ 《世界人口经济史》,第 65 页。

快就出现退缩。恢复平衡的方式和时机并不缺乏：匮竭、灾荒、饥馑、生活困苦、战争，尤其是种种疾病。[①] 那么如此一来，16 世纪增长迅速的人口在 17 世纪随着气候的变化和作物的歉收而遭遇马尔萨斯陷阱的危险也就不可避免地发生了。

　　气候的异常和持续冷期大大增加了作物歉收的概率并导致了饥荒的频繁发生。如在瑞士，由于气候寒冷，冰雪覆盖大地，一种能够在雪盖下生存的寄生虫大量繁殖并破坏庄稼。[②] 而饥荒似乎是自然的最后、最可怕的手段。法国南部在 1550—1700 年连续发生饥荒，当时的文献记载都把饥荒与严寒的冬季和多雨的夏季联系在一起。[③] 据杰伊·罗伯特·纳什不完全统计，1580—1720 年，共发生较大的饥荒、瘟疫近 20 次。[④] 兰姆也给出多达 30—40 次的普遍饥馑和地方饥馑的统计数字。一份 18 世纪的清单就指出，单单是法国在 17 世纪就发生了大灾荒 11 次，即使如此，布罗代尔还是认为这一数据过于"乐观"，忽略了很多局部性的饥荒。[⑤] 饥荒是如此频繁，1594—1597、1628、1637、1661、1692—1694、1696 等年份都曾见证了饥荒的发生。布罗代尔指出，法国西南地区于 1628、1631、1643、1662、1694、1698、1709、1713 年发生灾荒。[⑥] 其中几次为大规模的饥荒。1662 年的布莱佐瓦，出现了 150 年来从未有的贫困。那里的穷人以鳕鱼卤掺白菜根和麸皮果腹。同年，勃艮第三级代表在给国王的陈情表中说，这年的饥荒使本省 1 万个家庭死了人，甚至有全家死绝的情形，1/3 的城市居民被迫以食草为生。一位编年史家补充说当地人竟以人肉为食。1652 年，一位神甫说，洛林和四邻地区的居民被生计所迫，竟像牲畜一般

① [法]费尔南·布罗代尔著，杨起译，《资本主义的动力》，北京：生活·读书·新知三联书店，1997 年，第 6—7 页。
② Lamb, *Climate, History and the Modern World*, p. 224.
③ 左大康主编，《现代地理学辞典》，北京：商务印书馆，1990 年，第 162 页。
④ [美]杰伊·罗伯特·纳什著，沈愈、郭森等译，《最黑暗的时刻——世界灾难大全》，北京：商务印书馆，1998 年，第 598—599 页。
⑤ 《15 至 18 世纪的物质文明、经济和资本主义》第一卷，第 82 页。
⑥ 《15 至 18 世纪的物质文明、经济和资本主义》第一卷，第 82 页。

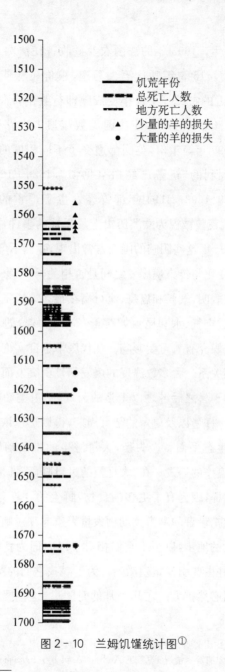

图 2-10　兰姆饥馑统计图[1]

① H. H. Lamb, *Climate*, *History and the Modern World*, Second Edition, London and New York: Routledge, 1995, p. 221.

在草场以食草为生。1693 年的法国农业歉收曾使法国和周边国家的数百万人因之死亡。1693 年勃艮第人写道，粮价飞涨使国内有人饿死。1694 年，墨朗附近的农民等不及小麦成熟即行收割，许多人如牲畜一般食草度日。而 1709 年的严冬使法国无数流浪者在路旁冻死。[①] 1597、1623、1649 和 1690 年等年份，英国都遭受了不同程度的饥荒。[②] 诺思和托马斯指出意大利的"饥荒已经司空见惯"，1628—1638、1648—1655、1674—1675、1679、1693—1694 年都曾经发生了严重的饥荒。[③] 1696—1697 年的芬兰饥荒曾被视为欧洲历史上最恐怖的事件，死亡总数达居民总数的 1/4～1/3。[④] 这些阴暗的画面常常出现，我们不可忽视。

　　气候、环境变化与传染病爆发之间是否相关，科学家们一直在寻找答案。近来的研究表明，气候和瘟疫、流行病在很多渠道上密切相连。通常说来，流行病通过空气、水和昆虫如跳蚤、蚊子等媒介进行传播。变化的气候条件对这些媒介有着重要影响。现代医学也证实许多疾病的爆发都与气候有着密切关系。大多数瘟疫的爆发都是由突发而剧烈的气候变化引发的。严重的干旱之后继之以正常的天气，啮齿类动物以其快速的繁殖速度、更多的产仔量以及更短的孕育周期，得以迅速恢复其数量。一定时间后，原来的生态平衡就会失衡，大量滋生的带菌啮齿类动物蔓延开来，从而会引起瘟疫的爆发。在"大规模的过量降雨"的情况下，植物的生长大大增加。这样，因为有了更多的食物，野生的、"具有瘟疫免疫力"同时又是瘟疫病菌携带者的啮齿类动物大量繁殖起来。啮齿类动物的数量达到了如此庞大的地步，以至于它们相对于以它们为食的食肉动物的生存率大大增加，并由此引发繁殖激增。为了寻找它们的草料领地，啮齿类动物的活动区域必然扩大。在几个月的时间里，这些携带着瘟疫的野生

---

① 《15 至 18 世纪的物质文明、经济和资本主义》第一卷，第 86 页。

② 关于英国饥荒的详细发生情况，请参见 Andrew Appleby, *Famine in Tudor and Stuart England*, Stanford: Stanford University Press, 1978.

③ 《西方世界的兴起》，第 133 页。

④ 《15 至 18 世纪的物质文明、经济和资本主义》第一卷，第 85 页。

动物便无情地向外扩散。很快，这些生物与其他没有携带瘟疫的啮齿类动物有了接触，进而将疾病传染给人群。最具戏剧性的是大规模的过量降雨，特别是在干旱之后发生这样的降雨，最有可能引发瘟疫的四处蔓延。温度和湿度也决定着瘟疫爆发的季节。在潮湿阴冷的天气下，欧洲北部发生瘟疫的条件更为容易和适宜。因而，从理论上来说，气候变化引起的生态系统的不稳定性能增加宿主及传染病因子，增加病毒的存活期和降低人体免疫力，加快了传染病的发生。对此，生态气候学家兰姆曾指出瘟疫的流行出现在气候异常波动时期，并暗示这种波动造成了瘟疫的易发性。①

更多的时候饥荒总是与瘟疫和流行病结伴而来的。如 1628—1638、1648—1655、1674—1675 和 1679 年都是饥荒和鼠疫并发。② 布罗代尔指出，歉收将导致"饥荒蔓延，并且迟早为流行病打开大门"。③ 17 世纪，因为歉收、食物不足和气候异常引发的"死神的舞蹈"——饥荒和疾病肆虐欧洲。美国诺贝尔奖获得者、著名经济史学家道格拉斯·诺思指出"17世纪是战争、饥荒和瘟疫充斥的一个可怖的时代"，"西欧进入了受累于马尔萨斯抑制的 17 世纪：饥荒、瘟疫再次席卷欧洲各国"。④ 据纳什列举，1580—1720 年，共发生大饥荒、瘟疫 19 次⑤，这还不包括为数众多的地方性饥荒、瘟疫。仅在法国安茹一省，1583—1707 年就发生了瘟疫 5 次。⑥ 在西班牙，"瘟疫和坏收成摧毁了整个卡斯提尔地区"。⑦

这一时期，欧洲几乎成了瘟疫自由区，瘟疫具有频繁发作和地区性（地区间也时常联系构成更大规模的瘟疫爆发）等特征。鼠疫、白喉、痢疾

---

① H. H. Lamb, *Climate: Present, Past and Future: Climatic History and the Future*, II, London: Methuen and Co. Ltd, 1977, p. 262. 需要指出的是，17 世纪变化的气候在多大程度上决定着瘟疫和流行病的爆发，学界还存在不同意见，也有待于我们的进一步研究。

②《西方世界的兴起》，第 133 页。

③《15 至 18 世纪的物质文明、经济和资本主义》第一卷，第 88 页。

④《西方世界的兴起》，第 132、144 页。

⑤《最黑暗的时刻——世界灾难大全》，第 598—599 页。

⑥ J. D. Vries, *Economy of Europe in an Age of Crisis, 1660–1750*, p. 8.

⑦ Joseph Bergin ed., *The Seventeenth Century: Europe, 1598–1715*, p. 4.

等疾病直接夺去了大量人口的生命。以致有医学史家指出："本世纪的流行病流行是历史上最严重的时期。"[①]腺鼠疫在近代早期可以使 60%～90% 的患者死亡，黑死病又在 17 世纪重新出现，而且极为猛烈。1628—1629 年在里昂城，可怕的流行病几乎使半数居民死亡。米兰在 1630 年则有 8.6 万名居民死亡[②]。1654—1656 年东欧人民曾因此病死亡甚多，其后疫情又返回到意大利，特别是在那波利及意大利北部城市，致使该地区荒芜一片，如热那亚城一年中，死亡达 6.5 万人。1679 年在维也纳城因鼠疫死亡了 10 万人，与布拉格城的死亡人数亦大致相同。鼠疫亦曾在荷兰及德国传播流行，如阿姆斯特丹 1626—1628 年 3 次鼠疫死亡 3.5 万人，而 1623—1625、1635—1636、1655 年的瘟疫每次都夺去该城 1/10 以上的人口。伦敦的 5 次鼠疫死亡近 16 万人。[③] 在法国，1600—1670 年间的瘟疫夺去了 220 万至 330 万人的生命。[④] 黑泽认为 1630 年的流行病使威尼斯共和国死亡者不下 50 万，并将之视为威尼斯衰落的主要原因。[⑤] 在西班牙，仅 16 世纪 90 年代的瘟疫和饥荒就给西班牙带来了巨大的死亡人数，需要几十年才能恢复。[⑥] 英国著名的日记作家塞缪尔·佩皮斯（Samuel Pepys）记载了伦敦 1665 年 8 月大瘟疫一周的死亡数字：7 496 人中有 6 102 人死于瘟疫，而真实的死亡数字则接近 1 万人。[⑦] 在德国和地中海欧洲，1600—1650 年人口急剧下降 15%～20%。[⑧] 科迪拉（Corradi）根据确实的档案，认为在 1630 到 1631 年之间，估计仅在北意大

---

① 《医学史》（上册），第 487 页。

② 《医学史》（上册），第 487 页。

③ J. D. Vries, *Economy of Europe in an Age of Crisis*, 1660-1750, p. 8;《15 至 18 世纪的物质文明、经济和资本主义》第一卷，第 98—99 页。

④ Henry Kamen, *Early Modern European Society*, London and New York: Routledge, 2000, p. 25.

⑤ 《医学史》（上册），第 487 页。

⑥ Joseph Bergin ed., *The Seventeenth Century: Europe*, 1598-1715, p. 4.

⑦ H. G. Koenigsberger, *Early Modern Europe 1500-1789*, London: Longman, 1987, p. 98.

⑧ Joseph Bergin ed., *The Seventeenth Century: Europe*, 1598-1715, pp. 4, 13.

利地方，死于鼠疫者就有 100 万人。[①]

　　经济学家西米昂曾指出，在医生看来，时疫的原因在于细菌的繁殖和由贫困导致的肮脏及体质虚弱；而在社会学家看来，贫困才是原因，生物因素只不过是条件。[②] 虽然侧重点不同，但都指明了贫困在导致人口死亡主要因素——瘟疫发生中的重要作用。以往历史学家通常为此去指责战争和士兵，但罪魁祸首似乎并不是战争和士兵，因为并没有很多人直接被杀，人们更多的是死于饥饿或因身体虚弱引起的疾病。对此，有学者指出，16 世纪 90 年代到 17 世纪 70 年代死亡率上升，在很大程度上始自黑死病等流行病、恶性循环的腺鼠疫的爆发。[③] 在法国南部保存较好的文献记载中，1720—1722 年的流行病曾使 78% 的患者死亡。[④] 对于瘟疫，尤其是鼠疫的频发，布罗代尔说："作为 16 世纪史的专家，我很久以来一直对17 世纪鼠疫在城市的危害感到惊讶；不可否认，下一世纪的情况比前一世纪更加严重。"[⑤]而其他疾病也非常流行。在英国，1666—1675 年天花特别流行。[⑥] 流行病斑疹伤寒发生于法国、德国及低平原地区，特别是在三十年战争之际；在意大利则在 1628—1632 年流行；至 17 世纪末期，在北欧流行甚烈。[⑦] 坏血病流行于整个西欧，如在斯堪的纳维亚及波罗的海沿岸，在德国内部患者亦极多，因而组织坏血病学会的呼声日高。而疟疾在意大利流行，在那波利最甚。在卡瓦拉瑞（G. B. Cavallari）的书中记载1602 年因患疟疾而死亡者不下 4 万人。在 17 世纪后期，于 1657 至 1664年发生新流行病，尤以英国为甚，英国护国公克伦威尔也在这次流行病期

---

① 《医学史》（上册），第 488 页。

② 转自《历史学家的技艺》，第 141 页。

③ Joseph Bergin ed. , *The Seventeenth Century: Europe, 1598 – 1715*, p. 15.

④ Jean-Noel Biraben, *Les Hommes et la Peste en France et Dans Les Pays Européens et Mediterranéens*, Vol. I, Paris and The Hague: Mouton Publishers, 1975, pp. 302 – 303. cited by Andrew B. Appleby, "The Disappearance of Plague: A Continuing Puzzle", in *The Economic History Review*, New Series, Vol. 33, No. 2, May, 1980, p. 163.

⑤ 《15 至 18 世纪的物质文明、经济和资本主义》第一卷，第 98 页。

⑥ 《医学史》（上册），第 488 页。

⑦ 《医学史》（上册），第 487 页。

间患疟疾，于 1658 年 9 月不治而亡。威利斯在他写的《发热病》(*De Febribus*)一书中，谈到英国在 1657 年整个国家几乎成为一个大医院。此种发热病似为一种不规则的间歇型，与 1661 年博雷利在比萨所观察到的相似。[1]

第四节　倒塌的多米诺骨牌
——封闭的体系抑或开放的体系？

本节对 17 世纪西方文明气候及其部分影响的考察将有助于人们改变对过去以及未来的看法。虽然人类的行为确实是决定人类历史发展进程的关键因素。但是，人类个体甚至是国家都根本无法控制的自然之力，却通过改变人类集体行为发生的环境，从而在决定人类历史进程方面起到了比人类自身更大的作用。

长期以来，对西欧近代早期社会变迁的解读存在"资产阶级革命说""封建主义向资本主义（变迁）过渡说""现代化（起飞）理论说""西方社会（制度）转型说"等学界主流理论，具体又可分为两种解读模式：内源性与外源性解释。内源性观点往往认为内因是文明变迁、社会变迁的主要动力，如马克斯·韦伯的新教伦理与资本主义精神的关联，R. 托尼的宗教与资本主义的兴起，维尔纳·桑巴特的中世纪生活奢侈造就资本主义，马克思的商品经济的发展是资本主义兴起的前提条件，布罗代尔的科技的决定作用，杰克·古迪的欧洲知识体系促进崛起，道格拉斯·诺思的制度变迁，帕森斯西欧中世纪社会系统的分化，艾森斯塔德的政治观点等等不一而足。其出发点强调"资本主义萌芽""商业贸易""自治城市""法律""科技""原工业化""教育"等因素在传统社会中的发展状况，将社会体视为一个自成体系的封闭体系，且该体系中的三大结构，即政治、经济、意识形态结构功能和条件相互耦合，并形成耦合网，构成了一个相对稳定的系

---

[1] 吴于廑、齐世荣主编，《世界史·近代史（上册）》，北京：高等教育出版社，1992 年，第 142 页；《医学史》（上册），第 487 页。

统。社会变革力量来自系统内部子系统的分化和适应性升级功能，这种调节会发展出一些新的功能从而取代旧功能，并形成新的功能耦合网。

相比之下，外源性解释长期处于劣势。许多外源性解释萌芽于部分学者内源性解释中对"偶然性"历史事件的重要性强调。一些学者如道格拉斯·诺思、斯塔夫里阿诺斯、罗荣渠等强调外因的重要作用，其观点强调"偶然性"历史事件的重要性，如英国红白玫瑰战争消灭旧贵族、新大陆的偶然发现引起贸易中心由地中海向大西洋两岸转移。斯塔夫里阿诺斯将"落后"看作人类新文明在西欧产生的原因；诺思认为西方之所以兴起是由于它建立了有效的财产制度，而之所以建立起有效的财产制度是因为受到了突发的瘟疫的重大影响，等等；①罗荣渠强调多种内因与多种外因的"交互作用与奇特的凑合"，尤其是指出内生力量的局限性，突出了外因作用。他写道："为了破除历史的宿命进化观，我们突出强调了过去长期被忽视的外因作用。"②罗荣渠的著作可谓是一个突破。

近年来学术界对西欧社会转变的原因有许多新探讨，总的新倾向是从世界联系的角度来观察问题，强调外部因素与内部因素的汇合与交互作用。如 D. 阿瑟莫鲁、S. 约翰逊与 J. 罗宾逊的《欧洲的兴起：大西洋贸易、制度变化与经济增长》指出：大西洋贸易和殖民主义通过引起制度变化而对西欧崛起产生了重要影响。还有学者做了类似研究，如新大陆发现造成的大量贵金属涌入西欧，引发财富重新分配，最终导致制度创新。这些研究都强调国际间因素互动对于西欧兴起的重要性。费正清、柯文也曾主张从中国发现历史，客观讲述了从蒙古人入侵到新大陆发现后，欧洲从中国引进的许多新因素：商品、技术发明、制度、文化与艺术以及 15世纪君士坦丁堡陷落后欧洲人对希腊罗马哲学与自然科学著作的翻译。弗兰克的《白银资本》一书中提出要用全球视野来摧毁马克思、韦伯、汤因比、波拉尼、沃勒斯坦以及其他许多现代社会理论家的反历史的欧洲中心

---

① ［美］道格拉斯·诺思、罗伯斯·托马斯，《西方世界的兴起》，北京：华夏出版社，1999 年。
② 罗荣渠，《现代化新论》，北京：北京大学出版社，1993 年，第 68 页。

论的历史根基。彭慕兰的《大分流》也指出欧洲突然崛起的关键性因素是海外资源的获得和对地下能源方面的利用取得了成就。约翰·霍布森的《西方文明的东方起源》也秉持类似观点。

然而，不管强调内因还是外因，显然还是一般的内因-外因分析模式，都主张将一个国家、社会、文明看作是封闭的系统。在笔者看来，文明是自然、社会和个人长时段的发展历程，它是人类与自然交往所达到的较高级的存在状态。文明具有空间性，空间的变迁是文明变迁的一个主要特征。变，一是成长，二是衰败。成长方面之变，契机蕴藏于体系的扩大与充实。成长的内在层面，则是体系之内的充实。一个体系，其最终网络，将是细密而坚实的结构。然而在发展过程中，纲目间必有不及之空隙。因而，空间的发展具有了广度和深度两层含义。广度是指文明区域的扩大，深度则是指文明体系的充实。文明的发展变迁又具有某种地域性，它必然要与该地的生态气候、地理有所关联。所以，生态气候、地理就成为文明变迁的内在内容。二者不再是简单的内外因关系，而是有机一体的。人类对自然的占有以及自然对人类的反作用理所当然成为文明变迁的一个主要内容。

美国学者阿伦·尼文斯说过："事件常常不是表现为有逻辑的联系，而是被上千种机遇所决定的事件的偶然结合。不测的疾病、气候的改变、一封文件的丧失、一个男人或女人突然间所产生的一个狂念——这些都曾经改变过历史的面貌。"[1]就历史事实来说，他的说法向我们道明了人类历史变迁的一个重要因素，即气候的改变等具有突发性因素的历史偶然性事件的重要性。所谓突发性因素，是指历史发展进程中那些事前难以预测、带有异常性质、严重危及社会秩序、在人们缺乏思想准备的情况下猝然发生的具有灾害性的因素。它是一种作用范围广泛，且对社会造成严重危害，具有强烈冲击力和影响力的因素。由于它的不可控和巨大

---

[1] 田汝康、金重远选编，《现代西方史学流派文选》，上海：上海人民出版社，1982 年，第 282 页。

的破坏性,往往会对社会经济发展及人民生活造成意想不到的灾难,甚至可能引发区域乃至全球性的危机。其中的一类突发性是由自然性的突发因素引起的,即由不可抗力造成的人们难以预料的天灾人祸,本章所谈的气候变化就是这样一个因素。罗荣渠先生也曾指出:"欧亚两洲历史上发生过的大变革几乎都与某种'灾变'联系在一起。"[1]通常说来,偶然性与必然性是相对的,就17世纪的科学发展来说,那时的人还无法清晰认识到太阳运动也有自身的规律,自然也就无法预测到太阳活动上升周期和下降周期太阳能量的变化情况。而太阳的细微变化都会对人类产生重大影响。从已经知道的小麦等粮食产量的情况与天文学关系的研究可以看出,在太阳活动极大年附近粮食产量增加,而大范围的饥荒与歉收多发生在太阳黑子极小年附近。因而,对于不可预测太阳能量的周期性下降的人类来说,气候变动也就成为一种偶然性,也就具有了某种突然性和巨大的破坏性。

诚然,在旧的生态体系下,自然与人类的关系极为密切。自然无时无刻不在影响着人类的生活,而人类在面对自然的变化前常常是被动的。对此,布罗代尔说,我们"不妨承认人类天生脆弱,不足以抵御自然的威力。不论好坏,'年景'总是主宰着人"。"17世纪中叶,中国内地各省也像路易十三时代的法国那样,因多次气候反常导致旱灾和蝗灾,农民起义接连发生。"因而,他认为:"这一切赋予物质生活的波动更深一层含义,并可能解释波动的共时性:如果世界可能具有某种物理整体性,如果生物史可能普及到人类的范围,这种可能性也就意味着,早在地理大发现、工业革命和经济的相互渗透之前,世界已取得了最初的整体性。"[2]

虽然气候并不是解释文明发展变迁的唯一原因,但气候的影响对那些生活于其间的人们至关重要,而正规的历史解释常常忽略了气候。17世纪西方社会的气候变动,对农业造成了严重危害,导致了一场"生存危

---

[1]《现代化新论》,第67页。
[2]《15至18世纪的物质文明、经济和资本主义》第一卷,第52页。

机"。面对此种形势，西方社会采用各种方式在一定程度上改变了传统的农夫农业，提高了农业产量，而农作物产量的提高为西方社会提供了更充足的食物，促进了城市膨胀和人口数量增加。① 虽然肯尼迪指出英国、荷兰等西欧国家逃过小冰期的影响是因为其经济是建立在殖民和贸易上而非农业上。② 然而，正如我们所看到的，在很大程度上，这些国家能够摆脱气候的影响，也得益于农业的调整与变革。同时，它也产生了一系列连锁反应，如推动了畜牧业的发展、婚姻模式的变化、乡村工业的兴起等等。

此外，太阳能量的下降还让我们看到了能源变革的可能性和一种偶然性耦合作用的出现。太阳能量的下降迫使西方人更多地依赖于木材取暖。据《末日审判书》（1086）记载，当时英格兰的森林覆盖率大约是 15%，在 1086 到 1350 年之间这一比率下降到了 10%。③ 在工业革命之前，人口繁殖就像谷仓里的老鼠一样迅速，荒草、荆棘和灌木在犁头锄镐面前纷纷退却；麦田、葡萄园和牧场重又铺满大地，而森林覆盖率仍在减少。可以说，以森林为代表的欧洲自然生态环境受到了严重破坏，这在英国尤其严重。英国早在 16 世纪起就潜伏着木材、燃料不足这一危机。正如时人所说："回忆一下以前，人们一直认为英国不可能缺少木头。但是，除了在炼铁、烧砖和烧瓦中对木材的极度消费外，为了发展航海业也耗费了大量的木材。加上住房建造的无休止增长，以及将木材大量耗费在制作家具、木桶和其他一些不可胜数的器具上，耗费在制造两轮轻便马车，运货、载人用的四轮马车上。上述的对木材的巨大消费和对植树造林的忽视，造成今天全国上下木材奇缺的局面。"④ 木材的稀缺，也让木材价格大幅飙升。在英国，木材价格在 1500 到 1630 年间已经上升了 700%，是 1540 到

---

① Peter N. Stearns, general ed., *The Encyclopedia of World History*, p. 281.

② P. Kennedy, *The Rise and Fall of the Great Powers*, New York: Landon House, 1987, p. 677.

③ Ian G. Simmons, *An Environmental History of Great Britain: From 10,000 Years Ago to the Present*, Edinburgh University Press Ltd, 2001, p. 97.

④ 《欧洲经济史》第二卷，第 5 页。

1630 年间一般物品上涨幅度的 3 倍。[①] 木材成本持续上扬，就大大强化了用煤从事生产和生活的可能性。看来，由于森林减少造成的木材短缺，近代前期的西欧已经经历了一场"能源危机"，促使人们不得不寻找替代能源，从而催生了革命性动力变革的可能性。恰巧英国的浅层煤资源十分丰富，作为一种可能性的替代能源，逐渐取代木柴等燃料成为满足社会所需能源的主体，煤的重要作用日益凸显出来。也就是说，这种转变并非神秘，也非什么创造性的行为，只是因不列颠岛的木材资源逐渐匮乏、不敷需求而自然而然发生的结果而已，即煤的广泛使用是太阳能量下降及应对严寒时派生出来的社会后果。但英国人的确对煤的使用投注了其他地区、国家所不曾有的热情，纽卡斯尔盆地、卡奔宁山脉先后成为英格兰的主要产煤区。据统计，在 16 世纪中叶，英国煤的产量是 20 万吨，到了17 世纪 90 年代，煤产量已上升到了 300 万吨。[②]增长最快的时期是1600—1660 年，从地区上看增长最快的是东北部。默顿也指出，1551—1560 年和 1681—1690 年间，煤炭产出增加了 1400%，大部分增长发生于17 世纪。[③] 与此对应的，英国煤炭工业工人也激增，1650 年雇用了大约8 000 人，100 年后达到 15 000 人。[④] 由此，煤炭在英国各地的使用逐渐普及起来，煤炭成为城市居民日常生活用品。诸多制造业和铸冶业，如"玻璃制造业、啤酒厂、砖窑、明矾生产、炼糖以及蒸发海水制盐业等部门都烧煤了"。更为重要的是"每有一个工业部门采用煤作燃料，便有相应的劳动力集中以及必然的资本集中"。[⑤] 商人、贵族等也大量投资煤炭开采。而且煤的普及使用不仅改变着英国的能源结构，同时也成为拉动国内水陆运输行业迅速发展的一种力量。煤炭不仅仅成为国内贸易的主要商品之一，到 17 世纪末，英国煤炭甚至输往欧洲大陆，远销海外，成为英国当

---

① ［美］彭慕兰著，史建云译，《大分流》，南京：江苏人民出版社，2003 年，第 206 页。
② 《欧洲经济史》第二卷，第 341 页。
③ 默顿，《十七世纪英格兰的科学、技术与社会》，北京：商务印书馆，2000 年，第 187 页。
④ P. Kriedte, *Peasants, Landlords and Merchant Capitalists-Europe and the World Economy, 1500 -1800*, Cambridge：Cambridge University Press, 1983, p. 77.
⑤ 《15 至 18 世纪的物质文明、经济和资本主义》第三卷，第 640 页。

时数量激增的对外贸易的大宗商品，被视为"国家的财源"。1650年，英国诗人约翰·克里夫兰的诗句"英国是个完完全全的世界，无所不有，它甚至拥有西印度群岛的财富，你应该校正一下你的地图：纽卡斯尔应是秘鲁！"[①]便形象地刻画出煤及煤矿业的时代作用与历史影响。可以说，太阳能量下降—木材短缺—浅层煤丰富，这些偶然性因素作用于一起产生了耦合作用，使煤的使用在许多方面取代了木柴与木炭，从而为即将到来的工业和能源动力革命奠定了一种可能性。[②]

　　气候变化也带来了人类生活方式的许多深刻变革。如：人类饮食上的变迁非常缓慢，而其中一次重要变迁就发生在17世纪。为了满足西方文明人口的生存需要，玉米、马铃薯等作物在早些时候被引入欧洲，他们给西方带来了难以估量的巨额卡路里。但食物变革并不是那么容易就为广大民众所接受，西方民众心理上出于对未知事物的担忧、恐惧进而导致某种敌对，起初这些作物被其视为人类食物的禁忌，是有毒的（可能会导致腹泻和其他的种种不适）或者是不能为人所食用的（最多可充当动物饲料）。因而，新事物能不能被接受，变革的时机就显得至为关键。而严寒气候带来的粮食危机，则缓解了这种敌对作用。因为，玉米、马铃薯等作物的有用性是可感知的，从而促进了这些作物在西方的广泛种植并提高了其在食谱中的重要性。更远一点说，这些变革也可能引起一些更为深远的未知的社会后果，例如马铃薯的传播。最早是在16世纪末，马铃薯通过英国传到了爱尔兰。到17世纪，马铃薯已成为爱尔兰人最主要的作物。但在1845到1850年间以马铃薯为主要粮食的爱尔兰遭受了一场由严重的马铃薯疫病袭击所引起的大规模饥荒，由此导致100多万人饿死，数百万人不得不外出逃荒，由此引发的文化、经济影响更是难以估算。再

---

① 《15至18世纪的物质文明、经济和资本主义》第三卷，第640页；C. Hill, *Reformation to Industrial Revolution*, 1978, p. 62.

② 煤的普遍开采、使用是否会导致工业革命率先兴起于英国的主要原因，国内外学术界有不同看法：英美一些学者如彭慕兰等人对此持肯定态度，而里格利、斯努克斯等人则持怀疑态度；中国学者侯建新、李伯重等人对其本身持否定态度。参见侯建新，《社会转型时期的西欧与中国》，济南：济南出版社，2001年，序言第4—9页。

如近代"沙龙"的兴起，一个重要原因即是天气状况太过严酷，不宜户外活动。寒冷的冬天里，冰冷的房间里只有炉火周围方能栖身，因而人们更多地选择待在室内，围着壁炉取暖，围绕科学、文艺、政治等话题交流彼此的思想，并逐渐演变为一种新的社交活动。① 新能源的大量使用，带来了生态气候的变化，如环境污染、温室效应等，这已为今日的社会发展所证明。

我们并不是在鼓吹一种气候决定论。因为，虽然气候的变化在某种程度上具有突然性和灾难性，但它同时也是一种长时段的行为，人们会逐渐地进行适应，并不断做出调节，以更好地适应这种变化、发展生产力。然而，可惜的是，人们对气候的缓慢调整却被接下来的西方文明剧烈变动的诸多现象所打乱和冲淡。历史的发展进程证明，这场气候的突然变动有它更为重要的后果，它引发了其后西方文明表象和结构上的长期"破坏性"的深层变化，犹如倒塌的多米诺骨牌效应一样，导致了西方文明生态的，政治、经济、精神文化的，宗教的，人口的以及其他方面的变化——如农业歉收、饥荒、瘟疫、流行病、社会混乱、政治动荡、经济衰退、人口急剧死亡，以及大大小小的战争，并通过互动作用来实现其对文明的重塑，从而引发了西方文明的精神文化、人口、社会等领域的一连串新的具有建构意义的波澜壮阔的连锁反应，从而深刻地改变了西方文明的发展轨迹及其历史进程。因而，从根本上看，西方文明内部的这场气候突变，直接也好，通过饥荒、瘟疫、流行病等的中介也好，都引发了一些根本性的改变，推动着中世纪的西方走向近现代的西方。

---

① 《濒临失衡的地球——生态与人类精神》，第48页。

第三章
精神与文化：戴着镣铐的舞蹈

长期以来，国内学者一直认为从文艺复兴以来的诸多精神解放运动以及自然科学方面取得的重大突破性进展已对整个社会产生了巨大的影响，成功地让西方人的精神脱离了旧时的愚昧状态而进入了革命、启蒙时代。然而，当我们深入这段历史中或试着转换一个视角对此进行阐释的时候，我们就会在西方文明内部发现众多与上述言论不同的不和谐之音，就会发现西方文明在 17 世纪仍存在着诸多束缚西方人的精神文化问题。而且，文明发展变迁常常会引起破坏和行为方式的重组并要求对价值观、态度和生活方式进行改造，由此也导致了宗教不宽容、宗教狂热、巫术信仰与巫术迫害、大众宗教意识的世俗化以及精神文化的某些科学转向等不同以往的精神文化现象的出现。笔者以为，在某种程度上，导致这一切发生的一个重要的决定性因素是社会精英所持有的阴暗的世界观，而这恰恰也与小冰期期间下层民众生活条件的黯淡相对应。

第一节 "精神异变"：宗教不宽容

长期以来，基督教的经典《圣经》就教导人们"敬畏上帝心存谦卑，就得富有、尊荣、生命……除去不敬虔的心和世俗的情欲，在今世自守、公义、虔敬度日"。这种"爱上帝、爱邻人"的宣扬等表示着博爱、仁慈、宽容的基本信条一直为西方文明提供一种大一统而稳定的精神和文化来源，虽然其间也曾经历了一些问题。然而，这一切到了 17 世纪却出现了重大拐点，原本相对稳定的精神文化源泉在这个世纪遇到严重问题，即 17 世纪精神文化危机。早在中世纪末期，罗马教廷的影响力就已大大衰落，它在政治、经济、道德上的行为，招致普遍非难，革除其弊端几乎成了整个基督教的共同呼声。以罗马教廷和各修会（主要是耶稣会）为代表的天主教，力图以禁欲主义、苦行生活来改变道德衰落的现象，恢复基督教的理想形象。这常被称为反宗教改革运动，也称天主教宗教改革运动。一段时间内，确也收到了良好效果，帮助天主教巩固了西欧许多地区的思想控制。但好景不长，17 世纪生活境遇的快速变迁、各种天灾人祸的灾难性后果，使基督教精神生活方式更显颓废与式微，一部分人对其产生了怀疑乃至弃绝，西欧基督教在道德和理智上逐渐陷入了不受信任的境地。由此，西方出现理性宗教、无神论、怀疑主义、各种异端信仰等新现象，以致有人得出了诸如基督教神学是真理，那么上帝就是恶魔的结论。[1] 这或许就是保罗·哈泽德所说的包括哲学和宗教怀疑主义在内，并提倡基于科学和理性主义思想体系的社会-政治价值的精神危机或道德危机。[2] 当然也有部分人将之归因于人类本罪较之以往的进一步恶化而导致上帝挥舞起上帝之鞭对人类进行惩罚，人类必须对自身行为进行反思，如对后世有着深远影响的在德国较为流行的虔敬主义运动和稍晚的英国福音奋兴运动，旨在以禁欲主义方式深化教徒的宗教情感和灵性生活。当然，一些极端的行为方式也时常出现，然而更多的则是对待这些变化表现出的诸多宗教不宽容，由此也让这一时期的西欧文明经受着物质与精神文化上的双重煎熬，西方人从生理和心理上承受着精神与文化之路的异变与转向给其带来的痛苦。

　　学术界对宽容的理解并不尽相同。德国学者尤尔根·哈贝马斯区分了两种不同的宽容：一是对待外人的一般宽容，即对被人们认为是弱者的宽容；二是建立在不同世界观上的在彼此形成的共识基础上的宽容。

---

[1] 参见《一个历史学家的宗教观》，第 205—206 页。

[2] David J. Sturdy, *Fractured Europe*, *1600 - 1721*, pp. 395 - 396；Gary Martin Best, *Seventeenth Century Europe*, p. 112.

后者的宽容允许宗教和民主政治共存于多元论的环境中，并为文化多元主义和平等主义之间的和解奠定了基础。亨利·卡门（Henry Kamen）指出：最广泛宽容的意义是给予不同信仰者自由。房龙认为宽容是指允许他人有判断和行动的自由，对不同于自己或传统观点的见解能够耐心公正地予以容忍。[①] 通常说来，宽容都含有忍受、忍耐、支持和尊重之意。因此，本节所论述的宗教不宽容指广义上的宗教不宽容，即不允许不同观点的宗教派别的存在，不允许个人有自由信仰宗教的权利以及为之采取的行动等。

　　虽然神圣罗马帝国于 1555 年签订了《奥格斯堡宗教和约》，但这不意味着宗教信仰的自由和宽容，它不仅没有带来宗教的自由，反而是宗教上的更不宽容。依照美国社会学家科塞的理论，社会冲突有利于社会结构的建立、统一和维持，并且冲突能使群体内部与外部的界限得以确立和维持，因此，与其他群体的冲突有助于群体身份的肯定。[②] 而社会学也指出，人们如果处于长期的物质或精神重压下，就可能导致为集体行动寻找替罪羊以缓解压力，这时的宗教问题、领土问题、价值观问题等等都不过是采取行动、转移压力的诸多合理借口而已。

　　事实上也正是如此，历史对此假说做出了充分印证。很快，德意志形成了新教联盟和天主教联盟，并很快发生争斗，爆发了三十年战争，逐渐演变成大规模的国际战争。新斯堪的纳维亚国家除了路德派之外，不准有任何宗教信仰。在西班牙，国王促使宗教裁判所掀起了火刑判决浪潮。格兰纳达的摩尔斯科人在 1568—1569 年反叛，荷兰也在此时期被激怒，受侮辱的阿拉贡人在 1591—1592 年发起了反叛。在法国，胡格诺战争激斗正酣。虽然随着《南特敕令》的颁布，宗教矛盾暂时得以缓解，然而，在国王和教皇间、法国国教会和教廷间、詹生教派者和耶稣会间以及天主教

---

① ［美］亨得里克·房龙著，沙漠舟译，《宽容》，北京：中国社会科学出版社，2003 年，第 12 页。

② ［美］乔纳森·特纳著，邱泽奇等译，《社会学理论的结构》（第 6 版），北京：华夏出版社，2001 年，第 178—183 页。

和胡格诺派之间的冲突依然不断。黎塞留执政期间，对天主教会采取的立场是时而支持、时而反对，政策的变化完全是以是否有利于自己和法国的利益而定。路易十四在纯化法国天主教信仰的同时，也极力反对法国天主教会听命于罗马教廷。1682年，他发起了限制教皇权力运动，阻止教皇势力插手法国天主教事务。路易十四否认罗马教廷在法国享有立法权和司法审判权，法国的宗教事务由法国的法院来处理，他规定教皇的命令不能直接下达到法国天主教会，必须经过国王的允许。对于天主教中有加尔文主义倾向的詹森派，路易十四也不放过，宣布其为异端，大加迫害。到了1685年，路易十四在天主教徒的怂恿下废除了《南特赦令》，又重回老路，被称为法国大革命的开始。此后，新教徒的信仰被禁止，教堂被摧毁，新教牧师被限定在15天内离境，普通新教徒的生命和财产安全得不到保障，拒绝改变信仰的新教徒被驱逐出境，众多商人、艺术家新教徒不得不在阿姆斯特丹、伦敦、柏林、巴塞尔、勃兰登堡、符腾堡等地避难。据马兰德（David Maland）统计，宗教迫害迫使至少20万胡格诺教徒进入荷兰和勃艮第。[①] 而张芝联先生则指出，由于废除《南特赦令》，法国总共减少居民40万人，流失资金6 000万里弗；9 000名水兵投效外国海军，1.2万名士兵和600名军官加入外国军队。[②] 强行取缔信仰自由无助于法国的思想统一，处于暗处的新教徒不仅未放弃信仰，反而更为坚定，宗教对立情绪十分强烈，民众的不安定感也更为突出。在英国，国内宗教派别林立：如圣公会教、天主教、清教徒、再洗礼派、索西奴斯教、阿明尼教等等。教会统治的失控，使英国出现了宗教多元化现象，出现了许多不受官方信仰控制的独立教派组织，各种不同信仰内容和教会组织如雨后春笋般纷纷出现，仅伦敦一地，就有大约80多种不同教派的圣会，而布道者多为下层民众。英国政府还制定了不信国教者不得担任公职的禁令。宗教的不宽容和迫害，也让一些人选择了逃避，今美国东北的马萨诸塞州殖民

① M. A. David Maland, *Europe in the Seventeenth Century*, Second Edition, London and Basington: Macmillan Education, 1983, p. 7.

② 张芝联主编，《法国通史》，北京：北京大学出版社，1989年，第121页。

地，就是 1620 年一批为逃避斯图亚特王朝迫害的清教徒搭乘著名的"五月花号"来此建立的。1637 年，查理一世为将专制王权扩张到宗教领域，欲实现宗教划一，下令在苏格兰强制推行类似英国国教会礼仪，苏格兰的长老宗终于忍不住了，发动了反抗英王的起义。1638 年 1 月，起义者订立保卫真正宗教的国民契约，得到广泛支持。是年 12 月，长老派召开大会，废除了各地主教职务（安立甘宗主张教会实行主教制管理，长老宗主张实行长老制），推翻詹姆斯一世和查理一世建立的整个教会组织。查理一世视此为叛乱，派军队镇压，便引出为筹集军费而重开国会一事。1673 年，英国国会强行取消信教自由令，并通过《宗教考查法》，规定在距伦敦 30英里以内任职的文武公职人员，必须按国教会仪式参加宗教活动，违者撤职。《宗教考查法》主要矛头是针对天主教徒的，但也殃及清教的不从国教者，使其遭受了严厉镇压。虽然詹姆斯二世在宗教问题上相当开明，于1687 年颁布诏令，主张宗教宽容。然而，不久他就被推翻。直至 1689 年后，英国虽然放松了不信国教者不得担任公职的禁令，但仍然限制天主教徒，并且消灭了爱尔兰天主教徒的 1/3；理性主义者霍布斯竟然也同意教宗的看法，认为不宽容是必需的。①

　　而在对后世认可的宽容者或"自由主义之父"英国人约翰·洛克的考察中，我们依然可以找到众多的不和谐之音。20 世纪 40 年代，洛克的后人拉乌雷斯（Lovelace）伯爵将洛克的大量遗物公之于众，其中包括很多手稿、笔记和通信。在这批档案中，最引人注目的是一系列有关宗教宽容的文稿。其中包括两篇青年时期洛克的习作《政府短论》，分别用英文和拉丁文写成，讨论的都是宗教宽容问题，而其中的主要论调竟然与后来那封著名的《论宗教宽容：致友人的一封信》完全相反：早年的洛克竟然是完全反对宗教宽容的。只是稍后写的一篇《论宗教宽容》小文，才转而支持宗教宽容了，而其写作时间，恰好是在洛克加盟自由派领袖、辉格党的创

---

① 参见威尔·杜兰著，幼狮文化公司译，《世界文明史》卷八《路易十四时代》，北京：东方出版社，1998 年，第 680 页。

建者沙弗茨巴利(Shaftesbury)伯爵的集团之后不久。沙弗茨巴利死后，洛克颠沛流离，来到荷兰避难。直到光荣革命，洛克才与玛丽女王同船回到英国。随后，洛克便迫不及待地出版了《人类理解论》，一举成为著名哲学家。而且他的《政府论》上下篇和《论宗教宽容》也都是以匿名方式出版的。虽然这些著作的作者是约翰·洛克这件事很快就成为一个公开的秘密，但洛克却始终守口如瓶、不愿承认，直到死前不久才承认自己写了这些书。同样，在他自己撰写的墓志铭上，洛克这样写道："过路的人，请停一下。这里躺着的是约翰·洛克。你要问他是怎样一个人，答案是，他安于中道。"①这几件事情不仅让人们对洛克的真实思想产生了兴趣，也让人不得不思考洛克思想的复杂性，甚至去质疑这位精明谨慎的近乎敏感的著名自由主义思想家的真诚。

　　在整个 17 世纪初叶，我们可以清晰地看到西方基督教宗教战争此起彼伏，西方基督教的狂热主义甚嚣尘上。究其原因，这一切似乎皆与宗教压迫有关，洛克后来指出："基督教世界之所以发生以宗教为借口的一切纷乱和战争，并非因为存在着各式各样的不同意见（这是不可避免的），而是因为拒绝对那些持有不同意见的人实行宽容（而这些意见本来可以被接受的）。"②据统计，1580—1720 年发生的七八十次的主要战争、冲突中，与宗教问题相关的就有近 20 次之多（参见附录三）。宗教问题也成为 17 世纪爆发如此之多的战争的一个重要原因。而以宗教名义进行的丧失理智的战争流血行为，很可能在人们心中激发了一种逆反作用，为理性和科学脆弱的种子的发展提供了温床。

　　同样的，宗教战争还加大了社会以新的方式进行重新整合的可能性。如果说传统的封建国家体系和法团国家体系借助教会宗教和封建法律完成了社会整合与利益分配，那么在一系列宗教战争带来的巨大社会分裂之后，西方文明却很难再依靠这样的制度化宗教来提供共享规范

---

① 吴飞，《另外一个洛克》，《读书》，2007 年第 6 期，第 128 页。
② ［英］约翰·洛克著，吴云贵译，《论宗教宽容》，北京：商务印书馆，1982 年，第 47 页。

式的社会整合方式，而不得不重建社会秩序。荷兰则从新斯多噶派的复兴等运动中找到了一种新的社会整合方式，它强调实力和军队对于增长国家权力的重要作用的同时，要求人们自律，扩大对国家或者说对统治者的义务，对军队、官员乃至整个社会进行教育，从而建立一种适应新的工作、生活，保证人们的服从和义务感的社会纪律。而荷兰军队的组织和士气，在很大程度上正是来自这种与新的方式联系在一起的社会纪律。这种纪律重新安排了人们的生活秩序，并影响到了其他国家社会秩序的重建。

检查制和不宽容的态度与迷信结合，抑制了知识的增加和散布。在信奉天主教的科隆，大主教检查一切有关宗教的演说和印刷品；在信奉新教的勃兰登堡，大主教为了平息宗教争执，命令实行全面检查制；在英国，政府蔑视《宽容法案》(1689)，继续监禁它所厌恶的作家，焚烧异端书籍。[①]在这种状况下，一批知识精英成为该制度的牺牲品。1600 年，布鲁诺被宗教裁判所烧死。经典力学和实验物理学的先驱伽利略因支持日心说，1616 年被宗教裁判所秘密判罪，17 年后公开审判，被迫收回其主张，9 年后被折磨致死。在英国革命前，天主教对清教的敌对和迫害极为严重。清教评论家普林尼和医生巴斯特威克、贝尔顿都曾因为编写并出版宣传清教的小册子而被戴枷示众、当众鞭打、割掉耳朵，然后投入监狱终身监禁。清教活动家约翰·艾尔本因传播清教书籍，被当众鞭打并处无期徒刑。许多清教徒为逃避迫害，被迫流亡国外。"从 1603 到 1640 年迁到海外去的清教徒大约 6 万人"[②]。而清教徒当权后，又反过来打压、迫害天主教徒。如从英国 1680 年后围绕詹姆斯继承王位问题的排斥法案(Exclusive Act)、光荣革命、1701 年的嗣位法(Act of Settlement)以及汉诺威王朝的出现中都能看到宗教不宽容的身影，即对天主教徒担任国王的限制。

---

① 《世界文明史》第八卷《路易十四时代》，第 679—680 页。
② 《英国史》，第 337—338 页。

从书籍史、心态史对当时的书籍内容和出版发行情况分析中，我们同样可以看出，法国在亨利四世至路易十六期间，在反宗教改革浪潮推动下，出现了宗教信仰的狂潮，由此带来对宗教书籍的需求。宗教书籍在图书出版发行中占据优势地位。如 1660 年后，在巴黎图书出版发行中，宗教书籍仍占半数左右，这一势头持续至 18 世纪上半叶。① 而 1688 年德国莱比锡出版的《知识学报》月刊内容的统计分析，该年评介的 171 部书的研究内容中有多达 72 部探讨神学、教会史及基督教传统的内容，另有 10 部探讨当代政治问题，19 部探讨欧洲历史，19 部是关于基督教欧洲以外的世界某个地区的情况；我们可以看到当时的欧洲知识分子在很大程度上仍是在追寻自己的经典遗产和基督教传统。②

第二节　"精神异变"：巫术迫害

文明变迁常常会引起破坏和行为方式的重组，并要求对价值观、态度和生活方式进行改造。极少有巨大的变迁可以在毫不损害一些人或群体的生活境遇的情况下完成。作为文明要素之一的文化，变迁自然也毫不例外。社会学家彼得·伯克指出，近代早期的欧洲存在两种文化传统：精英文化和大众文化传统，分别被称为大传统和小传统，它们虽然并不完全相同，但都深受古老文化的影响，即使经历了文艺复兴、宗教改革等思想的改造，依然如此。正如特雷弗-罗珀曾指出的那样，"文艺复兴不仅复兴了异教文化，也复兴了异教的神秘信仰；宗教改革不仅使基督教回到了伟大的使徒时代，还回到了希伯来诸王不道德的年代；科学革命则拾起了毕达哥拉斯神秘主义和宇宙幻想的牙慧"。③ 17 世纪西方民众的传统文

---

① 徐浩、侯建新，《当代西方史学流派》，北京：中国人民大学出版社，1996 年，第 166 页。
② ［英］小约翰·威尔斯著，赵辉译，《1688 年的全球史》，海口：海南出版社，2003 年，第 321—322 页。
③ Trevor-Roper, *The European Witch-craze of the Sixteenth and Seventeenth Centuries and Other Essays*, New York: Harper Torchbooks, 1969, p. 90.

化领域展现了其自身独特的文化特征，尤其是被视为"幻想与现实之间变迁的空间"①的巫术、迷信等神秘术依然盛行，运行在近代早期西方文明的乡村社会关系网中，并导致了一场特别针对巫术的大迫害。

　　与许多地方一样，西方人非常相信某些人具有非比寻常的超自然力，如国王等。在英、法等国，国王据说拥有通过触摸治疗某种疾病的能力。②而巫师也是具有这种能力的一类人。他们能够影响人类的事务，带来灾难与痛苦。而巫术成为一种解释人们不幸和灾祸的意识形态，也是一种调节斗争和冲突的社会制度，或者说是社会矛盾的一个转移点。虽然巫术只不过是人类不切实际的幻想产物，但它作为曾广泛存在的欧洲民间信仰，"看起来是整合了我们共有的幻想生活中的某些元素，来表述我们某些最深层的恐惧，并且表达我们对他人潜在的怀疑"。③ 为此，西方文明史上最为黑暗和血腥的帷幕也拉开了，即在延长的 17 世纪出现的巫术大迫害运动。1580 年左右，追捕并杀死巫师的狂热行动真正开始。在其后的 100 多年里，巫术迫害达到了登峰造极的地步，巫术案件大量出现，诉讼逐步增加，波及区域逐渐扩大。大批巫师被投进监狱，很多人被烧死在火刑柱上。与此同时，一些国家的国王、公爵、侯爵、大主教、主教和政府部门，如苏格兰国王詹姆斯六世 1597 年发布了《魔鬼研究》，英国詹姆斯一世 1604 年颁布了《巫术法令》(*Jacobean Witchcraft Act*)，规定了对有魔鬼信仰的人的处罚：

　　"为了更好地抑制'巫术'犯罪，对于这些行为必须处以严厉的惩罚，任何人无论出于何种目的，利用魔法、符咒召请邪恶精灵，或者向邪恶精灵咨询，与之订立契约，款待、雇佣、供养和报答他们；将尸体或者皮肤、骨骼等尸体的任何部分从埋葬的地点取出，并用于任何巫术活动；利用任

① 布里吉斯语。见［英］罗宾·布里吉斯著，雷鹏等译，《与巫为邻——欧洲巫术的社会和文化语境》，北京：北京大学出版社，2005 年，第 379 页。

② 年鉴历史学派的巨擘马克·布洛赫(Marc Bloch)曾就此写过一本著作 *The Royal Touch：Monarchy and Miracles in France and England*（《国王触摸：法国和英国的君主政治和奇迹》），New York：Dorset Press，1989.

③ 《与巫为邻》，第 3 页。

何种类的巫术活动，导致他人衰弱、残废或死亡的。那么任何犯有上述这些罪行的人，包括他们的指使者或商议者，都应该作为重犯处以死刑，并丧失宗教特权。

"此外，今后任何巫术行为都应完全废除。利用巫术寻宝（无论在公地还是私人地方）、找回失物、追求非法爱情、损毁他人财产和牲畜，或造成他人生理伤害的人，应处以下列惩罚：一年监禁，不准保释；其间还有 4 次持续 6 小时的戴颈手枷示众，必须要在有集会的时候进行，并向公众承认自己的罪行；如果再犯，应处以极刑。"①

这个法令刺激了英国的巫术恐慌和审判。据统计，对女巫最凶残的 10 个迫害者都是天主教派的王子大主教，其中包括巴姆堡和沃尔兹堡王子大主教、特里尔王子大主教、3 个美因茨的公爵和来自科隆维特尔斯巴赫王室的斐迪南公爵等。② 在新教地区，丹麦国王克里斯蒂安四世及其顾问在 1617 年进行了道德改革的立法，其中一些新条款即是针对巫术的。在比利时和卢森堡地区，1592、1595、1606 年的法案将巫术界定为反道德、迷信和无秩序的。③ 巴伐利亚大公威廉五世、马克西米利安一世等也对此推波助澜。此外，一些地方法庭、官员也积极参与巫术审判，如在巴斯克乡间的巫术恐慌中，法国法官朗德克对此应付很大责任，大约 2 000 人遭到了指控，而约 100 人被处死。④ 一时间，怀疑巫术存在的人远不及信仰巫术者的人数众多。

同时，在这一过程中，巫师及其形象被经典性地符号化，那些地位低贱、老、病、残、妇、鳏寡孤独、被孤立的、不受大家欢迎的、不生育的社会边缘人、邻里关系不好乃至外来者，具备上述特征，尤其是多项特征者，一旦不幸发生，就会成为特定者，被理所当然地视为巫师。⑤ 1646 年，赫特福德

---

① 基思·托马斯著，芮传明译，《巫术的兴衰》，上海：上海人民出版社，1992 年，第 297 页。
②《与巫为邻》，第 204—206 页。
③《与巫为邻》，第 318 页。
④《与巫为邻》，第 198 页。
⑤《与巫为邻》，第 17—21、315 页。

郡的牧师约翰·高卢(John Gaule)表示："如果一个老女人长着一张有皱纹的脸,眉毛处看起来像羊皮,长着有软毛的嘴唇,尖牙,眼睛斜视,具有尖利的嗓音或者如同责骂人一样的音调,身上穿着有皱纹的大衣,头上戴着便帽,手中拿着棍棒,并且有一只狗或者猫在她旁边,那么她就不仅仅是被怀疑,而是要被宣布为女巫了。"[1]

在整个迫害过程中,受害者为数众多。有人曾估计这期间约有 10 万人被处决。苏格兰长老会承认约有 4 000 人被烧死,1891 年《苏格兰评论》上一篇文章公布:1590—1680 年间有 3 400 人被烧死;1938 年,乔治·布莱克列出了 1 800 个女巫的名字,他估计的总数为 4 400 人。[2] 德国的受害者数以万计:维尔茨堡的主教菲力普在 1623—1631 年就烧死了 900 人,其中包括他的侄子、19 名教士和 300 名三四岁的孩子,此外还包括议员、商人、演员等各色人等;班贝格的主教和君主甚至建立了一个专门的女巫监狱,1609—1633 年公开处决了 900 名巫师;1589 年的萨克森的库德林堡,仅一天就有 133 名女巫被处死;德国的特里尔地区,1587—1593 年间共有 368 名巫师被处决,其中两个村庄仅幸存一名女性;在 17 世纪 30 年代的德国科隆,22 万人口中,有 2 000 人被处决……[3]其持续时间很长,在法国,直至 1682 年,路易十四颁布法令,对巫师的官方审判才停止;在英国,前述的巫术法令直至 1736 年才被废除。但各国民间的巫术迫害并未完全停止。不时出现的巫术审判和迫害行为,清楚地说明了近代早期西方文明的浮躁和不安。

巫术信仰和巫术大迫害为何在此期间极为盛行? 究其原因,首先,长

---

① 《与巫为邻》,第 17 页。

② [美]布瑞安·伊恩斯著,李晓东译,《人类酷刑史》,吉林:时代文艺出版社,2000 年,第 175 页。

③ Rossell Hope Robins, *The Encyclopedia of Witchcraft and Demonology*, New York: Crown Publishers, 1959, p. 35; Trevor-Roper, *The European Witch-craze of the Sixteenth and Seventeenth Centuries and Other Essays*, New York: Harper Torchbooks, 1969, pp. 150, 156; H. C. Erik Midelfort, "Heartland of the Witchcraze", in Darren Oldridge ed., *The Witchcraft Reader*, London: Routledge, 2002;《与巫为邻》,第 342 页。

期以来,巫术具有传统文化和心理暗示的存在,它深深扎根于西方的社会结构和思想中。虽然巫师和巫术只不过是人类不切实际的幻想产物,但它作为一种民间信仰曾广泛存在于欧洲各地。随着基督教的广泛传播并从其教义中衍展出一种二元论:善之源的上帝与恶之源的撒旦,二者在人世间都拥有代理人。这让欧洲人非常相信某些人具有非比寻常的超自然力。如作为上帝人间代理人的英、法等国国王。在英法等国,据说国王拥有着广泛存在的"国王奇迹":国王通过触摸治愈某种疾病的能力①。为了对抗上帝,撒旦也在人间以魔法和各种物质利益招募助手为其服务,对人世进行破坏。巫师就是其助手,他们同样具有超自然能力,能够影响人类事务,带来灾难与痛苦。而背叛上帝投向魔鬼本身就是十恶不赦的大罪,这一观点在大量审判中发挥了重要的作用。因而,迫害行为在一些人看来就变为神圣的事业,旨在消灭那些罪恶的人,并将其灵魂从魔鬼处拯救出来。

在传统的基督教仪式中,我们可以清楚地找到它存在的身影。如在基督教圣餐礼的神秘效力上,我们就可以看到巫术思想和基督教思想的融合,它以面包和葡萄酒来代表基督的肉和血,从而达到某种神奇的效果,本身就是顺势巫术的一种标准表现。

其次,巫术在此时期爆发有其社会机制、文化基础和心理学与现实性社会基础,它反映出人类深层次的渴望或者焦虑。布里吉斯指出,巫术"看起来是整合了我们共有的幻想生活中的某些元素,来表述我们某些最深层的恐惧,并且表达我们对他人潜在的怀疑"②。也就是说,巫术是古代民间的传说和现实的日常恐惧的混合物。社会学家指出,社会变迁会带来压力和忧虑,而这些压力和焦虑可能会被带入到群体关系中,当没有一致办法来调解时,敌意就可能在群体中或不同群体间爆发。布里吉斯在此基础上,指出巫术迫害问题发生的主要原因之一是"拒绝-内疚综合征"

---

① 《国王触摸:法国和英国的君主政治和奇迹》,1989 年。
② 《与巫为邻》,第 3 页。

心理，即社区生活中无所不在的摩擦需要平衡，而社会巨变和经济压力带来社会价值观等的巨变时，出于对失去自身地位、安逸的现状和安全的恐惧，一些群体和个人为了保护自身，拒绝了传统的社区互助义务，从而带来社区内冲突以及自身的巨大精神压力，尤其是当自身发生不幸时更是如此。而在本文研究的 17 世纪时间断限内，西方文明发生了重大变迁，也遭遇了严重的危机：战争频发、饥荒与瘟疫流行、宗教斗争、政治动荡、经济停滞乃至倒退等等，导致西方人的生活和个人安全水准在此期间急剧恶化，大部分人生活困难，传统乡邻间的互助和互济义务淡化，乡邻间的关系趋于恶化，为此带来了巨大的生存压力和焦虑。而为了缓解压力、解释不幸，广泛存在的民间信仰就会和人性中的恶念相遇，人们会在下意识怨恨驱使下，将怀疑和恐惧锁定、投射在社区某个特定者身上，尤其是那些因为自己拒绝给予援助而可能产生愤怒和怨恨的他人，从而表现出一种不自觉的防御机制并在自身心理上构建起一种将他人视为恶毒者的观点。[1] 也就是说，正如我们所看到的事例那样，巫术迫害常常是由邻里争吵所导致的一些微妙变化所驱动的，它是大众信仰和社区紧张的混合产物，是社会压力的表现，而被害者中的多数人仅仅是因为和邻居关系不好。[2]

同时，巫术迫害也是一种独特的社会控制与社会净化行为，它引发了西方关于知识、权威和力量的问题，而这些又会导致政治、宗教、司法和医疗问题。社会变迁造成了动荡并指向统治者权力。面对可能的威胁，统治者的反应就会因自身作为文化的典范和正义化身而进化为一种高度象征化的统治方式，它通过立法、执法来确定自身的优越性，并迎合统治阶级的利益与偏好。巫术迫害自然就成为这个法律秩序体系中的一个重要组成部分和社会控制的特殊方式。严刑峻法反映了对宗教歧见的焦虑。巫术迫害被当政者作为一种独特的社会控制方式，他们运用法律、舆论、

---

① 《与巫为邻》，第 146、287 页。
② 《与巫为邻》，第 4 页。

信仰、宗教、礼仪、社会暗示、社会价值观、伦理法则等多种手段，通过对主流宗教意识和社会规范的强调，对其成员行为实施约束。17世纪，宗教改革和社会的剧烈动荡导致了思想、意识形态的巨大变动，要使社会成员遵从规范，就必须采取有利于社会控制的措施，而通过对所谓的巫术信仰等异常行为的惩罚则可以使社会成员反省自身行为，重申并强化主流宗教意识、道德规范和价值标准，从而防止敌对行为出现。美国社会学家科塞指出，与其他群体的冲突将有助于自身群体身份的肯定。我们看到，17世纪西方的巫术迫害大多发生在新教胜利、反宗教改革成功或反复拉锯的地区，而受迫害的巫师大多都是被孤立的、不受大家欢迎的而且通常是不生育的社会边缘人，这显然是统治者将消灭巫师作为对抗异教的一种手段来增强自己的权威，并让人们在意识及行为上都遵从该地区的主流信仰。对此，贺斯莱指出："在社会紧张状态期间，正如欧洲当时在艰难地从一种经济政治制度向另一种制度转变之时，通过巫术审判诱使农民们把大部分的不适归罪于当地的巫师，并能够摆脱看起来是负担或令人厌恶的社会分子。"①而17世纪期间，大约1/4到1/3的老年妇女没有活着的直系后代，其中的绝大多数至少部分地依赖慈善来维持基本生存②，这就让巫术迫害有了巨大的生存空间，也说明了为何老年妇女常常成为被迫害对象。

此外，新兴的民族国家也需要通过这种无情的方法，来确认自身合法性、增强自身的权威并申明自身的那些以前属于教会的权力。因而，巫术迫害运动可以说是整个社会出于社会控制的目的而进行的歇斯底里的集体行为，它满足了各色人等的需要。

美国社会学家科塞认为与其他群体的冲突有助于群体身份的肯定。在这些冲突中，值得注意的是那些不是由竞争性的目标引起的，而是其中一方的集体行为，是发泄紧张情绪的需要引起的非现实性冲突。巫术复

---

① ［英］爱德华·伯曼著，何开松译，《宗教裁判所：异端之锤》，沈阳：辽宁教育出版社，2001年，第198页。
② 《与巫为邻》，第258页。

仇和寻找替罪羊就是"非现实性冲突"的典型手段。而在一个充满了不确定和恐惧的时代，巫术迫害作为缓解压力的方法的优点，是它作为一种可见的、具体的行动，可使人们相信一切灾害都不是因为个人原因，而是因为他人的阴谋，它通过一种直接参与的方法来疏解人们的普遍敌意、愤怒以及罪恶感，是一种可以让人摆脱令人不适的、不能维系的关系，而不会产生罪恶感的方式。[1] 紧张的情绪迫切需要人们通过某些事件来缓解。这也印证了社会学的关于人们处于长期的重压下，如物质匮乏、疾病、战争或是令人恐惧及无法控制的天气变化，就可能导致集体行动的假说。在此种形势下，人们维持着表面的同类关系，而一旦有人被鉴定为问题所在，对其采取行动即可解决问题。巫术迫害某种程度上也是一种大众心理歇斯底里的集体行为。

　　寻找替罪羊无疑可以抚慰一部分人的挫折感，缓解他们对社会的危机感。而在此期间，西方文明处于剧烈的社会动荡之中，气候的异常、频发的饥荒和瘟疫、社会的贫困化、政治的纷乱、宗教冲突、巨大而具破坏性的战争等等无不深刻影响着人们的生活，面对社会的危机，人们迫切地希望寻找替罪羊，以慰藉其挫折感和不安全感，这就为罪恶提供了释放点。如在加泰罗尼亚，1618 年的粮食歉收，随后女巫发现者就声称发现了 200 名女巫，其中约 20 人被处决。[2] 1580—1590 年间特里尔的巫术迫害也发生在连年歉收之时。同样的，1644 年法国西南地区从勃艮第到香槟发生了异常晚来的霜冻和冰雹，人们也归咎于巫师的作用："勃艮第绝大多数城镇和村庄都因为女巫导致天气异变的谣言而陷入恐慌，谣言认为正是因为她们的诅咒导致冰雹毁坏谷物、霜冻弄死了葡萄……"[3]

　　许多研究表明，气候变动与巫术迫害有着惊人的律动性。德国巫术史专家贝林格认为，16 世纪下半叶巫术迫害爆发的重要原因之一，是大

---

[1] Thomas Schoeneman, "The Witch Hunt as a Culture Change Phenomenon", *Ethos*, Vol. 3, No. 4, 1975, p. 534.

[2] 《与巫为邻》，第 198 页。

[3] 《与巫为邻》，第 202 页。

众的天气反常观念。他从统计学角度指出，巫术审判时代大体与小冰期时代相一致，私人猎巫与特殊灾难年份相一致，而 1560—1630 年间的猎巫狂潮更是与"小冰期"寒冷时期在时间上相重合。[①] 贝林格是第一位基于猎巫可用文献估算每个迫害时代受害者总数的学者。他以大量翔实的中欧尤其是德国社会记忆文献为据，指出农业危机和巫术迫害存在四点因果关联：第一，巫术直接对天气危害和农业歉收负责。因为当时原因未知的气候灾难与歉收，人们经历了怀疑和愤怒的转向，认为巫术导致灾难。第二，巫师应对农业歉收后的人们（特别是儿童）的疾病和死亡的增加负责。第三，因为资源短缺，潜在的冲突剧增。农业危机引起强烈恐惧激发了潜在的社会矛盾和社会紧张，带来人际关系的二次变革，增加了需要解决的心理维度。第四，巫师审判提供了积极反馈，导致更多指控。[②] 也就是说，气候异常及其引发的生存危机是猎巫的前提。在饥饿与恐惧中挣扎的人们把仇恨指向巫师和巫术。当教会和世俗政府出现支持民众行动的社会反馈时，就会出现大规模猎巫。正是在此意义上，贝林格认为在猎巫与气候之间存在"基本的社会—历史关联"[③]。当然，贝林格假说并非单纯的气候决定论。为防止误解，他特别强调 1560 年后被处决巫师的增加不仅仅是与小冰期相关联的生存危机的结果，第二个决定性因素是社会精英所享有的阴暗的世界观，这也与小冰期期间下层民众糟糕的生活条件黯淡相对应。[④] 贝林格的这一新理路逐渐吸引了部分学者的关注。

---

① Wolfgang Behringer, "Weather, Hunger and Fear: Origins of the European Witch-Hunts in Climate, Society and Mentality", David Lederer trans., *German History*, Vol. 13, No. 1, 1995, pp. 3, 7, 12–15.

② Wolfgang Behringer, "Weather, Hunger and Fear: Origins of the European Witch-Hunts in Climate, Society and Mentality", David Lederer trans., *German History*, Vol. 13, No. 1, 1995, p. 26.

③ Wolfgang Behringer, "Weather, Hunger and Fear: Origins of the European Witch-Hunts in Climate, Society and Mentality", David Lederer trans., *German History*, Vol. 13, No. 1, 1995, p. 25.

④ Wolfgang Behringer, "Weather, Hunger and Fear: Origins of the European Witch-Hunts in Climate, Society and Mentality", David Lederer trans., *German History*, Vol. 13, No. 1, 1995, p. 26.

2004年,哈佛大学经济学博士生埃米莉·奥斯特关注历史事件潜在的宏观经济基础,并尝试从计量经济学视角考察巫术审判是由经济条件恶化而引发的大规模暴力和替罪羊的例证。她给出气温变化和巫术审判曲线,发现巫术审判增加、气候变冷、经济增长下降三者之间存在某种非偶然的直接关联,即欧洲猎巫主要由经济因素驱动:气候转入小冰期,农业产出减少。在粮食短缺压力下,以巫师罪名除去生产力最低的穷人、老人、寡妇等边际人口是社会需要。对此,布里吉斯、贺斯莱同样表示,社会紧张期间,许多传统价值观和实践活动改变,生活摩擦需要平衡,出于对失去自身地位与安全的恐惧,社会冲突和精神压力加深。为缓解压力,广泛存在的民间信仰就会和人性恶念相遇,在下意识怨恨的驱使下,人们将怀疑和恐惧锁定、投射在特定者身上,心理上表现出一种不自觉的防御机制,并构建起一种将他人视为恶毒者的观点而产生攻击。巫术审判可以诱使农民把大部分不适归罪于巫师,并能摆脱看起来是负担或令人厌恶的社会分子。[①] 经济学家雷蒙德·菲斯曼和爱德华·米格尔对现代坦桑尼亚社会实例的研究佐证了此观点。[②]

与贝林格主要专注于德国或中欧不同,奥斯特的考察更为宏观、地域更广。她收集了来自瑞士、英格兰、苏格兰、芬兰、法国、爱沙尼亚、匈牙利等国11个地区1520—1770年间的巫术审判、天气和经济增长数据。通过反复计量分析统计系数,得出可靠性极高的答案,清晰表明气候温度和巫术审判之间呈现出的负相关:1个标准温度的下降将导致0.20个巫术审判标准的增长。就是说,气温下降是审判增长的催化剂,温度下降将导致更多巫术审判。[③] 为增强说服力,奥斯特又对日内瓦地区进行个案分析,结果发现与此前判断一致:审判数量和温度也呈现反向关系,1个标

---

① 《与巫为邻》,第146、287页;《宗教裁判所:异端之锤》,第198页。

② Raymond Fisman and Edward Miguel, *Economic Gangsters: Corruption, Violence, and the Poverty of Nations*, Princeton: Princeton University Press, 2008.

③ Emily Oster, "Witchcraft, Weather and Economic Growth in Renaissance Europe", *Journal of Economic Perspectives*, Vol. 18, No. 1, 2004, pp. 219 - 221.

准气温偏差的增加导致 0.39 个标准单位审判数量的下降。这一数据提供了额外的证据证明这一时期不利气候条件是巫术审判现象解释的一部分。[①] 对巫术审判和经济增长之间关系考察的结果也显示,人口增速低于平均值的地区,巫术审判更多;反之,增速高于平均值的地区,巫术审判较少。[②] 天气、食物生产和经济增长之间存在某种直接因果关系,这是不言自明的。

克里斯蒂安·普菲斯特也以自身视角加以探讨。作为著名气候史家,普菲斯特明确提出了小冰期范式或气候影响范式,认为气候史上的所谓"灾难"具有重要研究价值:它是物理、生态和社会文化系统互动的进程,是一种自然和社会时空的变化。它要辨别气候影响强弱时期、生物物理脆弱性、社会脆弱性、权威反应、气候变化和随之而来的生存危机关联。而食品安全是农业社会永久的关注。外生冲击,如气候条件影响农作物数量和质量,甚至导致农业全面歉收。1560—1630 年间的猎巫,是社会反应于生存危机的一种特殊方式。[③]

普菲斯特肯定了贝林格 1995 年开启的以超地区编年模式和危机术语为核心的对 1560—1630 年中欧这一猎巫核心区主要猎巫解释进行的修正。他指出,最大的迫害总体模式遵循时间线索:欧洲最严重的巫术迫害在法国、德国、苏格兰和瑞士以相同节奏发生。他肯定了当时人的社会记忆和观察的准确性,坚信长、中、短期气候条件关联于生存危机和迫

[①] Emily Oster, "Witchcraft, Weather and Economic Growth in Renaissance Europe", *Journal of Economic Perspectives*, Vol. 18, No. 1, 2004, p. 222.

[②] Emily Oster, "Witchcraft, Weather and Economic Growth in Renaissance Europe", *Journal of Economic Perspectives*, Vol. 18, No. 1, 2004, p. 223.

[③] Christian Pfister, "Climatic Extremes, Recurrent Crises and Witch Hunts Strategies of European Societies in Coping with Exogenous Shocks in the Late Sixteenth and Early Seventeenth Centuries", *The Medieval History Journal*, Vol. 10, No. 1-2, 2007, pp. 34-35, 37, 44-50. 关于小冰期影响范式,另见 Christian Pfister, "Weeping in the Snow. The Second Period of Little Ice Age-type Impacts, 1570-1630", in Wolfgang Behringer ed., *Kulturelle Konsequenzen der "Kleinen Eiszeit"*, Göttingen: Vandenhoeck & Ruprecht, 2005, pp. 31-86.

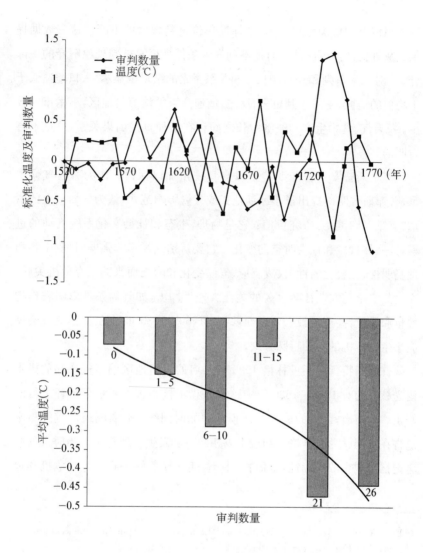

图 3-1　气温与巫术审判关系表[1]

害浪潮,后二者与极端气候有着潜在的因果关系,而迫害高潮与气候恶化
的关键点相一致。也就是说,气候异常和随后的生存危机是猎巫的诱因,

[1] Emily Oster, "Witchcraft, Weather and Economic Growth in Renaissance Europe", *Journal of Economic Perspectives*, Vol. 18, No. 1, 2004, pp. 222, 224.

这也是对巫师最重要的指控。① 像贝林格一样，普菲斯特也认为生存危机和猎巫的同步性不应被理解为决定性关系。心态的逐步转变也影响到猎巫动态，正是社会精英世界观的黯淡和对大众需求的让步，才使得一度被拒绝的大众传统天气巫术信仰得以复活并引发恶果。②

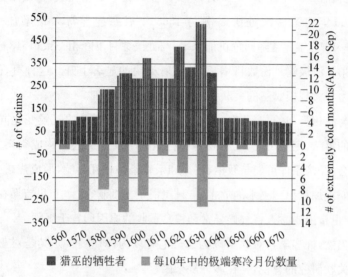

图3-2　欧洲中部地区4—9月的猎巫牺牲者平均人数与极端严寒天气数量

　　此外，普菲斯特也认为，气候影响范式不仅仅是气候的直接影响，也应包括间接影响。贝林格则基本未提及气候异常的间接影响，如牛群死亡和奶牛连续干渴，而牛科动物在人们生存中有着非常关键的地位。欧

---

① Christian Pfister，"Climatic Extremes，Recurrent Crises and Witch Hunts Strategies of European Societies in Coping with Exogenous Shocks in the Late Sixteenth and Early Seventeenth Centuries"，*The Medieval History Journal*，Vol. 10，No. 1 - 2，2007，p. 61.

② Christian Pfister，"Climatic Extremes，Recurrent Crises and Witch Hunts Strategies of European Societies in Coping with Exogenous Shocks in the Late Sixteenth and Early Seventeenth Centuries"，*The Medieval History Journal*，Vol. 10，No. 1 - 2，2007，p. 63.

洲历史上甚至围绕动物发展起多种大众信仰，包括对破坏力量和巫师的恐惧。①

作为气候史专家，普菲斯特使用了大量可视化气候数据进行对比研究。如在猎巫动力分析表中，他以中欧 1560—1670 年被处火刑的巫师平均数目和每 10 年夏季(4—9 月)寒冷异常月份数目相比较，得出结论：直至 1600 年的第一次处决高潮与 1565 年后寒冷异常大量增加一致；1603—1617 年异常降回危机前水平，与处决数目下降相一致；1618—1630 年的第二波极端月份数目增长，伴随着处决的显著上升。这种可视化气候动力与大规模猎巫的关联强烈支撑贝林格的发现。②

与此相类似的，布莱恩·列维克认为一系列严酷的气候变化同前所未有的萧条、定期饥荒、贸易衰落和普遍的生产危机共同构成猎巫主因，且社会、经济条件可能与政治、法律和宗教条件相互影响，形成焦虑情绪，让人们更加意识到巫术的危害性，且更渴望去抵制它。③ 布里吉斯在其著作中，也指出当时人将气候异常和粮食歉收的原因归咎于巫师。④

当然，许多学者对此不以为然。笔者以为，对气候，尤其是对巫术与气候关联研究的忽视，存在多种复杂因素。

首先，学科壁垒和跨学科研究的难度。

19、20 世纪以来，在科学研究过程中，学科逐渐沿着认识的、方法的以及意识形态的线索分裂，专业化不可避免。专业由一组组相关研究领域构成，其成员由于对某种现象或方法的共同兴趣连接在一起，而学科

---

① Christian Pfister，"Climatic Extremes，Recurrent Crises and Witch Hunts Strategies of European Societies in Coping with Exogenous Shocks in the Late Sixteenth and Early Seventeenth Centuries"，*The Medieval History Journal*，Vol. 10，No. 1 - 2，2007，p. 62.

② Christian Pfister，"Climatic Extremes，Recurrent Crises and Witch Hunts Strategies of European Societies in Coping with Exogenous Shocks in the Late Sixteenth and Early Seventeenth Centuries"，*The Medieval History Journal*，Vol. 10，No. 1 - 2，2007，pp. 64 - 65.

③ Brian Levack ed.，*The Witch Hunt in Early Modern Europe*，3rd，New York：Pearson Longman，2006，pp. 163 - 164，208.

④ 《与巫为邻》，第 198—202、285 页。

则转而由一群群专业所构成。自然科学和社会科学学科之间壁垒森严。在这种背景下，曾关注气候的启蒙运动后的历史研究方法，日益被分裂为各种专门史。学科壁垒使学术研究中的气候和历史曾各自存在发展很长时间。前者为自然科学家关注，后者长期吸引社科人文界关注，二者间长期缺乏明显交集。虽然其间也偶有学者谈及二者。如孟德斯鸠《论法的精神》中认为气候威力是世上最高的威力；英国人 H. 巴克尔在《英国文明的历史》中认为气候是影响国家或民族文化发展的重要外因等等。而亨廷顿在《文明与气候》中提出的"气候决定论"让这一领域名誉扫地。此后几十年，是考古学家而非历史学家更多用气候因素解释社会变革。

即使是专门史的分支学科间也难以彼此逾越。气候史学家经过不懈努力，使树龄、冰川、同位素、花粉、考古材料、历史文献记录及许多特定地区、特定气候重建的案例纷纷出现，西欧和中欧气候变化细节也为世人详细知晓。即便如此，气候变化也很少被整合进大历史综合分析和理论著述之中。甚至本应涵盖气候的环境史也常对此回避。著名环境史家亚克西姆·纳得考在著作中认为：气候应被视为一个历史现象，但对环境史家而言，气候也是最为尴尬的未知因素，气候史成为高度专业化的学科分支。对于外行而言，决定其研究结果可靠性和归纳的深度广度极为困难。因而，他写的是没有气候变化的全球环境史。[①] 就巫术史而言，今天需要的分析工具包括人类学、社会学、民俗学、心理学和文学理论，国家、社会和性别知识，以及科学、医学、宗教和政治知识。而研究数量的庞大及地理、文化的多样性，使得在巫术领域形成宏伟的、统一的专业理论更加不可能。[②]

---

① Joachim Radkau, *Natur und Macht. Eine Weltgeschichte der Umwelt*, München: C. H. Beck, 2000, p. 48. 中文译本见《自然与权力——世界环境史》，第 40 页。

② Jonathan Barry and Owen Davies, "Introduction", in Jonathan Barry and Owen Davies eds., *Palgrave Advances in Witchcraft Historiography*, Basingstoke: Palgrave Macmillan, 2007, pp. 1 – 10.

其次,不断扩展的工业社会和现代化及其对世界的解释,使农业现象和与之相关的气候被忽视。

现代化可谓消解巫术迫害的终极因素之一。汤因比指出：西方文明于 16、17 世纪开始了精神文化的世俗化运动,代之以经验态度、技术爱好。① 马克斯·韦伯的论旨更是指出,西欧近现代史就是一部精神祛魅史,文艺复兴、宗教改革、理性主义、实验科学、工业化等逐步祛除精神世界的传统魔魅。② 现代科技则直接导致人与自然的疏远。工业社会时代,以大机器使用和无生命能源的消耗为核心的专业化社会大生产占据了社会经济的主导地位,城市数量增加、规模加大,农业人口和经济比重大幅下降。工业社会、现代化和城市生活逐渐消解了气候的重要性。比如,工业社会宣称在人与自然的关系上由顺应变为竞争、掠夺。因此,一些学者公然以市场决定论之类的论调来否认气候的影响。如诺贝尔奖得主罗伯特·福格尔在其论著中就基于 19 世纪后期和 20 世纪初期英格兰的生产数据驳斥气候异常和饥荒之间关联的存在,试图证实农业社会对气候冲击的弹性是一个普遍有效命题。③ 显然,这种方式存在一些问题。

而另一些学者,尤其是气候史家,试图在细节上严格重建过去的气候,并可为自然科学家所接受。受此影响,早期气候史多是无人历史。许多历史学家通过布罗代尔的学生伊曼纽尔·拉迪里的划时代作品《盛宴时代、饥荒时代》熟悉气候史。拉迪里遵照布罗代尔的历史时间性划分,视气候为一种长时段现象,并提供了令人印象深刻的百年甚至千年尺度上年平均温度的概况。他的研究方法与其时盛行的宏观气候史方法相一致。其结

① ［英］阿诺德·汤因比,《一个历史学家的宗教观》,成都：四川人民出版社,1998 年,第 212 页。
② ［德］马克斯·韦伯,《新教伦理与资本主义精神》,于晓等译,北京：生活·读书·新知三联书店,1987 年;康乐等译,南宁：广西师范大学出版社,2007 年;阎克文译,上海：上海人民出版社,2010 年。
③ Erich Landsteiner, "Wenig Brot und saurer Wein. Kontinuität und Wandel in der zentraleuropäischen Ernährungskultur im letzten Drittel des 16. Jahrhunderts", in Wolfgang Behringer ed., *Kulturelle Konsequenzen der "Kleinen Eiszeit"*, Göttingen: Vandenhoeck & Ruprecht, 2005, pp. 87-147.

论更是"从长期来看,气候对人类的影响轻微得难以察觉"[1]。与此类似,包括著名气候史家拉姆(H. H. Lamb)在内的许多学者都认为,虽然气候对历史进程的影响证据明显,但长远来看,气候不是决定结构和发展趋势的重大主题,社会应变能力才是决定因素,而人类能够适应小冰期低温。[2]

受此影响,一些研究中世纪和近代早期的历史学家不重视天气和气候可能作用于社会的影响及其互动。但 20 世纪后期以来,各种极端气候的频繁出现,以及它对全球化社会发展的多尺度、全方位、多层次影响的加深,人们才逐渐理解未来气候变化问题,意识到人是自然的一部分,而非主宰者。结果,气候不仅回到人们的思维,还成为历史学的一个重要的新问题。这也是勒鲁瓦·拉迪里最近的著作转而关注气候影响及其引发的法国和邻国生存危机史的主要原因。[3]

再次,学术研究中的"时代错误"是其产生的重要原因。

对现代人而言,巫师不过是人们头脑中的想象。然而,前工业社会时期,巫师存在的信仰至少可以追溯到《圣经·旧约》中的"行邪术者不容存活"。[4] 而希腊罗马等地的前基督教文化都相信巫师的力量。虽然早期教会文献和中世纪初期的神学家坚信巫师对天气无能为力,认为巫术信仰是异教邪说。[5] 然而,从 13 世纪中叶起,巫师存在重新被广泛接受,并与异端相联系。罗马教皇英诺森三世承认巫师的力量可破坏庄稼、可影响天气。[6] 15 世纪初期的意识形态纯化使这一信仰极为活跃。这也可解释

---

[1] Emmanuel Le Roy Ladurie, *Times of Feast, Times of Famine: A History of Climate since the Year 1000*, New York: Noonday Press, 1967, p. 119.

[2] Joachim Radkau, *Natur und Macht. Eine Weltgeschichte der Umwelt*, München: C. H. Beck, 2000, pp. 48 - 49.

[3] Emmanuel Le Roy Ladurie, *Histoire humaine et comparée du climat*, Paris: Fayard, 2004.

[4] 《圣经·旧约·出埃及记》(22: 18)。

[5] Bengt Ankarloo and Stuart Clark eds., *Ancient Greece and Rome Witchcraft and Magic in Europe*, Philadelphia: University of Pennsylvania Press, 1999; Alan Kors and Edward Peters eds., *Witchcraft in Europe*, *400 - 1700*, Philadelphia: University of Pennsylvania Press, 2001.

[6] Emily Oster, "Witchcraft, Weather and Economic Growth in Renaissance Europe", *Journal of Economic Perspectives*, Vol. 18, No. 1, 2004, pp. 216 - 217.

这一时期对巫术-天气关联讨论的激烈。[1] 而气候对传统农业社会发展具有决定性作用。天气变化原因成谜，人们可能寻找替罪羊面对致命的天气模式的变化，巫师就成为谴责的目标，因为当时的既存文化框架表明巫师可以控制天气并允许人们对巫师进行迫害。

现在许多习惯于把传统与现代相割裂的学者显然犯了"时代错误"。具有超自然能力的上帝、魔鬼、巫师就弥漫于日常生活中的每一细节——这种感觉无疑是这一时期绝大多数欧洲人意识中的一个重要组成部分。换句话说，历史应在过去社会可感知的真实背景下被理解。这就需要在这个被科学技术和工业化文明无情脱魅的世界里，重新确认过去社会中精神生活和个人性灵的无限丰富性。

总之，贝林格、奥斯特、普菲斯特的小冰期影响范式为巫术史研究提供了一条新理路，揭示出气候影响之下的全球与地方的关系以及人们的需要、失望和集体恐惧。当然，这不是为了展示巫术迫害和极端气候之间的单因联系，也不是为了迎合近来这一主题出现的综合分析趋势，而是为了将本已掉队的气候异常和气候变化重新带入学术争论中。[2] 具体说来，其具有三大特点。其一，就研究对象而言，老故事，新解读。15—17世纪的巫术迫害运动长期是学术热点。近20年的巫术研究包括了这一领域的任意时空。巫术也被解读为理性、法律、政治、社会、文化和心理现象。气候-巫术关联为这个"老故事"做了全新解读，提出了一个颇具挑战性和创新性的观点，更新和深化了对这一重大历史事件的认识和理解。其二，研究视角由传统史学的"人-人"拓展为"气候-人-人"研究。新理路之下，研究视角从气候出发，从气候对人的影响着手，使气候进入人们的思维，并成为猎巫诱因。正如奥斯特对历史学家的委婉批评：更多地将巫术审

---

[1] P. G. Maxwell-Stuart, *Witchcraft: A History*, 3rd edn, Stroud: Tempus Publishing, 2004, chs. 1 - 2.

[2] Christian Pfister, "Climatic Extremes, Recurrent Crises and Witch Hunts Strategies of European Societies in Coping with Exogenous Shocks in the Late Sixteenth and Early Seventeenth Centuries", *The Medieval History Journal*, Vol. 10, No. 1 - 2, 2007, p. 65.

判背景建立在心理和文化基础之上，而关键的潜在动机则可能与经济大环境紧密关联。[1] 气候的重要性不言而喻。其三，就研究方法而言，利用多元史料和研究成果，有所突破和创新，具有鲜明的跨学科特色。新理路较为清晰地体现了自然生态与社会文化系统时空互动的进程和变化，对气候在重大历史事件中的重要影响和合理定位做了充分研究，很好地弥补了传统史学的缺憾。

小冰期影响范式既体现了个人思维的跨学科发展，也反映出气候史家和文化史家的合作，从而在自然史、社会史与文化史跨学科研究成果之间实现了某种糅合。虽然这种理路也可能存在缺点，诸如奥斯特的主要研究结论建立在二手文献基础之上，这就牵涉到选用文献的可靠性问题，而其部分参数的选取也可能会引起争议[2]，但无论怎样，这种跨学科的勇敢尝试还是值得肯定的。

第三节　"精神异变"：科学革命、
文艺繁荣与思想启蒙

看过了以巫术为代表的传统文化的一角，我们再来透视一下精英文化。科学革命、思想启蒙等是本节要探讨的精英文化的重要代表，也是本节要探讨的西方精神文化的重要转向。今天的教科书中，通常它们被我们视为对 17 世纪的一种经典性描述，为无数的学者所欢呼。但仔细看看这一段历史，我们就会发现，这种表述同样存在一些问题。

不可否认，随着新世界的发现和世界交换网络的细密化，各文明之间的联系加强，近代早期的西方文明突然发现自己正在被大量的新信息所包围并深受触动，一些深层的触动逐渐开始影响精英知识分子的生活和

---

[1] Emily Oster, "Witchcraft, Weather and Economic Growth in Renaissance Europe", *Journal of Economic Perspectives*, Vol. 18, No. 1, 2004, p. 226.

[2] Emily Oster, "Witchcraft, Weather and Economic Growth in Renaissance Europe", *Journal of Economic Perspectives*, Vol. 18, No. 1, 2004, pp. 216‑217.

行为。因为这些新信息极大地扩展了人类的经验，令长期以来尤其是被教职人员认为至高无上的宗教习俗的绝对价值受到了严重质疑，传统知识体系所宣称的真理面临着前所未有的考验，即以有限知识为基础的知识框架很可能错误百出，它迫使一些人改变了思维模式，对传统知识解释的怀疑论由此而生。西方文明内部的混乱以及自身走向的不确定性，也促发了其内部怀疑主义的发展，和宗教分歧一样，两者都是对外部世界看法拓展的结果。1697 年培尔出版的《历史批判辞典》告诉人们：真理是时间的独生女儿；对前人的敬畏之情会严重阻碍进步；迷信权威，也是很容易导致怀疑论的；而所谓真理，也常常是一孔之见而已，大多数人都轻信得令人吃惊，许多坚定不移的事物，其实是荒谬可笑的；太过固执己见是十分愚蠢的；时间则会去除虚妄的教义。[①] 无疑说明了世人观念的变化。

　　而 17 世纪反叛宗教狂热主义，更是导致了很多人精神的空虚，也导致了人们对基督教崇拜淡漠、拒绝一切，基督教权威朽坏、感召力消退，理性宗教、无神论、怀疑主义等也异军突起，导致了基督教精神生活的式微，而且这种状况越到后期越明显。正如汤因比所说："西方基督教陷入道德和理智上不受信任境地的历史背景。"[②]西方文明在 17 世纪从传统的西方基督教蛹体中抽取出自己新的世俗社会形态，技术作为西方人的至上利益和追求开始逐渐取代宗教。17 世纪西方人的精神宝藏从不可救药的善争嗜辩的神学转移到了无争议的自然科学，从科学思想上总攻上帝，从而为日后科学的发展提供了某种程度上的精神动力。

　　威尔·杜兰曾自信地指出，"拿全部历史来讲，17 世纪是科学史上成就最高的时期之一"。[③] 贝斯特也认为，17 世纪"如果不是最高点，也可能

---

① 《一个历史学家的宗教观》，第 219—223 页。
② 《一个历史学家的宗教观》，第 194 页。
③ 《世界文明史》卷八《路易十四时代》，第 416 页。

是一个全欧洲人有理由为之自豪的高峰"。① 在此时期，西方名人辈出，如培根、莎士比亚、笛卡尔、斯宾诺莎、莱布尼茨、弥尔顿、培尔、霍布斯、莫里哀、洛克、牛顿、帕斯卡尔、惠更斯、卡西尼、伦勃朗等；科学及艺术成就显著，如哈维的血液循环规律，波尔的气体膨胀定律，牛顿的万有引力定律，开普勒的行星运行三定律，伽利略的经典力学和实验物理学，培根的归纳法，笛卡尔的理性主义思想、新古典主义、巴洛克和洛可可艺术，以及农业技术革新等等常为后人所高度称道的科学发明、思想艺术形式纷纷出笼。然而，正如汤因比所说，在一些领域内，"西方人内心和精神上由于怀疑传统基督教而留下的空虚，不是由另一个权威主义体系而是由潜伏在西方文明的精髓中、事实上潜伏在人类本性中的经验态度和技术爱好所弥补"。②"而到这个世纪末，技术——经验科学发现的实际运用——代替了宗教而成为西方社会精英人物追求的至高目标。"③然而，这一切在今天看来，似乎只是精英知识分子阶层所从事的事情，而且确切的时间也仅仅是在 17 世纪末，影响有限，如为后世所称道的《莎士比亚全集》从 1623 年到 1685 年一共出版了 4 次，印行册数却仅有区区 500 部。④ 而在大众读物中，这种影响更是显得极为有限，"如果历史学家坐下来仔细阅读一下 1500 年到 1800 年之间出版的一系列小册子，就有可能得到这样的印象，即传统依然占据着绝对的统治地位：它们的类别依然如故，风格也依然如故"。⑤ 所以我们实在不宜对其过分高估。

在科学、思想与宗教上，如果说科学技术取代了宗教，则未免显得不够严肃，且与当时运行的思想与实践事实并不一致。所谓的诸如伽利略时代、牛顿时代显然是个时代认知错误，在大多数方面，17 世纪仍然是一

---

① Gary Martin Best，*Seventeenth Century Europe*，p. 4.
② 《一个历史学家的宗教观》，第 212 页。
③ 《一个历史学家的宗教观》，第 210 页。
④ 费尔南德·莫塞著，水天同译，《英语简史》，北京：外语教学与研究出版社，1990 年，第124—125 页。
⑤ [英]彼得·伯克著，杨豫、王海良等译，《欧洲近代早期的大众文化》，上海：上海人民出版社，2005 年，第 311 页。

个炼金术士、占星术士和巫师的世纪。

宗教裁判所对那些所谓的异己分子实行了残酷的人身迫害，支持日心说的布鲁诺被当作异端烧死；法国的思想家培尔作为胡格诺派教徒不得不避难荷兰；哲学家斯宾诺莎也曾被视为异端而遭到阿姆斯特丹犹太人社团的驱逐；伟大的笛卡儿本人则一生历经坎坷，避难外国并客死他乡，而且，"当一名笛卡尔主义者在 1680 年仍是一件不光彩而危险的事"[①]。伽利略因支持日心说被宗教裁判所秘密判罪和公开审判，最后被折磨致死。传统看法都认为伽利略是天主教的叛逆者，因对《圣经》嗤之以鼻而受到迫害致死，并将伽利略与罗马天主教教义的冲突视为 17 世纪直至今日科学和宗教的分野。然而不可思议的是，伽利略却是虔诚的天主教徒，他相信"祈祷的力量，并始终努力恪守一个灵魂已有归宿的科学家的职责"。[②] 也就是说，在他看来，《圣经》来自上帝的启示，相信科学与《圣经》不能互相冲突，宗教信仰和科学信念之间并无矛盾，是并行不悖的，甚至可以说，科学是为宗教服务的，科学只是在发现神所制定的规则。于是我们看到了伟大的牛顿后来离开其最初从事的科学研究，转向了对占星术、炼金术的研究，为宗教服务。类似的，法国著名的数学和物理学家帕斯卡后来也转入了神学研究，并进入神学中心学习，且在 1655—1659 年间撰写了许多宗教著作：他从怀疑论出发，认为感性和理性知识都不可靠，从而得出信仰高于一切的结论。这一切，连宣称 17 世纪是科学史上最有成就时代的威尔·杜兰也不得不承认，17 世纪所有的欧洲人，除去极少数以外，都认为自然是神力的产物……古代的迷信，大多数仍旧残存在哥白尼、伽利略的思想中，有些连牛顿本人也深信不疑。占星术和炼金术一直在衰落，但是路易十四的朝廷里，星相家依然

---

① 《宽容》，第 243 页。

② ［美］达·索贝尔著，谢廷光译，《伽利略的女儿——科学、信仰和爱的历史回忆》，上海：上海译文出版社，2001 年；高福进，《地球与人类文化编年：文明通史》，上海：上海人民出版社，2003 年，第 517 页注 1。

不少。① 而历史学家口中所谓的科学思想总攻上帝，实际上只是长期以来人为神化的宗教教义的部分内容，如圣灵、玛利亚感孕、基督的神性与复活等所谓的"奇迹""异兆"之类的神秘主义被一些持有早期理性主义思想的思想家视为不合乎理性而遭到唾弃，他们认为中世纪教会建立在启示、神迹、预言等基础上的教义和仪式干预了自然宗教的和谐，实属宗教意识的堕落，而主张恢复到古朴自然的宗教上去。其根本目的不是反基督教，只是反对中世纪式的基督教神学，是为了消除基督教的狂热主义，使之符合基督自己的教义和劝诫，使之保持自然神论中的"自然"二字。如英国自然神论的开拓者爱德华·赫伯特（1583—1648）于 1624 年列举了构成自然神论的诸信条，包括上帝存在、上帝应受崇拜、德行是真正忠诚于上帝的表现、人应当悔过、存在死后赏罚等等。持有此类观点的还有约翰·托兰德（1670—1722），此人曾写过一本书《基督教并不神秘》，在英国掀起了一场有关自然神论的论战的安东尼·科林斯（1676—1729）以及托马斯·伍尔斯顿（1669—1733）、马修·廷得尔（1657—1733）等等。

　　同时，也有证据表明，宗教生活在 17 世纪仍然占据着主导地位。在英国，人们的生活、思想、教育等无不浸透宗教的精神。王室法庭 1586 年法案规定，禁止在伦敦、牛津、剑桥之外的地方印刷书籍，所有书籍的出版要获得主教的审批，从而造成三地印刷业的垄断。② 由王室倡导的钦定本《圣经》成为维护国教的基石，其主张人手一册，不分僧俗，被视为思想和行动的指南，书籍按照基督教教义来编写，学校教育也处于教会控制之下，牛津、剑桥等著名大学的教师，绝大多数是教士。国王查理一世也说过："在和平时期，人们是由教会的布道坛所统治的……"③而对于 17

① 《世界文明史》（上），第 677 页。

② Victory Morgan, *A History of the University of Cambridge*, Vol. Ⅱ, Cambridge, 2004, p. 228；[英]阿萨·勃里格斯，《英国社会史》，北京：中国人民大学出版社，1991 年，第 105 页。

③ 《英国史》，第 335—336 页。

世纪的大学毕业生而言,职业取向的最大去向是选择在教堂任职。神学是最兴旺的事业。据 1590—1640 年剑桥大学的耶稣学院、国王学院、圣约翰学院和伊曼纽尔学院毕业生的职业去向统计表明,有近四成人接受圣职成为神职人员。[①] 在法国,1660 年后,在巴黎出版发行的图书中,宗教书籍仍占半数左右,这一势头持续至 18 世纪上半叶。[②] 同样的,在德国,透过莱比锡出版的《知识学报》月刊,我们可以看到当时欧洲精英知识分子仍将主要精力放在追寻自己的经典遗产和基督教传统上。如 1688 年评介的 171 部书籍的研究内容分类中,探讨神学、欧洲历史、外部世界和政治问题的占到了 2/3,探讨科学、医学、语言和文学的尚不足 1/3。[③]

在农业上,很多迹象表明,17 世纪的农业前景不像农业革命[④]论者所描绘的那样美好,在一个相当长的时间里,农业技术似乎失去了发展的推动力,我们在这一个世纪几乎找不到什么具有重大历史意义的新农业发明。在英国,也许克拉潘的一番话可以为此做一个很好的注解。他指出,直至 19 世纪初,农业耕作技术和工具的改进仍显得缓慢而少有成效,圈地上的农作并非都是科学的。他认为英国 18 世纪的改良轮作法纯粹是经验主义的,"没有一个人真正懂得为什么谷物和绿色作物必须轮作","一个农场或一郡的成功的办法,却不为邻近的农场或邻郡所得知或者予以注意"。[⑤] 即使是被称为重大农业革新的诺福克制度,也是基于某些从

---

① Rosemary O'Day, *Education and Society 1500–1800*, p. 95.

② 《当代西方史学流派文选》,第 166 页。

③ 《1688 年的全球史》,第 321—322 页。

④ 关于农业革命的相关讨论,请参见 J. Thirsk, *The Rural Economy of England*：*Collected Essays*, London：Hambledon Press, 1984；J. D. Chambers and G. E. Mingay, *The Agricultural Revolution*, *1750–1800*, London：Batsford, 1966；Mark Overton, *Agricultural Revolution in England*, Cambridge, 1996；E. Kerridge, *The Agricultural Revolution*, London, 1967；E. L. Jones, *Agricultural and the Industrial Revolution*, Western Printing Services Ltd., 1974；[英]E. E. 里奇等编,高德步等译,《剑桥欧洲经济史》第五卷,经济科学出版社,2002 年；[英]克拉潘著,姚曾廙译,《现代英国经济史》,北京：商务印书馆,1964 年；杨杰,《英国农业革命与农业生产技术的变革》,《世界历史》,1996 年,第 5 期；侯建新,《工业革命前英国农业生产与消费再评析》,《世界历史》,2006 年,第 4 期。

⑤ 《现代英国经济史》上卷,第 182、563—564 页。

观察形成的信念,尚未达到科学的理解。人们相信,苜蓿以某种方式给小麦准备好土壤,因为观察到种过苜蓿的土地上小麦生长得更好。同样的,人们也以类似的经验方式相信小麦为萝卜、萝卜为大麦、大麦为苜蓿准备好了土壤基础。直到 19 世纪,人们才懂得了其中的科学道理。而且被称为这一时代伟大发明的诺福克制度只是在 1650 年前后才出现于安特卫普与根特之间,而非诺福克,只是在 17 世纪后期才被引进诺福克得以完善。同时,由于土质、肥力等原因,诺福克制度的推广极为缓慢,直至 18 世纪下半叶 19 世纪初才被人们广泛接受和运用。而 1787 年的一则来自诺福克的报道表明,诺福克轮作制并没有解决土壤退化问题,至少没有解决浅层土壤的退化问题;三叶草变得斑驳不齐,土地显出疲劳迹象。[①] 法国农民的情况似乎更为糟糕:很多地区甚至缺少用来耕犁的牛、马。古伯尔指出,法国博韦地区的农民一般仅养 3—4 只母鸡,很少养得起猪、马、牛,犁田用的牛和马一般都是向较为富裕的农民借用。为此,还需要向其支付酬金。如果支付不起酬金,就只能靠一般工具或臂力耕种土地。[②] 对此,让·雅卡尔指出,不用牲畜、重犁耕种,而是用一般的工具耕地,是 17 世纪典型的法国农民的生产状态。[③] 诺思和托马斯也指出,近代早期法国农业的"日趋虚弱是由于收益递减及阻挠有效调整和新技术创新的制度环境所造成的",而"阻挠全国市场发展的限制主要归因于近代初期法国农业大量保留了中世纪的特征"。[④] 所以,法国农业在气候变动面前十分脆弱。法国的生存危机时有发生,直到 18 世纪晚期其农业产量才勉强达到"黑死病"之前的水平。而缺少牲畜,粪肥的来源也就成了一大问题。霍布斯鲍姆和 F. L. 汤普森都曾指出:如果没有 19 世纪肥料进口的高潮,特别是海鸟粪、开采磷酸岩矿和后来的人工合成肥料,情况可能是灾

① 《大分流》,第 209 页。

② Pierre Goubert, "The French Peasantry of the Seventeenth Century: A Regional Example", in Trevor Aston ed., *Crisis in Europe*, 1560 - 1660, p. 156.

③ Jean Jacquart, "French Agriculture in the Seventeenth Century", in Peter Earle ed., *Essays in European Economic History*, 1500 - 1800, Oxford: Clarendon Press, 1974, p. 170.

④ 《西方世界的兴起》,第 157 页。

难性的。[①] 更重要的是,在法国,甚至西欧,大量的土地属于黏土,需要用重犁深耕才能保证土地的收成,缺乏这些条件的法国农民的耕种效率可想而知。皮特·斯特恩斯同样注意到：1770 年的西方技术和生产方法依然固守农业社会的基本传统,尤其仰仗人力和畜力。农业本身自 14 世纪以来在方法上几乎毫无变化。[②] 18 世纪尚且如此,17 世纪的情形也可窥见一斑。因而,我们不宜对 17 世纪西欧的农业科学技术革命过分高估。

表 3-1　小麦、裸麦和大麦每粒种子的平均收益率(1500—1820)[③]

年代	英格兰/尼德兰	法国/西班牙/意大利	德国/瑞士/斯堪的纳维亚
1500—1549	7.4	6.7	4.0
1550—1599	7.3	——	4.4
1600—1649	6.7	——	4.5
1650—1699	9.3	6.2	4.1
1700—1749	——	6.3	4.1
1750—1799	10.1	7.0	5.1
1800—1820	11.1	6.2	5.4

　　而在工业技术上,直至 1700 年左右,其水平仍与中世纪后期相差无几。虽然工业已经开始显示出一种技术改良的趋势,但手工操作仍占主导地位,人们只对部分工序进行了改革,关键性的技术革新的出现则是以后的事情。更为严重的是,一些有利于技术革新的发明即使被发明出来,也往往不被充分使用,甚至遭到禁用,如在英国,虽然纺织工业是英国最主要的工业部门,但纺织业的生产技术并无多大改进,只发明了一种织袜

---

① E. Hobsbawm, *Industry and Empire*, London: Penguin, 1975, p. 106; F. L. Thompson, "The Second Agricultural Revolution, 1815 - 1880", *Economic History Review*, 21: 1, pp. 62 - 77.

② Peter Stearns, *The Industrial Revolution in World History*, Boulder, Colo.: Westview Press, 1993, p. 18.

③ 转自侯建新,《工业革命前英国农业生产与消费再评析》,《世界历史》,2006 年第 4 期,第 24 页。

机，即1589年威廉·李副牧师发明的一种简单的、可以提高织袜工效的织袜机。然而他在伊丽莎白一世和詹姆斯一世在位期间申请专利均遭到拒绝，不得不迁居法国。由于价格昂贵，很少有人买得起，这种织袜机也仅仅在伦敦和他家乡的部分工场中得以使用。[①] 这就说明在此时的英国对科学技术的重视程度还远远无法与后来的工业革命时期相比。而在海洋运输方面，甚至"在18世纪，海洋船舶的排水量并不比中世纪末威尼斯船舶的排水量大多少……内地运输也是依然故态"。[②] 同样的，即使到了工业革命的早期，所需要的技术更多的是依靠传统工匠的熟练程度，而不是新的重大的技术方法。我们看到最初的工业革新的先行者绝大多数为熟练的操作工人而不是科学理论家。对此，彼得·马提亚斯指出："创新并不是实用科学的具体应用，也不是国家教育体系的产物……大多数创新是灵感突发的业余爱好者或者出色的工匠的产物……他们有实践经验，直接负责一个具体问题。直到19世纪中叶，这种传统仍然在英国制造业中占据统治地位。"[③]也就是说，当现存的技术知识达到了一定程度，就有可能取得这些进展。近来有些学者在深入研究了西方科学对一般的技术乃至工业革命的所谓贡献后，也得出了诸如下列的观点：根本没有什么17世纪科学革命；无论17世纪还是18世纪，科学革命的"高级理论"不可能对经济实用的技术有任何持续直接的影响；直到19世纪，科学理论与技术创新的关系还是相对不太重要的；已经到了抛弃科学革命这个概念的时候了……[④]

---

① 《十六、十七世纪科学、技术和哲学史》，第531—532页。

② ［德］马克斯·维贝尔著，姚曾廙译，《世界经济通史》，上海：上海译文出版社，1981年，第250页。

③ Peter Mathias, *The First Industrial Nation：An Economic History of Britain，1700 - 1914*，2nd ed.，London：Methuen，1983，p. 124.

④ Steven Shapin, *The Scientific Revolution*, Chicago：University of Chicago Press，1996; Robert M. Adams, *Paths of Fire：An Anthropologist's Inquiry into Western Technology*, New Jersey：Princeton University Press，1996; H. Floris Cohen, *The Scientific Revolution：An Historiographical Inquiry*, Chicago：University of Chicago Press，1994；《白银资本》，第257—266页。

在医学方面,医学实际上也没有取得多大进步。在英国,甚至官方的《1618年伦敦药典》也收入了各种奇异药物,例如胆汁、血、爪、鸡冠、羽毛、毛皮、毛发、汗、唾液、蝎子、蛇皮、蜘蛛网和地鳖![①] 放血更是治病必用的一个方法。占星术和魔法也和医学形影相随。在意大利,曼佐尼(Manzoni)写的《约婚夫妇》(*Promssi Sposi*)一书中,记述了意大利(1629—1631年)流行病的情况。他不只描写流行病的可怕后果,而且详述了医师对此病所采用的方法。他感叹当时的人不知其病因,故虽属有文化的阶级,仍被占星学的观念所支配。[②] 在法国,医学专家的意见一致,都用天象来解释瘟疫。17世纪初的立殊理大主教医官息多亚(Citoys)说:"瘟疫由于星象之变,尤其是土星和火星同在双子或室女等人物宫(别于狮子等虫兽宫而言)中相遇的时候。日食月食也是容易引起瘟疫的。"[③]而当时医学博士们的任务不是设法治疗疾病,而是成立行业工会,排挤那些非正牌骗子出身的卖药郎中。巴黎医学会对付那些药草商和蔬果商的淫威,比罗马教会的虐待异端还要厉害些。[④] 那时,医学院的博士论文也是诸如此类:"空气是否较饮食更为必需""清水是否较酒有益""害相思病的女子应否放血""每月醉酒一次是否有益""女子貌美者是否多产""女子是否较男子淫荡"。[⑤] 教会则教导人们多祈祷,就可以预防疾病,并将瘟疫视为"上帝的鞭子"对人们的惩罚。而英国1665年那场大鼠疫的终结,很大程度上则是因为一场意外的大火,烧死了老鼠和其适宜的生存环境——大量的土木茅草屋(以后的重建多采用砖石结构),而且大火净化了空气,有效阻止了鼠疫的继续蔓延。

虽然有学者指出关检或隔离制度是那个时代医疗卫生事业的一个重

---

① 《十六、十七世纪科学、技术和哲学史》,第490页。
② 《医学史》(上册),第488页。
③ [美]罗伯特·路威著,吕叔湘译,《文明与野蛮》,北京:生活·读书·新知三联书店,1984年,第252页。
④ 《文明与野蛮》,第255页。
⑤ 《文明与野蛮》,第254—255页。

大举措，①然而，在那个战争、商贸和走私如此频繁的时期，关检或隔离制度实施的深度和广度让人不免怀疑。而且，它是在 1720 年后才得到较广泛的实施和加强的，历史见证了关检或隔离制度在 17 世纪实施中的最大问题。② 1720—1722 年的法国南部瘟疫可以说是关检或隔离制度失败的结果。而有学者指出，鼠疫最终消失的主要原因，是原来鼠疫杆菌的主要载体东方鼠蚤在欧洲的低温下不能存活，及原来传播疾病的室内黑鼠为一种不传播疾病的室外褐鼠所取代。③ 有学者更是在此基础上指出，鼠疫最终"突然"消失的最主要原因，是自然界自身发生的变化，即可以传播疾病的老鼠获得了疾病免疫能力或发展出一种可以对抗疾病的抗体以保护自身，从而切断了疾病传播链，老鼠-跳蚤-人中的关键一环，有效阻止了鼠疫的大范围传播。④ 在这些事例及其解释中，我们看不到那个时代人类医学科学和思想的真正参与。

至于艺术风格，同样处于不断的变动、探索中。从严肃、含蓄、讲究平衡的古典主义到被贬为不合常规、稀奇古怪的巴洛克（Baroque）⑤艺术的

---

① John D. Post, "Famine, Mortality, and Epidemic Disease in the Process of Modernization", *Economic History Review*, 2ⁿᵈ ser. ⅩⅩⅨ, 1976, pp. 33 - 34；M. W. Flinn, "Plague in Europe and the Mediterranean Countries", *Journal of European Economic History*, Ⅷ, 1979, pp. 131 - 148.

② 1720 年的法国马赛瘟疫，法国甚至动用了正规军队和边防卫戍部队对马赛进行隔离，通常被视为真正意义上的现代隔离制度的开始。而关于隔离制度及其有效性，请参见 George Sticker, *Abhandlungen aus der Seuchengeschichte und Seuchenlehre*, Ⅰ, *Die Pest*, pt1, pp. 78 - 152 and pt2, pp. 294 - 322；关于隔离制度强化的困难，请参见 Carlo M. Cipolla, *Cristofano and the Plague：A Study in the History of Public Health in the Age of Galileo*, Berkeley and Los Angeles, California：University of California Press, 1973, pp. 121 - 124.

③ J. H. Bayliss, "The Extinction of Bubonic Plague in Britain", *Endeavour* 4, No. 2, 1980；L. Fabian Hirst, *The Conquest of Plague：A Study of the Evolution of Epidemiology*, Oxford：Clarendon Press, 1953.

④ Andrew B. Appleby, "The Disappearance of Plague：A Continuing Puzzle", *The Economic History Review*, New Series, Vol. 33, No. 2, May, 1980, pp. 169 - 171.

⑤ 巴洛克（Baroque）一词来源一般说来有三：一、来自西班牙语 barrueco 和葡萄牙语 barrcco，意为"不圆的珠"，或畸形的珍珠；二、中古时期的拉丁语 baroco，意为"荒谬的思想"；三、意大利语 baroco，指中世纪繁缛可笑的一种神学讨论，或意大利语 barocchio，指暧昧可疑的买卖活动。该词为 18 世纪新古典主义者嘲笑 17 世纪的这种艺术风格所用，泛指各种不合常规、稀奇古怪，也就是离经叛道的事物。

壮观、雄伟、气氛紧张而富动感、注重气势、注重光与色彩效果再到开始于
17 世纪后期讲究内部精雕细琢、纤细、轻巧、华丽、精巧、轻淡柔和的色彩
的洛可可（Rococo）风格，也说明了这一时期精神文化的多变特征。风格
的变化，与社会需要和民众心理需要直接或间接相关。如巴洛克时期经
历了西方文明历史上动荡的一个多世纪，它与时代面貌，如规模巨大的战
争、绝对主义的王权政治等现实极为吻合，纷乱的社会中原本永恒不变的
典范程式受到质疑，审美风尚的凝滞及对称的古典转向流动变化的时髦，
一切因袭的陈规理式都受到了破坏和嘲弄，思想方法脱出樊笼，艺术创造
开辟了全新的境界。而巴洛克一词本身就泛指各种不合常规、稀奇古怪，
也就是离经叛道的事物，其艺术最突出的特征就是在静止的形象中注入
了运动变化的力度和时间变幻的因素。而洛可可艺术风格的兴起，则是
它迎合了西方人开始向新的时代前进时厌弃战争，对宽松环境、宽容态
度、开放风格的追求，而这已成为人们当时普遍的社会心理。它不断表现
在艺术生活和创作上，更在日常生活和人生态度上，表现出对纤细入微的
情调、自由不羁的精神、轻歌曼舞的生活的向往。洛可可风格满足了人们
轻松、幽雅的心理需要，足以缓解人们因混乱与动荡引起的长期而普遍的
情绪紧张。

　　另外，一种文明同时意味着恒定和运动。它在一定空间里连续几个
世纪立足生根和坚守阵地。与此同时，它接纳远近其他文明的某些优点，
模仿、传染同某些内在诱惑一样在起作用，克服旧习惯、改变旧做法和旧
认知。17 世纪的西方文明艺术发展一方面从古希腊罗马文化中汲取养
分，希腊罗马文化中给人性以充分释放的部分，完全契合了当时欧洲人的
心理，且该时期的艺术风格还从非西方文明之处汲取了众多养分。如洛
可可艺术于庭园布置、室内装饰等方面都采用了中国文化的一些内容。
英国学者莱赫怀恩认为："洛可可的精神与中国的老子最接近，潜伏在中
国瓷器、丝绸美丽之下的，有一个老子的灵魂。"①正是这些被德国学者利

---

① 《地球与人类文化编年：文明通史》，第 540 页。

奇温教授称之为奇妙的长江流域的中国南部文化的"闪现于江西瓷器的绚烂色彩，福建丝绸的雾绡轻裾背后的南部中国的柔和多变的文化，激发了欧洲社会的喜爱和向慕"[1]，并在西方文明内部弥漫。

总之，这一时期的西方知识界在精神文化方面发生了一些变化，出现了众多为后世所称道的贡献，就像伏尔泰在《路易十四时代》中所说的那样，可以在欧洲看到一个知识共和国。[2] 然而，笔者认为，从宏观层面以及长期的角度来看，精神文化变革的启动最初似乎来自精英，尤其是来自高级教士、知识分子等思想精英，然后再广泛地传播到全社会。它是某个进程中的组成部分。而这在社会理论家诺伯特·埃利亚斯和米歇尔·福柯那里分别被冠以"文明化"进程和"规训化"进程。这个进程起初是精英旨在控制普通人行为的一种尝试，但它在传播的过程中却在某些群体内一定程度内化并转变为自我控制。同时，这一过程也是长期的。在当时看来，这一切未见明显影响，在某种意义上只能称得上是离经叛道之举，一些做出此种贡献的知识精英也在内心或形式上屈从于传统。同样的，伯克曾将17世纪的文化区分为大传统和小传统两种，分别对应着精英文化和大众文化。[3] 科学革命、思想启蒙等按照其划分则归属于精英文化。精英文化是仅在文法学校和大学正式传播的封闭传统，且在文明发展进程中，上层人士逐渐退出了对小传统的参与，而代之以对小传统的规范。因而这些贡献并没有为多数民众所接受。若隐若现是对这一知识共和国的最好注解，一语中的，仅此而已。

第四节 戴着镣铐的舞蹈：一个转折

宗教战争与不宽容、巫术审判及迫害、科学技术和思想的发展、文艺

---

① ［德］利奇温著，朱杰勤译，《十八世纪中国与欧洲文化的接触》，北京：商务印书馆，1991年，第21页。
② 《路易十四时代》，第499页。
③ 《欧洲近代早期的大众文化》，第34页。

风格的变动等等都昭示着西方人精神之路的异变，表现了西方人的宗教狂热、精神空虚和精神转向。

　　长期的宗教狂热，如宗教战争的破坏性后果，却最终导致了西方人内心和精神上对基督教的怀疑和随之而来的精神空虚，从而导致了狂热主义的降温和消除，也诱发了同时代的一部分科学家、思想家为保存基督教，反对之前对基督教的改革，试图使之符合基督自己的教义和劝诫。而一些激进分子则冲破了这一层面，进入到科学知识、思想层面，但他们很多人依然相信科学并不悖逆宗教。如伽利略、笛卡尔等人，伽利略虔诚地相信祈祷的力量，并始终努力恪守一个灵魂已有归宿的科学家的职责。[①]在笛卡尔的哲学体系中，虽然加进了物理学、天文学和几何学，令达尔文派骂他为无神论者，天主教徒指责他为加尔文派。而笛卡尔本人既参加过信奉新教的奥伦治王子的军队，也曾为对立的信奉天主教的巴伐利亚公爵服务，但笛卡尔却是个虔诚的天主教徒。[②] 他的思想、方法只施于知识领域而不触及社会问题，并且他为自己规定了服从法律、笃守宗教信仰等基本原则。更多的学者则坚信自然科学的研究是为歌颂上帝的伟大，这些世俗活动和科学成就反映了上帝的辉煌，增进了人性之善。这样他们就将科学事业与宗教信仰完美地统一起来。如约翰·威尔金斯宣称科学研究是促使人们崇拜上帝的一种有效手段。而弗朗西斯·威鲁比也许是当时最杰出的动物学家，他由于过分谦虚而认为他的著作不值得出版，只是当雷一再坚持说发表这些著作是赞颂上帝的一种方法时，才说服了他出版这些著作。化学之父波义耳在他的临终遗嘱中也反映出这种态度，他这样祝愿皇家学会会员："祝愿他们在其值得称赞地致力于发现上帝杰作的真实本性的工作中，取得快乐成功；祝愿他们以及其他所有自然真理的研究者们热诚地用他们的成就去赞颂那伟大的自然创造者并造福

---

① 《伽利略的女儿——科学、信仰和爱的历史回忆》，转自《地球与人类文化编年：文明通史》，第517页注1。
② 《宽容》，第242—243页。

于人类之安逸。"①像在培根那里一样，科学在波义耳看来，自身就是一项宗教事业。这一点也是这一时代众多思想家、科学家的共通之处。这样一来，我们也就不难理解牛顿晚年的举动了。

在这一点上，现在许多习惯于把宗教和科学截然相割裂的学者们显然是犯了史学研究中的"时代错误"②，他们毫无根据地把 20 世纪的信念和态度扩展到了 17 世纪的社会之中，并且在很大程度上低估了宗教对于当时社会的重要性。在他们看来，那些曾反复被人们所使用的虔诚言词等同于马基雅维利的策略或为个人打算的伪装，充其量也不过是一些习惯性用语，而绝不是一些存在于时人头脑中根深蒂固的、给人以动力的信念。虽然这类"否定"可能有助于使反偶像崇拜者的自我得到某种满足，并且时常也起着吹捧他自己所在的那个社会的形象的作用，但这类"否定"常常是在用谬误取代真理。举例来说，波义耳为了表示他对宗教的虔诚，除了以一些精神方式进行表达外，更是花了数目可观的一大笔金钱雇人把《圣经》译成数种外国文字。这让我们很难相信他只是在对宗教信仰尽口头敷衍之能事。对此，克拉克教授认为："确定在何等程度上，宗教渗透入 17 世纪所有以宗教语言表述的事物中，这方面……始终存在一个困难。将所有神学术语打上折扣，把它们仅仅当作是共用的形式，这并没有使困难得到解决。反之，我们更有必要时常提醒自己：〔当时〕这些词语总是带着它们的意义而被使用，而且使用这些词语一般都隐含着一种强烈的感情。认为上帝和魔鬼就在日常生活的每个行为和事实近旁，这种感觉是该世纪特征的一个组成部分。"③

而在学界对 17 世纪西方科学革命、思想启蒙等的探讨、分析中，同样的，我们也发现，在今天的教科书中，通常科学革命、思想启蒙等被视为对 17 世纪的一种经典性描述，令无数学者欢呼。但这欢呼未免过早，显得

---

① 《十七世纪英格兰的科学、技术与社会》，第 124—125、127 页。
② 时代错误(anachronism)，是西方史学中的一个概念，系指用现代人的观念取代当时人的观点来理解历史所造成的错误。
③ G. N. Clark, *The Seventeenth Century*, 2nd edn, London, 1945, p. 323.

有点不合时宜，这种表述存在的问题亦不小。如荷兰经济、艺术、文化的发展，被很多学者视为历史发展的必然，然而今日看来，它在某种程度上更像是某种偶然的合力，其获得发展的一个主要原因很大程度上是法国的宗教不宽容所导致的《南特敕令》被废，从而迫使 20 万拥有一技之长、工作最为勤勉的——其中很多人是艺术家、商人、思想家等等——不愿改宗的法国胡格诺教徒逃离法国，这其中很大一部分进入了宗教政策较为宽容的荷兰，从而在某种程度上加强了荷兰的力量，亦推动了荷兰的进步。

当然，笔者这样说，并非是不赞同 17 世纪西方精神文化出现了通往现代社会的重大精神转向并取得了一定成果。因为无论如何，宽容开始萌芽了：斯宾诺莎在他的《神学政治论》（1670）中恳请对异端观念全部宽容；约翰·洛克的《宽容问题书简》也匿名出版发行了。到 17 世纪末，已经没有一个教会敢做出其 1600 年对布鲁诺或 1633 年对伽利略做的事了。[①] 新教内部也达成了某种宽容，如汉诺威的乔治，在成为英国国王乔治一世后，出现了在汉诺威充当路德派教徒、在苏格兰充当加尔文派长老会教徒、在英格兰则成为新教圣公会教徒的独特景象。这一时期的科学、思想、文化成就也有目共睹。但仔细审视一下，萌芽仅仅只是萌芽，那种史学研究中的"普洛克拉斯提"方法，就像神话中的强盗普洛克拉斯提，常常不顾事实，如这一世纪严重的宗教问题、频发的宗教战争、巫术迫害问题等，而强行让历史躺在自己的理论体系之床上，或砍掉或拉长历史史实，使其符合自己的理论。

而与此类似，虽然日后在伽利略、笛卡尔等人观念中的一些原则被放大并行之四海，成为现代社会的构建要素，但我们不能说在那个时代就具有日后的意义了，否则就属断章取义，是历史研究中典型的因果关系模式，这种带有回顾性分析的研究模式的最大弊病就是用所谓的"必然性"的暴力逻辑消解历史发展的多元性、开放性和偶然性。虽然回顾性分析对确定性的程度和终极具有很好的解释，但历史研究不只有回顾性分析

---

① 《路易十四时代》，第 681 页。

一种，前瞻性的历史分析同样是史学研究的重大方法，而两者相结合，无疑会对更好地解释历史的发展大有裨益。混合性的解释的目的是为了了解各种可能性，同时探索实际上发生的事情。这就要求我们必须强调事件所处的历史时空，探讨特定历史情景下历史发展特有的思想基础、运作规则与行为方式，探讨近代西方社会诸多特征如何建立起联系及其交叉作用方式，阐述围绕在宗教战争、巫术等问题周围的人性、社会结构、宗教信仰等基本问题，从而比较真实地呈现近代早期西方文明的日常生活图景，并使之为我们所理解，也只有这样，才能使历史的理解更为丰厚充实。

与此同时，西方人认识到了一个心理学真理，即西方人无力从宗教利益的纠葛中摆脱出来，除非他能提供一种力量上与之相仿的心理等价物。[1] 在这种心理暗示下，17 世纪西方文明精神文化的转向也是不争的事实，这种趋势在 17 世纪末期也更为清晰，正如汤因比所说，西方文明此后从传统的西方基督教蛹体中抽取出自己新的世俗社会形态，开始了精神文化的世俗化运动，并逐渐放弃了基督教精神，但却不用希腊精神替代，而是代之以经验态度、技术爱好，即推崇经验取代迷信权威、技术取代宗教。[2] 技术逐渐被神化，科学技术发现的实际运用逐渐代替了宗教，成为精英追求的至高目标。

而这种转变在西方文明历史发展中的重要性在 18 世纪后逐渐突现出来，并由此成为现代性的重要特征，也带来了两个十分重要的结果：精力、注意力集中于技术，使西方的财富和实力比以前任何文明历史上都可能未曾有的规模和速度快速增长。同时，晚近的西方文明逐渐疏通了自己的传统宗教，逐渐驱除了西方传统宗教的不宽容性。在此基础上，宗教宽容思想进一步发展，也正是由此才导致了 17 世纪中后期法国官方明令废止以火刑处死巫师，从中反映出科学技术的发展对法国精英阶层思想的影响，即不再把巫师看成鬼魂附体，而是心态病变所致。而从书籍史、

---

[1] 《一个历史学家的宗教观》，第 214 页。
[2] 《一个历史学家的宗教观》，第 212 页。

心态史对书籍内容和出版发行情况分析中亦可看出，大众宗教意识在 17 世纪晚期的转变以及一定程度上的社会世俗化过程。但是，必须提及的是，传统依然占据着绝对的统治地位，它们的类别与风格变化并不大。

与此同时，以往借助教会宗教和封建法律完成社会整合和利益分配的统治方式，在宗教战争以后的巨大社会分裂后，西方文明却很难再依靠这样的制度化宗教来提供共享规范式的社会整合方式，欧洲传统的国家体系以及旧的社会整合方式已经开始崩溃，重建权威和秩序成了当务之急。在这一重建过程中，17 世纪的后期，在政治、思想上逐渐产生了一种理性主义，开始寻求一种普遍性和"确定性政治"（the politics of certainty）。这种确定性政治寻求建设一个以更加理性的方式来进行管理的国家。在这个新的理性国家中，权力将不再是针对死亡的，充满了随意性的暴虐权力，而是一种具有小心谨慎、细致入微管理生命等特征的权力。由此促进了日后西方国家政治发展方式和统治形式的变革。

所以，在某种程度上可以说，17 世纪西方文明精神文化的发展遇到了严重的危机，同时，也反映出科学技术、理性和宗教虔信开始明显地在各自领域中积蓄力量，并或多或少地进行着融合与冲撞，体现了当时欧洲人自省、奋进、迷茫共存的精神状态，阻碍了其正常发展，但这场精神文化危机也给西方文明带来了转机，它导致西方精神文化发展的某种转向，使得西方文明的精神文化开始多了一条可供选择的发展道路，而这条道路与以往并不太相同的地方，就在于它更倾向于世俗化。因而，17 世纪西方文明的精神文化问题堪称是"戴着镣铐的舞蹈"。

第四章
军事与战争：锻造西方文明

在人类社会中，以战争形态呈现的强力冲突无处不在，其不可避免的根源在于人类无数变动的需求。为声望、权力、霸权、金钱、意识形态的冲突和战争不断，它已成为人类文明发展的重要组成部分。文明的扩张、发展不可避免地会带来战争。而这种暴力冲突又主要表现在两个层面，即文明内部和文明之间。这些暴力冲突既保存、锻造了西方文明，又对其施加了巨大的破坏性影响，从另一个侧面改变了其发展。

人们日益注意到，传统西欧社会中民众的活动严重依赖于气候。他们指出温度可能影响我们的生活，甚于其他的气候因素。而且，人类对此尤为脆弱。小冰期最冷时期的 17 世纪，欧洲发生了更多大规模的战争并伴随着人口的下降。但长期以来，人们更多地关注经济的即时损失和未来的气候变化，而忽视研究社会对长期气候变化的历史反应。虽然温度不是战争和社会动乱的直接原因，但战争和社会动乱的直接原因是传统农业社会下气候影响下土地的承载能力及食物的基本供应。人口密集区域的食物短缺增加了武装冲突、战争、饥荒、流行病甚至人口规模下降的可能性。这就是为什么我们说：气候变化才是导致这一切发生的最终原因。

第一节　战争的世纪

　　曾有人说过，西方的版图是在战争的铁砧上锤炼出来的。[①] 这句话用于表现 17 世纪战争对西方文明的巨大作用无疑十分贴切。纵观整个西方文明的历史，西方文明在中世纪时期，在封建国家割据分立的政治框架下，各个王朝国家，对内纷争不断，对外则以行使武力为能事。到了 17 世纪，西方文明内部的战争较之以往更为普遍，乔治·克拉克指出整个 17 世纪只有 7 个完整的年份（1610 年、1669—1671 年、1680—1682 年）欧洲国家间没有战争，因而，同和平一样，战争可以被视为欧洲正常的生活状态。[②] 而杰弗里·帕克则认为 17 世纪的欧洲是现代史上仅次于 20 世纪的最缺少"和平"的世纪，整个欧洲只有 4 个完整年份是和平的。[③] 约瑟夫·伯金对此持相同意见，并指出这一时期战争的一大特征即是长期性。[④] 从中，我们可以窥见在 17 世纪西方文明战争发生的频繁性。1986 年出版的著名战争史专家乔治·C. 科恩的《战争词典》（*The Dictionary of Wars*，中译本名为《世界战争大全》）一书，囊括了公元前 2000 年到公元 1984 年世界各地发生的 1 700 余次战争，是目前为止国内外学术界公认的战争史方面的权威性参考书。[⑤] 而根据他所列出的 17 世纪发生的战争名称，笔者进行了统计，数字表明，1580—1720 年西方文明内部共发生了近 70 次战争，而与外部的战争（主要是与土耳其、俄国）也有 10 多次（见附表 3）。可以说，近代早期的西方文明是在内部战争和与敌人的战争

①　［英］迈克尔·霍华德著，褚律元译，《欧洲历史上的战争》，沈阳：辽宁教育出版社，1998
年，第 1 页。

②　G. N. Clark, *The Seventeenth Century*, 2nd edn, London, 1945, p. 98.

③　Geoffrey Parker and M. Smith eds., *The General Crisis of the Seventeenth Century*,
p. 14.

④　Joseph Bergin ed., *The Seventeenth Century: Europe, 1598 - 1715*, pp. 9, 143.

⑤　［美］乔治·C. 科恩著，乔俊山、许永仁等译，《世界战争大全》，北京：昆仑出版社，
1988 年。

中产生的。一些西方国家几乎花费了整个世纪来从事战争——最明显的是西班牙和它的领土——和敌对事业，军事史家弗兰克·塔里特指出，1480—1700 年英格兰共卷入了 29 次战争，法国 34 次、西班牙 36 次、奥斯曼帝国 25 次。而 1610 年后的这个世纪，瑞典、奥地利哈布斯堡王朝 2/3 的时间在进行战争，西班牙 3/4 的时间在进行战争。战争的强度也只有 20 世纪的世界性大战才能超过。[①] 因此，这一世纪发生的战争次数之多、强度之大、范围之广，远超以往世纪。

　　通观欧洲历史，除了短暂的和平时期之外，时常发生的战争，从来都没有放弃对西方人的鞭挞。但至少 16 世纪 80 年代，很少有大规模的战争，大多数欧洲战争仅仅是两个国家之间的；此后，由于国际政治极化现象的发生，大多数欧洲战争不再仅仅局限于卷入两个或几个国家，一旦开始，冲突地域很快变大，往往会卷入几个国家和大洲。同样，战争也是结盟的机会，17 世纪的西方战争常常卷入更为普遍的敌对的联盟集团，那些受到称霸威胁的国家常常联合起来防止任何帝国的出现或单一国家的称霸。如福音同盟、反哈布斯堡同盟、反法同盟、奥格斯堡联盟等。如 1667—1668 年法国与西班牙的战争中，西班牙、荷兰和瑞士结成了反法的三国同盟，1688 年的九年战争爆发后，奥地利、西班牙、瑞典、英国、荷兰以及巴伐利亚、萨克森和帕拉提特等德意志国家联合结成奥格斯堡同盟，共同抗击法国。而在西班牙王位继承战争时，荷兰、英国、奥地利、勃兰登堡、葡萄牙、意大利、萨瓦及德意志等诸国于 1701 年结成了大联盟，联合阻挠路易十四的野心。联盟是一种无序的调节或失常的调节，以此防止某个国家坐大并重建强国间的平衡，而由此引发的战争也异常惨烈。在 17 世纪，敌对如此广泛，联盟如此众多，以致和平变得极为困难。有学者认为，近代早期的西方国家很大程度上是一个军事组织。[②] 17 世纪从三

① Frank Tallett, *War and Society in Early-Modern Europe*, *1495 - 1715*, London and New York: Routledge, 1997, p. 13.
② Geoffrey Parker and M. Smith eds., *The General Crisis of the Seventeenth Century*, p. 14.

十年战争到路易十四时代的那些战争，也被见证为起初为地区的冲突逐渐连接在一起演变成巨大的欧洲性战争。① 因此，也就有了西方历史上，甚至世界历史上的第一次大规模国际性战争——三十年战争，在这场战争中，古斯塔夫·阿道夫观察到："欧洲进行的所有战争混合起来并成一个。"② T. K. 拉布在介绍他对三十年战争的研究作品时也表示："毫无疑问，这场战争应被视为一个大陆性的战争现象，深刻影响着国家关系史和绝大多数的欧洲国家。"③战后的《威斯特伐利亚和约》也成为史界所普遍认可的第一个国际体系。但《威斯特伐利亚和约》的签订，并没有阻止战争的频繁发生。相反，由于它对战败国的割地赔款、战胜国既得利益的承认，某种程度上成为激发各国的侵略和战争本能的原动力，成为下次冲突的根源。战败的德意志不甘心忍受割地赔款的屈辱，一旦其东山再起之时，必定会设法推翻这种不平等的国际体系。因而，在这层意义上，《威斯特伐利亚和约》暂时结束了德意志 30 年的苦难，却又成为下一场冲突最早的诱因。此后德国的被割让土地一直是战争爆发的一个重要诱因，20世纪的第一次世界大战、第二次世界大战的战争原因中，依然能清晰地看到它的身影。

《威斯特伐利亚和约》签订后，各国之间战争也并未因此而有所减少，依然频繁发生着，如英国的克伦威尔后来发动了对爱尔兰、苏格兰的战争。此外，英国还卷入了对葡萄牙、西班牙的战争，并与荷兰多次兵戎相见。不仅如此，它还陷入了长期的内战之中。在法国，1562—1598 年的三十年内战、1610—1624 年的内乱、三十年战争的参与以及 1648—1653 年的"投石党之乱"早已使法国深受战争之苦。而在路易十四即位后，先后发动了 1667—1668 年对西班牙的战争、1672—1678 年对荷兰的战争、

---

① Joseph Bergin ed. , *The Seventeenth Century: Europe, 1598 - 1715*, p. 3.

② Frank Tallett, *War and Society in Early-Modern Europe, 1495 - 1715*, p. 14.

③ Theodore K. Rabb ed. , *The Thirty Years' War: Problems of Motive, Extent and Effect*, Boston: D. C. Heath and Company, 1964, p. XI. Cited by J. V. Polišenský, "The Thirty Years' War and the Crises and Revolutions of Seventeenth-Century Europe", in *Past and Present*, No. 39, 1968, p. 34.

1683—1684 年对西班牙的战争、1688—1697 年对奥格斯堡联盟的战争以及 1710—1713 年西班牙王位继承战争,以致法国国境周边无一处无战事,形成了一道战火绵延、国境四周遍地开花的长期战争景观。战火主要集中在北部的荷兰及与荷兰为邻的佛兰德尔和卢森堡,东部则在与德意志和瑞士毗邻的弗朗什-孔泰地区,莱茵河右岸至多瑙河之间的广阔地带,并延至洛林和阿尔萨斯,连成了一条北起英吉利海峡、东到莱茵河的边境战火景观,南抵意大利波河流域,西越比利牛斯山,将西班牙变成了战场,构成了一幅东、西、南、北四处开花的"花边战争"景观。敌对如此广泛,联盟如此众多,这样的战争一再发生,以致和平变得极为困难。西班牙参与的战争次数之多更不用说。这无疑是以往世纪所不具有的,在此意义上,它开创了战争史上的新场景。

此外,这一时期的战争还具有一些不同以往的新特点。在战争的原因方面,战争的动因是多种多样的:对领土的要求以及继承权的纠纷,为了捍卫自己认定的宗教信仰,因争夺商业利益和经济资源……各个国家之间从来都不惮于兵戈相见。而在其中,宗教仍然是战争爆发的一大主要因素。在整个 17 世纪,我们可以清晰地看到宗教战争此起彼伏,西方基督教的狂热主义甚嚣尘上。许多人在为信仰而战,宗教的狂热可以被用来激励军队,从古斯塔夫·阿道夫唱着赞美诗的军队到克伦威尔的新模范军,都受着同样的宗教教育。究其原因,这一切皆与宗教压迫有关,据笔者统计,1580—1720 年发生的七八十次主要战争、冲突中,和宗教问题相关的就有近 20 次。(参见附表)如 1562—1598 年的法国宗教战争、1598—1604 年的瑞典内战、1618—1648 年的三十年战争、爱尔兰人对克伦威尔的抵抗等等。[①]

与此同时,王朝主义(Dynasticism)也成为战争一大显著特征。如 1667—1668 年的法国和西班牙、1688—1697 年的大同盟战争、1689—1690 年的英国詹姆斯党人叛乱、1701—1714 年的西班牙王位继承战争的

---

① 参见《世界战争大全》。

原因之一，即是打着王朝主义的名号，争夺王位继承权。而西班牙哈布斯堡王朝和法国波旁王朝在 1660 年后发动的多次争霸和征服战争无不有着鲜明的王朝主义特征。对此，大卫·帕罗特指出："1660 年后的西欧战争的原因清晰地表明王朝主义在西欧的外交、领土维护和和平谈判中保持着首要的动力。"①

　　这一时期的战争在多大程度上与气候有关？近来的研究结果显示，气候寒冷与战争的发生有着较为直接的关联，在寒冷的 17 世纪，欧洲战争发生率是气候较为温和的 18 世纪的 2.24 倍。② 而社会学家、人类学家的研究也揭示出，战争的根本原因深深地植根于人类无意识的原始本性之中，是人类无意识的原始本性之冲动本能地利用了人类客观的利益矛盾和为之服务的极端意识而使然。和平时期，人们大多是视而不见。当矛盾日益增多、群际关系愈趋紧张，人们普遍具有的情绪、思想和意志，便会随着关系的变坏而变坏，即越来越具有敌对情绪和报复意志，此时，人们不仅不会视战争为不该，相反，回避战争会被视为极愚蠢的举动。气候寒冷、物资匮乏等等对人们造成极大的心理的困扰，它极容易作为诱因促进国家、社会、民族的紧张对立，一旦有合适的借口，逐利的人性本能就会联合极端意识而蠢蠢欲动。所以，在这种意义上，宗教、王朝主义等当可视为由气候变化引发的某些心理后果的极端扩大化——战争的借口。

　　同时，我们也可以看到，为了更有效解决因气候引发的各种连锁反应和社会后果，转移国内矛盾视线，这一时期西方各国政府支持战争以及维持政治权力也越来越有赖于财富的获得。战争就是"使君王们得到更多的荣誉，使人民得到更多愉快的职业"这种说法也在 17 世纪后期的政治家与商人当中很流行。因为经济危机，经济活动逐渐被看作国家威权的最终来源，虽然当时各王朝在获得领土上仍以合法权利为依

---

① Joseph Bergin ed. , *The Seventeenth Century: Europe* , *1598 - 1715*, pp. 142 - 143.
② David Zhang et. al. , "Global Climate Change, War, and Population Decline in Recent Human History", *Proceedings of the National Academy of Sciences* , Vol. 104，2007.

据，但统治者们开始注意赢得在国家安全、经济、贸易、战略等方面有特殊价值的领土，甚至动用武力去占领他们根本无权要求的土地，为商业、贸易利益发动的战争也逐渐增多起来。与此同时，商人和政府结盟越来越紧密：在荷兰，甚至那里的商人就是政府；在英、法等国，商人和各种商业活动被逐渐整合进了政府结构；西班牙也常常从商人处借款充当战争费用以获得更大的利益，以致有人以"商人的战争"对此加以界定。

很自然地，促进本国的海外贸易同时损害敌对国家的贸易就成为当时欧洲国家进行战争的主要目标之一。如英国海军的建立就以支持和保护海上贸易为其主要目的。1649—1659 年间，英国建造了 154 艘战舰，英国海运在 1660—1688 年间翻了一番，航海业成为 17 世纪英国最为重要的行业之一。17 世纪，英国大力发展海外贸易，实施了积极的关税保护政策，分别于 1650 年、1651 年、1660 年、1669 年、1673 年、1696 年颁布了一系列的航海法案，以打击商业对手。为了商业利益，英国政府不惜诉诸武力，于 1652—1654 年、1665—1667 年、1672—1674 年与荷兰进行了多次商业战争。[①] 在被问到有什么理由可向荷兰开战时，英国的蒙克（Monck）将军这样回答道："这个理由那个理由有什么关系？我们所需要的，比荷兰现有的贸易更多。"[②]到了 1700 年，有位英国史学家甚至这样评价当时的英国政府："（她）已准备好使所有的外交政策都服从于经济目的，其战争目标也是商业性的。"[③]再如西班牙、法国和英国对尼德兰、佛兰德尔等地的争夺。尼德兰的富裕也激起了法国的兴趣。由于它是西班牙的属地，1667 年，法王路易十四提出了对该地拥有继承权的理由，发动了"遗产战争"，出兵抢占尼德兰的佛兰德尔、卢森堡，战火随即在敦刻尔克、布拉邦特、里尔、埃诺一线摆开，与西班牙军队交战。尔后又发兵 20 万进

---

① 张卫良，《英国社会的商业化历史进程 1500—1750》，北京：人民出版社，2004 年，第239—249 页。

② 《欧洲历史上的战争》，第 48 页。

③ Eric Hobsbawm, *Industry and Empire*, New York：Penguin, 1968, p. 49.

攻弗朗什-孔泰，并顺延到洛林。法军三个月内占据了尼德兰大部分地区，仅用不到三周时间就征服了弗朗什-孔泰。这场战争为他赢得了里尔等 12 处地方，打开了通往荷兰的大门。

不仅贸易是近代早期欧洲战争的重要目标，贸易封锁也是导致战争和进行战争的一项重要手段。17 世纪，欧洲国家在战争中就经常实施贸易封锁。如，荷兰在 1599 年不仅宣布彻底封锁意大利、葡萄牙和西班牙整个海岸，而且采取了一系列措施强化这一封锁。西荷战争中，西班牙也采取了贸易封锁措施。1621 年西班牙政府颁布禁令：禁止荷兰商人、商船进入西班牙帝国内，一经发现，人员与船只一并抓捕。1623 年，西班牙又颁布另一禁令：禁止中立国雇请荷兰水手与荷兰船只。[1] 西班牙此举是要把荷兰商人、商船彻底地驱逐出西班牙。再如英荷战争爆发的一个重要原因就是 1651 年英国《航海条例》的颁布，它规定从欧洲运往英国的货物，必须由英国船只或商品生产国船只运往；凡是从亚洲、欧洲、美洲运往英国、爱尔兰以及英国各殖民地的货物，必须由英国船只或英国相关殖民地船只运送；英国各港口的渔业进出口以及英国国境沿海的商业往来完全由英国船只运送。[2] 因为荷兰控制着世界贸易体系，是 17 世纪头号海上强国，被称为"海上马车夫"，也是英国的主要商业竞争对手，英国发展海外贸易在外部面临的主要制约因素就是荷兰在商业上的强势地位。这一条例严重打击了荷兰海外航运业，加深了英荷原有的贸易矛盾，当荷兰要求英国废除此条例时遭到拒绝，矛盾进一步升级成为战争。为此，17 世纪下半叶，英国与荷兰为了争夺商业霸权发生了 3 次战争。到该世纪末，贸易封锁的实施范围、深度、有效性方面都得到明显的改善。

---

[1] Jonathan Israel, *The Dutch Republic and the Hispanic World 1606 - 1661*, p. 139.

[2] 出自《1625—1660 年清教徒革命宪法文件》，第 468 页，转自端木正译，《航海条例》，载周一良、吴于廑总主编，蒋相泽分主编，《世界通史资料选辑·近代部分（上册）》，北京：商务印书馆，1972 年，第 27—28 页。

第二节　"军事革命"与"士兵的世纪"

1956 年,米切尔·罗伯特提出了"军事革命"①概念,用来指代 1560—1660 年间西方军事历史上的一场影响深远的军事变革。它主要包括西方军事力量和规模的膨胀、军队的专业化,包括军事技术和战术的革新、军队组织和管理的专业化等等。

而其中首先引人注意的是军事力量和规模在这一时期的急剧膨胀,我们观察到,17 世纪西方国家的军队规模明显在扩大,尤其是在 17 世纪中期之后,这从某种程度上说,是古斯塔夫及其追随者对战争和军事改革的结果。对于军队的规模,军事史家弗兰克·塔里特认为 1609 年有 30 万士兵在中、西欧服役,1618—1648 年,西班牙、法国、德国和瑞典每一国均供养 10 万以上的兵力,高峰时,有超过 25 万人在德国从事战争;1710 年顶峰时则有 86 万士兵服役于中、西欧,如果加上土耳其、波兰、俄国则有 130 万士兵。② 以英国为例,霍尔莫斯指出,英国武装力量迅速扩大:1688 年秋,军人人数不到 2.3 万人,到 1695—1697 年间,仅在海外的英国军人就是这个数字的两倍多,到 1706—1711 年,各地军人人数共计 12 万人,这还不包括军官在内。③ 英国海军膨胀得也极为迅速:1588 年英西海战时,英国虽然投入了 197 艘各式舰船,但其中属于女王的仅有 34 艘舰只,而其他的舰只则来自于私人和征召的商船。④ 1649—1652 年所建造的船舰使船队规模增加了 2 倍,在 1649—1652 年海军补充了 41 艘新船,

① 关于军事革命的争论情况,参见许二斌,《军事变革与社会转型——西方学者对军事革命问题的研究》,《史学理论研究》,2002 年,第 4 期。

② Frank Tallett, *War and Society in Early-Modern Europe*, *1495 - 1715*, London and New York: Routledge, 1997, p. 9.

③ Geoffrey Holmes, *Augustan England*: *Professions*, *State and Society*, *1680 - 1730*, London, 1982, p. 241.

④ Michael Duffy ed., *The Military Revolution and the State*, *1500 - 1800*, Exeter: University of Exeter, 1980, p. 49.

使海军战斗力倍增；1652—1654 年新增船只 107 艘，仅在 1652 年就建造了价值 30 万镑的 30 艘新型巡洋舰，而新筹战舰装炮 80—100 门之间，排水量超过 1 000 吨，战斗力更强。到 1654 年 3 月，英国在海上已拥有 140 艘军舰。克伦威尔的国务秘书说："比以前任何时候所拥有的军舰都好。"①柯尔柏时期，法国大力发展海军以保障海外贸易的安全，法国一方面从英国、荷兰引进技术，自造舰船，另一方面颁布《海商法》，实行船员登记制，一旦需要可随时从商船征召有航海经验的人员补充海军。到 1672 年，法国海军已拥有 196 艘战舰，成为欧洲第三大海军强国，法国海军人数在 1677 年达到 4 万人，拥有近 200 艘战舰。法国在舰船制作方面的体制和制度非常完善，而且还拥有充裕的工作设施。1688 年奥格斯堡联盟战争爆发时，法国海军主力舰规模已跃居欧洲第一。②

彼得·威尔逊曾对 1650—1714 年的主要欧洲国家的有效军力做出估算。在他的估算中，我们可以看出各主要国家军力都有所膨胀，尤其是法国，其有效军力在 17 世纪末甚至一度达到 34 万之多。遗憾的是，此表缺少 1650 年前的军力数字，让我们无法进行有效对比。同样要指出的是，他的数字对一些国家的估算也有明显偏低之嫌，如整个不列颠在 1660 年的军力才 1.6 万人，1682—1683 年军力甚至只有区区 6 000 人，与 1650 年的 7 万人相比悬殊太大，很不符合实际情况。而且该数字还不包括民兵，尤其是武装民兵，以及海外殖民地军队，一些数字还排除了雇佣军。此外，他还对一些数字进行了压缩，如葡萄牙的官方军力在这一时期平均拥有 3 万人，在他看来也只有一半是有效的。如果加上这部分数字，数量将更为庞大。但即便是威尔逊的这些数字，也足以看出西方军队的膨胀。

---

① 参见 Michael Duffy, *Parameters of British Naval Power 1650 - 1850*, Exeter: University of Exeter Press, 1992, p. 15；丛胜利、李秀娟，《英国海上力量》，北京：海洋出版社，1999 年，第 25 页；[英]查尔斯·弗斯著，王觉非等译，《克伦威尔传》，北京：商务印书馆，2002 年，第 312 页。
② [美]马汉著，安常容、成忠勤译，《海权对历史的影响(1660—1783)》，北京：解放军出版社，2008 年，第 93 页。

表 4-1 西方各主要国家有效军力表(1650—1730)①

国家 年份	法国	西班牙	奥地利	德国	丹麦-挪威	瑞典-芬兰	荷兰共和国	不列颠
1650	125 000	100 000	33 000	15 000		50 000	30 000	70 000
1660	50 000	77 000	30 000	20 000	25 000	70 000		16 000
1667	85 000	30 000	60 000	58 000	25 000		70 000	15 000
1670/1672	76 000		60 000	60 000	39 600		37 000	10 000
1675/1678	253 000	70 000	60 000	120 000	44 000	63 000	70 000	15 000
1682/1683	130 000		60 000	87 000	54 000		50 000	6 000
1688/1690	273 000	30 000	70 000	87 000	32 000	65 000	50 000	43 000
1695/1697	340 000	51 000	95 000	150 000	36 000	90 000	63 000	68 700
1702/1705	220 500	20 000	100 000	170 000	32 000	110 000	74 500	71 400
1710	255 000	50 000	120 000	170 000	74 000	38 800	76 800	75 000
1714	150 000		130 000	120 000	74 000	50 000		16 400
1730	205 000		130 000	85 000	56 000			23 800

　　而杰弗里·帕克也曾对各主要国家拥有的军事力量作了估计，他的估计也许会帮助我们加深对军队膨胀的印象。他的数字显得十分惊人，在他给出的 16 世纪 90 年代至 18 世纪的军队力量数字中，法国军事力量在 18 世纪达到了惊人的 40 万，其中野战部队就有近 10 万人，膨胀了 5 倍；英格兰在此期间也膨胀了 3 倍，约有 9 万人；瑞典则膨胀了近 7 倍，有 10 万人；荷兰膨胀了 5 倍，拥有 10 万人；而西班牙在三十年战争期间最高峰时曾拥有 30 万士兵，只是后来由于西班牙自身的各种问题导致军事力量有所下降，但即使这样，也拥有 5 万人。（参见表 4-2）对于军队规模的膨胀，法国红衣大主教黎塞留在其给国王的遗嘱中一语道破天机："如果你希望有 5 万人服役，你就不得不供养 10 万人。"②

① Jeremy Black ed. ，*European Warfare 1453 - 1815*，London：Macmillan Press Ltd，1999，p. 80.
② Frank Tallett，*War and Society in Early-Modern Europe*，1495 -1715，p. 7.

表 4-2　西方各主要国家军事力量和规模膨胀表①

年份 ＼ 国家	西班牙	荷兰共和国	法国	英格兰	瑞典
1590 年代	200 000	20 000	80 000	30 000	15 000
1630 年代	300 000	50 000	150 000		45 000
1650 年代	100 000		100 000	70 000	70 000
1670 年代	70 000	110 000	120 000		63 000
1700 年代	50 000	100 000	400 000	87 000	100 000

与此同时，军队也越来越专业化，中世纪原有的骑士制度早已无法满足战争的需要而消亡②，雇佣兵取代了原有的骑士阶层成为战争的主角。而到了17世纪初期，战争中除保留雇佣军外，随着时间推移，战争主要依靠雇佣兵的现象被逐渐改变，虽然雇佣军的部队仍然不少，出现这种情况的一个很大原因是囿于当时的财政和政治条件，但外国雇佣军逐渐被国内军队取代。即使在和平时期，绝大多数的欧洲国家也维持着无论是否提供积极服务都必须维持的由职业士兵组成的国家常备军，或者至少迎合中央集权政府增长需求的国家核心军队。这一时期，人们对军事的兴趣大增。在英国，我们注意到，第一次兴趣的增强发生在 1636—1640 年这个五年期内，尤其是在其最后两年间，而在下一个五年期达到高峰。约翰·W. 福特斯鸠在他的《英国陆军史》提到了对军人生涯兴趣的这次激增："几乎毫不夸张地说，从 1642 年到 1646 年这 4 年间，英国人对于军事出现狂热，军人的形象和用语充斥于当时的语言和文学作品中，约翰·弥尔顿在这方面比其他人做得更加绘声绘色。连神职人员也用演兵场上的

---

① Geoffrey Parker and M. Smith eds. , *The General Crisis of the Seventeenth Century*, p. 14.

② 荷兰似乎是个例外。在荷兰，武装骑士组织和骑士服务一直持续发展到 1679 年。这一独特现象也成为荷兰史家追问的一个重要问题。但其武器装备、军队管理、战略战术等方面都与以往的骑士大有不同。参见 Knud J. V. Jespersen, "Social Change and Military Revolution in Early Modern Europe: Some Danish Evidence", in *The Historical Journal*, Vol. 26, No. 1, 1983, p. 5.

口令和词句来作为他们布道的题目。"①与这次兴趣增强相随的是英国第一支常备军——"新模范军"的出现。这些常备军，队形更小，更灵活，火器占很大比例。即使在和平时期，绝大多数西方国家也维持着一定数量的常备军。国家对士兵的招募、武器装备都进行了较为严格、系统的规定和统一，军队纪律更为严格。职业军队的创立，是"新时代和新精神在西欧军队中到来的标志"②，也是西方文明发展历程、军事发展史上的一个新里程碑。

庞大的军人队伍和职业士兵的出现，让越来越多的西方人卷入了战争体系。在一些人口小国，如瑞典，约有 1/13 或 1/14 的人口作为士兵处于国家的直接控制之下。③ 而更多的人则卷入了装备、食物供给和运输，纳税供军费以及士兵管理之中。因而，17 世纪既被称为"士兵的世纪"，也被越来越多的人称为"职业士兵主宰的世纪"④。

在战术上，海战和陆战战术分化明显。海战范围和海战中的技术含量都大为增强。火炮明显增加。在英国，集中反映在英格兰作战部队的兵器上。1632 年，皇家海军的军火库中拥有 81 门铜炮和 147 门铁炮，但在 1652 年 3 月和 4 月，为了准备对荷战争，英联邦立即需要 335 门炮来装备一部分海军。同年 12 月，军需部需要增加 1 500 门铁炮，重 2 230 吨，还要增加同样数目的炮车，11.7 万发圆头和双头炮弹，5 000 个手榴弹和 1.2 万桶火药。到 1683 年，差不多有 8 396 门大炮在英格兰战舰上，大致带有 35 万—40 万发炮弹。此外，1694—1695 年间，海军还装备了 30 艘"纵火艇"或"喷火艇"。⑤

---

① 《十七世纪英格兰的科学、技术与社会》，第 42—43 页。

② J. P. Cooper ed., *The Decline of Spain and the Thirty Years War 1609 - 48/59*, p. 225.

③ André Corvisier, *Armées et Sociétés en Europe de 1494 à 1789*, Paris: Presses Universitaires de France, 1976, p. 126.

④ J. P. Cooper ed., *The Decline of Spain and the Thirty Years War 1609 - 48/59*, p. 202; Joseph Bergin ed., *The Seventeenth Century: Europe, 1598 -1715*, p. 9.

⑤ 《十七世纪英格兰的科学、技术与社会》，第 237 页。

而在陆战中则迎来了第一个真正意义上的火器时代。17 世纪的战争初期，保留雇佣军，但队形更小、更灵活，火器占很大比例。火绳枪肯定地代替了弓箭，而滑膛枪又开始代替火绳枪。且武器重量和长度也较以往轻和短。骑兵也装备了火器。这样一来，制约世界历史格局的传统力量之间的对比就发生了巨大变化。长期以来，欧亚和北非大草原上的游牧同盟曾在政治和军事舞台上长期占有着突出地位。他们拥有马和骆驼运输的优势，以及在射箭上的杰出才能，尚武的社会更是使他们的每一名男子，甚至部分妇女都完全精通军事技能，也让农耕者高度畏惧。定居的农耕者生活在对游牧民族力量的恐惧中已经有 2 000 多年的历史。然而，由于枪炮等火器的使用和金钱耗费的日益增加，通常由部落组成社会的游牧民族的军事力量逐渐走向了衰落。流动的游牧社会现在缺少枪炮和火药。这让力量平衡发生了有利于农业社会的倾斜，因为它能够更容易地生产更多火力。除此之外，游牧社会不能构建有效的财政制度去对新的战争方式予以支持，或购买他们可能需要的所有火器。也就是说，火器和军事革命的发生，有效地破坏了传统时代游牧民族的机动性和灵活性，永久改变了双方的力量对比态势，使得农耕与游牧两大世界之间长期以来相互之间变动不居的关系结束了，农耕世界对游牧世界取得了永久性的优势地位。

同时，战术的重大变革也产生了。以采用最新的先进技术、准确无误的步兵战术和善于使用炮兵著称的瑞典国王阿道夫建立了最先进的军事编制和战术，他使步兵和骑兵具备了自亚历山大大帝以来无可比拟的进攻能力。他提高了它们的火力强度，并使这种火力成为突击冲锋的前奏；他使炮兵具备了机动能力；他使线式编队可以根据指挥官的意图灵活变化，从而使它具备了更强的生命力；他解决了联合兵种作战中存在的问题；他使小部队的指挥官成为作战行动的关键。在军队中，他以 150 人为一连，6 个或以上的连为一团，几个团组成一个战斗旅。他设计了棋盘状的队形，前锋为炮兵，两翼配备骑兵。军队采用统一的纸弹壳和转轮机枪，还拥有多样化的炮兵队。当战斗开始后，先由炮兵制造弹幕，使战场硝烟弥漫，骑兵则趁机冲锋敌步兵，随后步兵前进巩固战果，用排枪射击，大量杀伤敌人，骑兵则回转攻敌两翼。此外，还配备了留待急需使用的后备队，侦察骑兵则不间断地监视敌人动向。同时严肃军纪、加强管理。古斯塔夫的军事改革把 16 世纪中叶开始的军事变革推向了高潮。尽管这些变革并非全都经受住了时间的考验，但是他对欧洲战争的影响毕竟是十分深刻的。英国在 1645 年成立的"新模范军"是历史上第一支常备军。它实行强迫募兵制以确保兵员，军费由国家负担，有统一的制服和统一的纪律条令。法国军队后来也采用了瑞典体制的职业军。法国将领蒂朗纳则于 1648 年运用牵制机动战术而非对阵作战，最后结束了三十年战争。后来，路易十四在军事技术上还曾有过许多革新和改善，他发动的战争导致西方世界进入了一个有限战争和武装外交的时代。小戴维·佐克和罗宾·海厄姆据此认为，到 17 世纪末期，各兵种混编的常备军、竞争性的武器以及强权政治的均势已属于正常状态。①

而在军事革命中值得一提的是，军事革命固然极大地改变了西方军事发展的面貌，但我们仍要看到传统的战术在战争中仍有着十分重要的地位，军事变革也并非都进行得那么彻底、超前和像后世所吹嘘的那样"先进"。至少在海军方面提供了反例。如 1588 年英国海军采用"先进的"海军装备和作战方式打败"落后的"西班牙无敌舰队一直被视为新军事战术的胜利，为国内外史学界所长期接受。② 然而，真实的历史表明这同样是一个神话。学者们根据英吉利海峡的海底考古资料、西班牙古文献，通过深入研究，否定了上述观点。他们认为：英西舰队从总体上说无所谓优劣。战争的进程也完全可以说明这一点。尽管英国舰队一度占有上风，但无敌舰队在加莱海域抛锚前只损失了两艘船，人员伤亡也很少。

---

① ［美］小戴维·佐克、罗宾·海厄姆著，军事科学院外国军事研究部译，《简明战争史》，北京：商务印书馆，1982 年，第 62—64、75 页。
② Roger Whiting, *The Enterprise of England: the Spanish Armada*, New York: St. Martin's Press, 1988, p. 5；周一良、吴于廑主编，《世界通史·中古部分》，北京：人民出版社，1972 年，第 416 页。

且在海战中，我们看到，英军始终无法成功突破西班牙舰队的舰队阵形，它仍然保持完好。而西班牙舰队向本国返航时，遭遇风暴所造成的损失则极为巨大。也许真实的战争情形正如一位历史学家轻描淡写的那样：英国军队点燃了一些无人驾驶的船只，将它们推到西班牙舰队之间，而后一阵狂风将西班牙船只吹得七零八落，散布于北海，最终英国人赢得了战争的胜利。[①] 而在无敌舰队进发英国前，舰队就已经遭受了风暴，食物、淡水和军用物资的短缺，1587 年的严寒，传染性疾病等的打击以及舰队指挥的所用非人，战斗力已大为减弱。而指挥英国海军力量的是经验特别丰富的航海家和著名的海盗，其中包括豪金斯和德雷克等人，除此之外，英国人还得到了荷兰人的增援，荷兰人给英国人派出了一些军舰和许多具有战斗经验的水兵。这些都是造成西班牙无敌舰队失败的重要原因。而导致无敌舰队损失巨大的最根本原因是英国女王伊丽莎白外交政策的正确制定和有效实施，使得英国的同盟者荷兰和苏格兰不可能为西班牙提供一个可供舰队修整、避难的港口，迫使西班牙舰队踏上了危险的返航旅程，最终在苏格兰和爱尔兰海岸的恶劣自然天气中遭到了灭顶之灾，出发时的 130 艘船损伤大半，残余的 40 多艘船只于同年回到西班牙。

我们必须承认，这场海战与其说是海军战术的胜利，倒不如说这是英国的"另类"胜利，自然的风暴、疾病与人类的政治策略都掺杂其中。而且，1588 年的战争的重要性也被极大地夸大了。从战争的效果看，西班牙并未因无敌舰队的败北而丧失殖民地。相反，在殖民地时期西班牙的海军力量对于西班牙和它殖民地周围水域之间的海洋一直保持着控制权，此后多次取得对英国舰队的胜利，如 1591 年西班牙舰队在亚速尔群岛攻击英国舰队，取得胜利，英国则损失了属于王室的重要战舰"复仇号"。而英国方面所得不多，且大抵只能打了就跑。英国海军力量三百年来在西属美洲洋面上所能表现的，至多是占领少数小岛，在圭亚那地区和

---

① Jerry H. Bentley and Herbert Ziegler, *Traditions and Encounters: A Global Perspective on the Past*, 3rd, Vol. 2, New York: McGraw-Hill Companies, 2005, p. 637.

英属洪都拉斯获得脚趾那么大的一个支点，直到 1807 年，布宜诺斯艾利斯的少数土生白人还能把英国的一支海外武装主力驱逐出境。[①] 借用一位历史学家的话来说："如果无敌舰队远征成功了，它将改变欧洲的命运，但它的失败并未导致权力平衡上实质性的变化，西班牙依然能够在战后长时间地维持它的霸权。"[②]西班牙海上力量的衰落原因是多重的，1639 年荷兰海军对西班牙舰队的打击以及西班牙自身的种种原因都削弱了西班牙的海上实力。同样的，从历史的发展进程来看，虽然有英国政治家沃特·雷利爵士(1552—1618)说过这样超前的话语："谁控制了海洋，即控制了贸易；谁控制了贸易，即控制了世界财富，因而控制了世界。"但对当时绝大多数的英国官员和民众来说，赢得海洋要比赢得陆地更为有利，即对后世所称的"制海权"的认识，在这一点上他们还没有十分明晰的认识，他们也没有明确的海军未来发展蓝图，更不清楚怎样组织和发展海军资源为战争服务，而常常在机动性和增加专业舰只数量上摇摆不定。只是到了下一个世纪的中后期，这种意识才越来越清晰起来：在一个商业时代，贸易要有强大的海军保护。正如前述，英国海军力量获得快速发展的时期是在 17 世纪中叶而非此时。可以说，对于英国 1588 年后建立起制海权这个神话的否定，是被迟延得太久了(见表 4-3)。

表 4-3 1618—1685 年英国海军力量概况[③]

战舰等级	1618	1642	1664	1685
一等	4	3	4	9

---

① ［美］艾·巴·托马斯著，寿进文译，《拉丁美洲史》第 1 册，北京：商务印书馆，1973 年，第 288 页。

② Manuel Gracia Rivas, *La Sanidad en la Jornada de Inglaterra* (1587–1588), Madrid: Naval, 1988, p. 384, cited by M. J. Rodríguez-Salgado, "Review: The Spanish Story of the 1588 Armada Reassessed", *The Historical Journal*, Vol. 33, No. 2, 1990, p. 478. 类似观点参见 Felipe Femandez Annesto, *The Spanish Armada: The Experience of War in 1588*, New York: Oxford University Press, 1988.

③ Michael Duffy ed., *Parameters of British Naval Power 1650–1850*, University of Exeter Press, 1992, p. 15.

续表

战舰等级	1618	1642	1664	1685
二等	8	13	13	14
三等	4	10	15	39
四等	3	3	42	42
五等	2	2	31	12
六等	2	4	13	9
皇家快艇	-	-	8	18

第三节　进步还是灾难？

　　小戴维·佐克、罗宾·海厄姆认为直至 18 世纪的战争都是有限的战争，军事技术也处于静止状态，其原因是君主们要变更军事制度，可能会引起对他们本身比对他们的敌人更危险的社会改革。[①] 但变革还是不可避免地发生了。冲突，尤其是军事战争这种强力冲突，它是一种再生性力量，往往给传统的社会结构突然注入了新的活力，并构建新的社会组织的基础。它可以通过施加各种压力以获得革新和创造的机会，从而阻止文明系统的僵化。战争能产生新的社会规范和制度，它可能是经济和技术优势的直接刺激因素，整个文明空间可以通过军事战争而经历转变。因而，上述有限的军事革命依然带来了军事领域的改革，这些竞争在一定程度上刺激、引发了诸多领域的对策性变革。从某种程度上说，近代早期的西方文明是在战争砧板上建构打造出来的。

　　与"军事革命"直接相伴而来的是军事力量的膨胀、军队的专业化，包括军事技术和战术革新、军队组织和管理专业化等等。同时，军事变革需要消除制度上的障碍。制度根深蒂固，改革或消灭它们，唯有依靠政府的权威。而在 17 世纪初期，西欧各国的文官队伍规模还很小，中央政府所

————————

① 《简明战争史》，第 75 页。

具有的行政管理能力十分有限，很多地方不得不依靠业余和自愿的官员
来实施行政管理。军队的日益庞大引发了军队管理和组织体系的调整，
逐渐变得制度化、系统化。而且由于战争的开支越来越大，统治者不得不
将民用经济集中起来，因此，他们仿照军事组织的形式建立了民政管理机
构，带来了近代早期西方文明内部官僚机构的改革，可以说战争扩大了政
府的规模。如丹麦在三十年战争后，逐渐形成了一套分工明确、部门齐全
的官僚机构，行政效率大为提高。[①] 瑞典、法国、普鲁士等国也都在三十年
战争后进行了类似改革。在英国，从斯图亚特王朝晚期到汉诺威王朝早
期，也即是到延长的 17 世纪即将结束时，因为战争需要大量人员、资金和
补给，加之社会对政府态度的转变，其政府金融部门、陆军、海军、外交部
门机构和人员也急剧扩张、膨胀。英国在共和国时期加强了海军管理机
构各部门的力量，共有议会下的海军总部、商业海关委员会和海军委员会
三个部门实施对海军的管理，1653 年后各委员会开始配备助手，因而人
数也扩充了一倍。而据马西统计，文官人数已经膨胀到 1.6 万人。[②] 进入
18 世纪后，英国逐渐成为以一个庞大财政和军事机器为基础的帝国。到
1730 年，英国兴起了一个受国家雇用的庞大专业群体，这些人要么在行
政部门任职，要么在军事部门任职，他们的职业完全就是为了服务国家。
在法国也出现了类似的各种专门的委员会进行管理。所以，军事革命促
进了欧洲行政管理体系的合理化过程，某种程度上引导西方国家在军事
战争名义下进行了新的文明建构。17 世纪以后，欧洲各国行政体系的合
理化改进提高了政府控制社会的能力，各国政府逐渐实现了国家内部的
和平与稳定，建立起安定的社会秩序，为经济的发展创造了良好的内部
环境。

　　庞大的管理和军事机器变得更专业且开销巨大，对政府的财政资源
提出的需求更大，这就意味着国家要尽可能地采取包括征税、卖官职、爵

① Frank Tallett, *War and Society in Early-Modern Europe*, 1495–1715, pp.198–199.
② 舒小昀，《分化与整合：1688—1783 年英国社会结构分析》，南京：南京大学出版社，2003
　 年，第 154—155 页。

位等方法在内的措施来积累经费。同样，财政的需求也导致国家更严格的财政制度，以便国家可以基于未来的财政收支状况来应对目前的开销，迫使政府征收高额赋税，从而产生了税务机构，并带动了其他官僚机构的建立。如此一来，君主就找到了一个强大的政治工具来削弱贵族权力并迫使其臣民臣服。军事革命加强了君主的权力，而这也可能导致国家对生产的控制力加强。因此，17 世纪是西方文明的行政管理、组织系统向现代化迈进的重要阶段。

同时，各国为筹措军费，采取了重商主义政策，鼓励出口、发展海外贸易，促进了经济发展。同时为满足军队需要而进行的枪炮、军火、舰艇以及其他军需品的生产，也直接刺激了工业经济的发展。

造船业就是受军事革命影响很大的一个行业。频繁的战争、海战规模的扩大、战术的变革、对制海权重要性的认识的深化，以及为了维持一定的海上实力，欧洲各国需要建立越来越庞大的海军，为此各国展开了激烈的海军军备竞赛。欧洲各国的造船者为了在航海性能、坚固性、载重量及适于海战等方面优于对手的船只，不断改进舰船的设计，彼此形成激烈的军备竞争，大大促进了欧洲舰船设计的进步，也使造船业获得了巨大的发展。到 17 世纪末，英国海军的造船厂有 4 000 多名工人，是当时英国最大的工业。① 欧洲造船和航海事业的发展，提高了欧洲军队在陆地和海上的作战能力，便利了欧洲列强向世界其他地区的扩张，同时为欧洲商人向海外发展创造了条件。对此，历史学家肯尼迪认为：“长距离武装帆船的发展，令欧洲在世界上地位有显著提升。西方的海军力量拥有这些船只后，就有能力控制海上贸易路线，吓倒易受海上力量攻击的一切国家。”② 毋庸赘言，军事革命促进了欧洲列强在资本主义原始积累时期在世界各地的殖民地和海外贸易开拓事业。更为重要的是，17 世纪西方文明军事

---

① Geoffrey Parker ed., *The Cambridge Illustrated History of Warfare：the Triumph of the West*, London：Cambridge University Press, 1995, p. 129.

② ［美］保罗·肯尼迪著，陈景彪等译，《大国的兴衰》，北京：世界知识出版社，1990 年，第 40 页。

领域的革新,加速了近代西方文明的诞生,也使得西方逐渐建立起对非西方文明的军事优势,也正是这种暴力优势,才使得西方文明逐步走向世界并在日后取得对世界众多地区的支配权。

此外,军事革命也推动了采煤和冶金等与军事相关工业以及医疗技术的发展。有数字表明,1605—1606 年,每年运往伦敦的煤为 7.4 万吨,内战前,这个数量差不多增加了一倍,到英国革命后,数量又增加了一倍多,达到 32.3 万吨,占从诺森伯兰和达勒姆运出的煤总量的 2/5。[①] 在医疗技术方面,虽然传统医学仍占据着主导地位,但战争在这一时期也为医疗技术的提高提供了大量的临床战争伤病护理以及死亡解剖实践机会。疾病,尤其是那些具有较强杀伤力的疫病,如鼠疫、斑疹伤寒、梅毒、战壕热、伤寒和痢疾等常常是军营的重要"访客",加上气候恶劣、营养缺乏,常常带来大量人员伤病和死亡。而医疗教育也正是在这样的环境中,随着经验增加而在 17 世纪末 18 世纪初取得了一定进步并催生出较早的一批医校。如普鲁士的弗里德里希·威廉一世在 1713 年在柏林建立了"解剖讲堂"(Anatomaical Theatre),为军队培养军医。1723 年"内、外科学院"(the College of Medicine and Surgery)建立。1724 年国王下令普鲁士所有外科医生候选人必须参加解剖和外科手术课程的学习,合格后必须作为战地医生为军队服务一段时间。[②]

然而,战争是一把双刃剑。军事革命和无休止的战争给西方带来了严重的问题,最为明显的是由此带来的军费开支的增大、巨大的破坏等,同时也引发了一系列连锁反应,加重了西方文明的内部动荡。

首先,军队的巨大开支。政府和商人的结盟以及西方文明内部激烈的竞争环境的一个重要后果,就是西方国家的商业化和战争的高度商业化。而军事革命使得战争的破坏性和战争费用都达到了一个新的阶段。高额的战争费用在战争时期自不必说,即使在和平时期,绝大多数西方国

---

① 《分化与整合：1688—1783 年英国社会结构分析》,第 200 页。
② Michael Duffy ed., *The Military Revolution and the State 1500-1800*, p. 5.

家也维持着数量庞大的常备军。据帕克估计，每年收入的一半用于战争、战争预算或为清除战争的结果。[①] 下面我们将以战争频繁、军费浩大的西班牙、法国为例。至少在这两个国家，统治者固执地为实现其王朝的雄心壮志而采取的财政行为，对民众的社会和经济生活造成了灾难性的后果，军事开支也呈现螺旋状的上升。

在西班牙，每年运往尼德兰的军饷在 1600 年后达到了 1 500 万盾。[②] 而据统计，1561—1610 年间，西班牙至少向尼德兰送去了 2.8 亿弗罗林，平均每年约 550 万弗罗林，最多的 1587 年达到了 1 500 万弗罗林。[③] 历史学家卡洛斯·佩雷把尼德兰称为西班牙最为吃亏上当的地方，称其"即使没有耗尽也至少吞噬了西班牙财富的一部分"。[④] 安德森认为，到西荷休战的前一年，即 1608 年，西班牙在尼德兰战场总共花费了 1.1 亿杜卡特。[⑤] 西班牙还常常发动众多远距离战争，耗费靡多，仅佛兰德尔的军队在 1643 年被法国打败之前的 20 年中，平均每年就要消耗 600 万—1 000 万弗罗林。[⑥] 1588 年，为对英作战，无敌舰队的花费即达 1 000 万杜卡特。腓力二世统治的最后几年中，西班牙政府全部开支的 3/4 被用于战争或用于偿还上次战争所欠的债务。[⑦]面对腓力二世在战争上花费巨大、四面树敌的境况，一位大臣也表达了对他的主子的不满："如果上帝让陛下治愈所有来到您面前的愚人，他本应该给您这样做的能力；如果希望由您来

---

① Geoffrey Parker and M. Smith eds., *The General Crisis of the Seventeenth Century*, 1985, p. 14.

② Jan De Vries and Ad Van Der Woude, *The First Modern Economy：Success，Failure，and Perseverance of the Dutch Economy，1500 - 1815*, Cambridge：Cambridge University Press，1997，p. 370.

③《欧洲经济史》第二卷，第 485 页。

④ [法]费尔南·布罗代尔著，唐家龙等译，《菲利普二世时代的地中海和地中海世界》上卷，北京：商务印书馆，2004 年，第 711—712 页。

⑤ M. S. Anderson, *The Origins of the Modern European State System，1494 - 1618*, London and New York：Longman，1998，p. 48.

⑥ Thomas Munck, *Seventeenth-century Europe：State，Conflict，and the Social Order in Europe，1598 -1700*, p. 38.

⑦《大国的兴衰》，第 84 页。

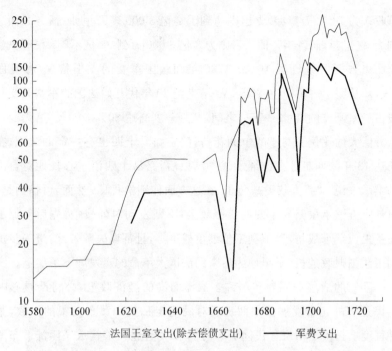

图 4 - 1 1580—1715 年法国王室支出和军费支出(单位：百万里弗)[1]

解决世界上所有的麻烦，他就应该给您这样的金钱和力量。"[2]

在法国，长期的战争不仅花光了柯尔柏实行重商主义以来的积蓄，致使国库空虚，且随着战争的需要，军费开支在王室支出中的比重越来越大，1672—1679 年历时 7 年的法荷战争就耗资 5 000 万法郎[3]。而为了拉拢瑞典人，法国用了 40 万埃库使其在战争中为其效劳。它还用了大量补助金拉拢英王查理二世。[4] 到了路易十四去世后的 1716 年，法国国家预

① R. Briggs, *Early Modern France*, *1560 - 1715*, Oxford：Oxford University Press，1977，p. 219，Graph5.

②《剑桥插图战争史》，第 260 页。

③ 弗罗林(Florin)、杜卡特 (Ducat)、金埃居(Écu d'or)、埃居(Écu)、里弗(Livre，又译作"锂"或"法镑")、斯库迪(Scudi)、埃库等均为欧洲古货币单位。1 个金埃居约等于 6 里弗，1 埃居等于 3 里弗。1795 年，法国正式将法郎定为标准货币，停止里弗的使用。

④ ［苏］波尔什涅夫等著，王以铸译，《新编近代史》第一卷，北京：人民出版社，1955 年，第518—519 页。

算收入为 7 000 万里弗，支出则达到了 2 亿 3 000 多万里弗，债务总额达到 25 亿里弗，而各年公债数目则为 8 亿 3 000 万到 28 亿不等。[①] 历史学家布里吉斯曾统计了 1620—1720 年间法国军费的支出状况（参见图 4-1）。从图 4-1 中可以看出，从 17 世纪 20 年代开始法国的军费开支一般占王室开支的 60％～75％之间，甚至一度高达 80％～90％，这无疑是十分巨大的比例。对于战争的花费，法王路易十四也有一定的认识，在长达 13 年的西班牙王位继承战争结束后，路易十四语重心长地对自己的继承人说："我太热爱战争了，在这方面你别学我！"[②]然而，可惜的是，路易十五继承了路易十四的扩张政策，不断发动对外战争，先后参加了波兰王位继承战争、奥地利王位继承战争等，且都以失败告终，进一步加剧了法国财政危机，早早地为后来的法国大革命的爆发埋下了伏笔。

巨额的战争费用导致了许多涸泽而渔的经济政策，必将严重影响国民经济的正常发展。如西班牙对民间走私美洲黄金白银的没收，某种程度上打击了西班牙民间资本的积累，对经济发展构成了阻滞。布罗代尔曾指出，在近代早期的西欧，军费开支如果占到总预算支出的 15％，长期维持下去，不可能不带来灾难。[③] 霍夫曼和罗森塔尔也指出，近代早期"那些置于经济上的灾难性的财政政策，通常是为了支付战争费用"。[④]

而借用汤普逊（I. A. Thompson）的一句话："每一次重要战役既是一次军事实践，也是一次金融欺诈。"[⑤]军费的庞大支出无疑加剧了各国本已沉重的经济负担，迫使各国君主采取了种种措施以增加财富。或增加各

---

① ［法］皮埃尔·米盖尔著，蔡鸿滨等译，《法国史》，北京：商务印书馆，1986 年，第 230 页；R. Briggs, *Early Modern France*, *1560 - 1715*, Oxford：Oxford University Press, 1977, pp. 157, 220.

② 《路易十四时代》，第 402 页。

③ 《15 至 18 世纪的物质文明、经济和资本主义》第二卷，第 588 页。

④ P. T. 霍夫曼和 L. 罗森塔尔，《近代早期欧洲战争和税收的政治经济学：经济发展的历史教训》，《新制度经济学前沿》第二辑，北京：经济科学出版社，2003 年，第 43 页。

⑤ I. A. A. Thompson, *War and Government in Habsburg Spain 1560 - 1620*, London：The Athlone Press, 1976, p. 73.

种名目的税赋，或剥夺教会财产，或从新大陆掠夺财富，或利用海外贸易获得巨额利润，或借款，或强迫贷款，或重新铸币，或出卖土地、爵位、官职、专卖权等。

新大陆的金银财富显然是一个重要收入。以西班牙为例，从1503—1660年，西属美洲流入西班牙的金银各约200吨和1.86万吨，而前后3个世纪中（15—18世纪末），西班牙共从美洲掠走黄金、白银各约2 500吨和10万吨。[①] 而通过走私流入的金银也不在少数。金银源源不断地流入欧洲（另参见后文第六章图表），肯定地，它们在这一时期军事技术的发展中扮演了一个十分重要的角色，使其获得了增强自身军事实力和支付战争费用的额外手段和方法。

而更多的收入是依靠对内征税和盘剥实现的。在法国，王权凭借强大的官僚队伍和规模巨大的农业经济，运用包税制增加赋税以及对外借款、卖官鬻爵等各种敛财手段，支撑国家财政的运行。法国赋税呈直线上升趋势，从16世纪下半叶开始增长，直至18世纪上半叶才得以平缓。16世纪60年代征收直接税（主要是人头税）为600万里弗，到了1610年就达到1 700万里弗，而1630—1648年间，为了满足战争的需要，直接税额大为增加，1635年为3 900万里弗，1642年则达到4 200万里弗。[②] 也就是说17世纪中叶的直接税额已经是16世纪60年代的7倍。不仅直接税额在增加，包括盐税等在内的间接税额也在增加。1632年，盐税为国王提供的税收约为665万里弗，1641年则达1 407.6万里弗，此后持续增加。[③] 从布里吉斯的统计中，我们看到法国税收除了在1650年之后有十多年的短暂小幅下降外，基本上是呈现出增长趋势，涨幅惊人。（参看图4-2）路易十四最后几年的战争使赋税又有了一次较大增长，较之枢机主

① ［美］W. 福斯特著，冯明方译，《美洲政治史纲》，北京：人民出版社，1956年，第178页。

② Hugues Neveux, Jean Jacquart, Emmanuel Le Roy Ladurie, *Histoire de la France Rurale*, Tome 2：*De 1340 à 1789*, Paris：Seuil, 1992, p. 202.

③ Fernand Braudel, Ernest Labrousse(dir.), *Histoire Économique et Sociale de la France. Tome 1：De 1450 à 1660*, *Vol. 1：L'etat et la Ville*, Paris：Presses Universitaires de France, 1977, pp. 187 - 188.

教黎塞留和马扎然时期增加了 50％左右。[①] 1695 年后，为增加财政收入，政府新设多种直接税，试图对包括贵族、教士等特权等级在内的所有阶层征税。但遭到特权等级的反对，几番废立后，这些新税实际上主要由农民和市民构成的第三等级缴付。沉重的税赋使得社会内部裂隙愈来愈大，最终导致第三等级的大规模反叛，专制帝国的大厦轰然倒塌。

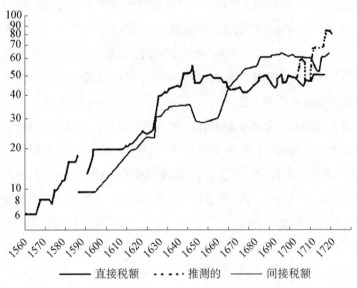

图 4-2　1560—1715 年法国直接税额和间接税额（单位：百万里弗）[②]

在英国，英格兰在 1585—1603 年间，驻尼德兰的英王军需官总共收到将近 150 万英镑，约等于 1 500 万弗罗林的军费。[③] 1633 年，查理一世的国库收入约 61.8 万镑，而到了 1649 年，英国税款、海关税、欠款者的罚款和出售土地款等收入加在一起，就有 200 万镑之多。[④] 英国内战期间，查理一世要求向学院以及个人以 8％的利息借款。很快，牛津大学为其筹

---

① R. Briggs, *Early Modern France*, *1560 - 1715*, Oxford: Oxford University Press, 1977, p. 52.
② R. Briggs, *Early Modern France*, *1560 - 1715*, pp. 216 - 217, Graph3.
③《欧洲经济史》第二卷，第 486 页。
④《克伦威尔传》，第 210 页。

措 1 万余镑，剑桥大学也筹措了 5 000 镑。此外，大学还对王室进行了大量的捐款资助。[1] 又如，斯图亚特王朝早期扩大贵族等级的规模固然与其统治方略有关，敛财也是其主要目的之一。詹姆斯一世和查理一世大肆分封，致使大贵族阶层急剧膨胀，由 1603 年的 60 人左右一举增至 1640 年的 160 人。[2] 而为了筹集与法国的战争经费，查理一世曾将 85 个从男爵爵位的封授权交给白金汉公爵，由其家族成员负责直接向外兜售。骑士人数的增长更为惊人，1603—1641 年间，斯图亚特王朝共封授了 3 281 位骑士，而在时限长度大致相等的伊丽莎白时代，仅封授 878 位骑士。[3] 而且，詹姆斯一世在 1611 年还别出心裁地增加了一个以往不曾有的爵秩从男爵。而从 1641 年 5 月起，在短短不到两年中，查理一世就兜售出 128 个从男爵的爵位。[4] 到 1649 年，在短短 38 年间，获得该爵秩封号的人数就达 417 位[5]。查理一世还曾强令向国内所有拥有 40 英镑不动产家资而未主动向朝廷申报充任骑士的臣民施以罚款，以此所获取的款项来弥补朝廷财政亏空，与国会相抗衡。据英国史家估算，到 1640 年底，大约有 9 280 人因此被处以罚金，罚没的总金额到 1635 年为止达 17.5 万英镑。在 17 世纪 30 年代，"骑士罚金"是斯图亚特王朝的第四大财政收入。[6] 西班牙买卖官职爵位的事情也非常普遍。类似的事情也发生在法国，税收的负担过重，使得一些人为了逃避税收，纷纷通过购买官爵的方式来获得免税权。当然，英国与法国略有不同的是，在整个时期，英国的商品生产和商品贸易都有大幅度的发展，社会财富总量也在快速增长，而且英国上层并不像法国上层那样总是从下层民众那里掠夺

---

[1] Nicholas Tyacke, *The History of the University of Oxford*, Vol. Ⅳ, p. 694.

[2] 克雷顿·罗伯特、戴维·罗伯特著，贾士蘅译，《英国史》第一卷，台北：五南出版社，1986 年，第 466 页。

[3] R. H. Fliz etc eds., *Historical Dictionary of Stuart England 1603－1689*, Westport：Greenwood Press, 1996, p. 158.

[4] Lawrence Stone, *The Crisis of the Aristocracy, 1558－1641*, p. 60.

[5] Lawrence Stone, *The Crisis of the Aristocracy, 1558－1641*, Oxford: Oxford University Press, 1967, p. 90.

[6] R. H. Fliz etc eds., *Historical Dictionary of Stuart England 1603－1689*, p. 159.

财富,英国相对更多地依靠对外贸易增加国内财富水平。因而,在英国的经济发展过程中,上层、中层、下层民众都或多或少地能从社会财富中受益。可以说,有了源源不断的新财富,才增加了日后英国较之法国的克服贫困的那种能力。而且,到 17 世纪末,在国家税赋结构中,农业税的比重一直在下降,以关税为主的商业税的地位则日益突出,构成了斯图亚特王朝政府财政收入的大部分。这也反映出英国社会发展较之欧洲大陆的另一维度的不同场景,即对外向型经济发展模式的重视。当然,这种重视仍是有局限的,据罗伯特·杜普莱西斯估计,出口份额在 1700 年仅占工业总产出的 1/4,1801 年也不过达到 1/3,由此可见大部分工业产品是在国内市场消费的。① 著名经济史学家布伦纳也认为,英国工业生产的持续增长是建立在国内市场扩张基础之上的。② 而出售爵位的后果之一则是贵族数量大增,引起了贵族地位的贬值,并在贵族内部引发了种种矛盾,如法国佩剑贵族和穿袍贵族之间的矛盾,激发了社会腐败,也对其正常的经济发展构成严重威胁,极大破坏了传统的社会秩序和国家原有的统治基础。

　　虽然上述方法可以带来大量的资金,但即便如此,经济负担依然很沉重,如：1653 年英国的粮食供应达到至少 750 万磅面包、750 万磅猪牛肉、1 万桶啤酒,一年内,陆军花费了 150 万镑,海军将近 100 万镑,财政赤字将近 50 万镑。③ 沉重的战争费用差点将尚未从内战中恢复过来的英国经济拖垮。经济压力迫使一些国家不得不通过借贷来应付巨大的战争开支。在英国伊丽莎白女王统治期间,曾分别于 1562—1564 年、1569—1572 年、1588—1589 年、1590—1591 年、1597 年和 1600 年 6 次通过御玺

① Robert Duplessis, *Transition to Capitalism in Early Modern Europe*, Cambridge：Cambridge University Press, 1997, p. 245.

② T. Aston and C. Phlipin, *The Brenner Debate*, *Agrarian Class Structure and Economic Development in Pre-Industrial Europe*, Cambridge：Cambridge University Press, 1987, p. 325.

③ [苏]米·阿·巴尔格著,陈贤齐译,《克伦威尔及其时代》,成都：四川大学出版社,1986 年,第 251 页。

向臣民强行借款。詹姆斯一世统治期间发生过两次，借款时间分别是1604年和1611年。同样的借款方式在查理一世统治期间进行过3次，时间分别是1625年、1626年和1628年。而在1646年3月到1647年3月期间，新模范军从国库支取的薪饷达118万多镑，为筹集该款项，议会向伦敦城区及其他地区的富商巨贾以高达10％的利息借贷。[①]

西班牙的情况甚至更为严重，哈布斯堡的战争严重依赖于国王借款的能力，在16世纪中叶至17世纪中叶的百年期间，几任国王得到了大量的贷款，如：1586年富格尔家族借给菲利普二世150万金埃居，1598年又向其放债20万杜卡特；1587年，热那亚商人阿戈斯蒂诺·斯皮诺拉借款给西班牙政府100万斯库迪，1589年又借给其240万埃居；1589年佛罗伦萨人借给其10万埃居，热那亚人借给其200万埃居；1590年安布罗西奥·斯皮诺拉出借250万埃居，1602年奥塔维塔·琴内廖内放债900万埃居……[②]此外，为了弥补亏空，西班牙还采用了征用地产、转让特权、出售爵位等孤注一掷之策，以求应急，但均未能奏效。

在近代早期，缺乏有效的税收制度而让贷款成为君主从事战争事业主要的资金来源，这也让商人与政治的关系极为微妙。商人常常依附政权以获得更大的利益，这让他们能迅速发迹，也会让其造成毁灭性灾难，使其迅速衰亡。当时的西方各国政府无止境地向商人借贷，很快这些钱由于战争等消耗一空。而为了摆脱财政困境，君主们的推诿善变可谓臭名昭著，常常不惜以宣布破产行事。如西班牙政府无力偿还贷款时，不得不先后数次，如1575年、1576年、1596年、1607年、1627年、1647年、1653年等年份宣告政府破产，以躲避对贷款的偿还，成为国际借贷市场上的无赖国家，曾盛极一时的银行家富格尔家族也成为其欠贷的牺牲品。这也成为帝国最终垮台的前奏。在英国，查理二世复辟时，接手的是一个由查

---

① 《英国史》，第351页。

② John Lynch, *Spain 1516 – 1598*, Oxford: Blackwell, 1992, pp. 207 – 208 ; John Day, *The Medieval Market Economy*, Oxford: Basil Blackwell, 1987, p. 149；《菲利普二世时代的地中海和地中海世界》上卷，第728页。

理一世时期的遗留债务、被清洗前的"长期议会"各种借款以及查理二世流亡期间的各种债务所组成的高达 300 万镑甚至更多的庞大债务。[①] 这也能够很好理解为何日后查理二世拒付债务以及对外政策上一度屈从于法国以换取秘密津贴的一系列行为。法国也曾宣布破产。更多的意大利商人、南德商人、法国商人相继成为这种军事-政治-经济的牺牲品。不得已，西欧各国只得一次次采取各种权宜措施，如为了保持住海上威力，欧洲各国政府采取了两种主要的权宜措施：一是发行特许状，授权某些私人船只攻击敌人的舰队和商船，国家从获得的战利品中分肥，如英、荷等国著名的海盗船；二是在发生冲突时，紧急征集私人的武装商船组成由政府任命的军官指挥的舰队，比如 1588 年海战中抵抗西班牙无敌舰队的英国舰队的多数船只，都是征集来的武装商船。

军事战争和军事革命对普通人而言绝不是一个好消息，因为它意味着让更多的人卷入到为军队服务上来，除被迫参加军队外，维持军队的机动供养、交纳各种苛捐杂税也是其最为主要的一种方式。17 世纪的战争很多是跨地域的大空间作战，因而大量人员被卷入到后勤供应和随营上，有时随营人员甚至超过作战人员本身的数量。如 1622 年西班牙军队围攻尼德兰的贝亨奥普佐姆，被围城镇的一名牧师说道："从没见过这么小的一个躯体却拖着这么长的一条尾巴……这么小的军队却带着这么多大车、行李马、驽马、随军小贩、仆人、妇女、孩子和一批乌合之众。他们的数量远远超过了军队本身。"[②]频繁的战争让 17 世纪的赋税征收要远高于16 世纪的水平。拉迪里指出，法国整个 16 世纪征收的赋税可能与1640—1660 年这 20 年间的税收水平相当。[③] 帕克认为，7 万名士兵甚至更多的西班牙士兵在南尼德兰土地上战斗，西班牙财政衰退了。在1566—1654 年间，尼德兰的军需官至少从卡斯提尔得到了 2.18 亿杜卡

---

① Andrew Browning, *English Historical Documents*, *1660 - 1714*, Eyre & Spottiswoode, 1953, p. 273.

② 《剑桥插图战争史》，第 258 页。

③ 《历史学家的思想和方法》，第 149 页。

特,而国王仅从美洲得到了 1.21 亿杜卡特。这巨大的短缺以及政府的其他需求,最终是由卡斯提尔的纳税人承担的。[1] 各种名目的税赋则主要被转嫁到广大平民身上,如 1623 年西班牙卡斯提尔的债务已达 1.12 亿杜卡特,至少等于 10 年的收入;而到 1667 年,债务进一步扩大到 1.8 亿杜卡特。[2] 在英国,在 1646 年 3 月到 1647 年 3 月期间,为了筹集新模范军的薪饷,除了向伦敦城区及其他地区的富商巨贾以高达 10% 的利息借贷,并将被扣押的王党土地加以出卖,又加重向居民征收消费税,许多日用生活必需品,如盐、肉类、淀粉、纸张、肥皂等都要征税。这一时期,平均每年所征收的赋税总额达 400 万镑。据统计,当时一般的中小贵族要把收入的 1/4 作为赋税交纳。[3] 由于债务和税收负担的加重,农民被税收榨干,农业歉收雪上加霜,必然会导致众多的农民抗税起义、城市抗税暴动,这也是近代早期的西方文明发展中常见的景观。

　　柯林斯指出,一个强大国家乃至帝国的形成、发展和衰落都有其社会原因。如果一个国家拥有社会资源(金钱、技术、人口基础)和边界优势(在大部分边界上没有敌人),它将会在国与国的战争中赢得战争。但最终它会因为自身扩展到超越其后勤能力的程度而与其他帝国出现冲突,因边界的扩展而失去边界优势,受到敌人的包围,因失去技术优势等原因而导致帝国扩展到一定规模后开始停滞不前,因为每一个抵抗性因素都开始起作用。而那些以海洋、山脉为边界或与无威胁国家相邻的国家可以扩展并征服其他国家,因为他们只要在一条战线上作战。但一旦他们过分扩展而与其他帝国为邻,失去技术优势,并在边界上树起很多敌人(失去边界优势,成为一个必须在几条战线上作战的国家),那么远距离的后勤供给就将让帝国显得脆弱。一旦抵制兴起,帝国会因为供给线的中

---

[1] Geoffrey Parker, "War and Economic Change: the Economic Costs of the Dutch Revolt", in G. Parker ed., *Spain and the Netherlands, 1559 - 1659: Ten Studies*, London: Glasgow, 1979, p. 188.

[2] Geoffrey Parker, "War and Economic Change: the Economic Costs of the Dutch Revolt", in G. Parker ed., *Spain and the Netherlands, 1559 - 1659: Ten Studies*, p. 188.

[3] 《英国史》,第 351—352 页。

断而迅速瓦解。[①] 而内外交困的国家遭受的打击更为严重。而这也是西班牙道路失败的重要原因。海外财源的减少、卡斯提尔的不堪重负、1640年葡萄牙的脱离、1640—1648 年加泰罗尼亚的反叛、三十年战争的卷入和战后最富有的资源——尼德兰的丧失、与法国的长期战争，西班牙最终因直线上升的战争费用、多条复杂的战线、缺少休整等问题而被压垮。哈布斯堡王朝可以说是提供了历史上战略过度扩张的一个例证。而紧随其后的法国也并未吸取西班牙的教训，后来也陷入了四面作战的花边战争之中，重蹈西班牙覆辙。也就是说，在现代交通、通信手段发展起来之前，一个统一国家能够控制的地理空间是有限的，一旦超过极限，统治必然不会长久。

与此同时，也产生了两种后果，其一，统治者为了获得征税和使用税款的权力，迫使国王寻求贵族在经济上的帮助与支持，而爵位、官职的出售等措施，都使得贵族将之视为对他们既得利益的剥削和剥夺，迫使贵族不时起而反叛。由此加剧了西方文明内部的动荡不安。其二，统治者有时不得不与大土地所有者、商人、贵族协商，统治者不得不在征税前事先征求其意见，结果就是各种代表会议的建立。这在一些国家为代议制政府的发展提供了便利，虽然西方的绝对君主们尽最大努力不理睬或随意停止这些会议，但毕竟为宪政政治提供了一种可能性。而征税，也促进了税收体系和国家官僚体制的完善。短期贷款的风险和如何使国家的预算最终保持平衡，这是 17 世纪西欧"新型君主国"所面临的一个最大挑战。西欧诸国此前为此进行了无数次尝试，但很少取得成功。[②] 而解决这类问题的关键在于一个国家除了税收制度之外，还必须建立一个有效率的借贷制度，两个制度合一，方为完整的国家财政体系。这种借贷制度的成功

---

① Randall Collins, *Weberian Sociology Theory*, Cambridge: Cambridge University Press, 1986, pp. 167 - 212; "Long Term Social Change and the Territorial Power of State", in Randall Collins, *Sociology Since Midcentury: Essays in Theory Cumulation*, New York: Academic, 1981.
② 《欧洲经济史》第二卷，第 482 页。

取决于两个重要因素："一个是要有相当有效率的借贷机构，一个是要在金融市场维持政府的'信用'。"①在这方面，荷兰的处理相对较好。"荷兰政府不仅可以以更低的利息借钱，而且可以借到更多的钱"，从而使荷兰在与西班牙、法国和英国这类大国抗争时毫不畏惧。其原因在于荷兰政府在借钱、贷款以及发行短期公债和债券方面完全按照商业运行方式运行，绝少拖欠和违约，从而使荷兰的公共信贷享有完全的信任。1655 年，荷兰议会设立了一笔"偿债基金"，专门偿还公债和债券，但却不受投资者欢迎，因为"含泪收回本金的那些人却不知如何处置这笔钱，不知道如何为这笔钱再找到一个如此安全，容易生息的去处"。② 英国也经历了长期的摸索。"英国在 1688 年前就借国债，但都是短期借款，利息很高。付息不按期，还本更不准时，有时需借新债还旧债。总之，国家的信誉不佳"。③而在 1688 年革命以后，英国建立起了一种复杂的公共借贷制度来应付大大增长的政府开支。荷兰这个当时经济上欧洲最先进的国家，再次为此提供了一种模式。④ 1693 年，英国政府与国会首次确立了采用政府长期借贷的原则。1694 年 4 月，政府以 8％的利率发行 120 万英镑的公债，并将认购者组成了一个被称为"英格兰银行董事公司"（即英格兰银行）的股份公司。结果大获成功，在 11 天内公债就全部被认购一空。⑤ 它的第一份认股人名单是由国王和王后领衔。⑥ 尽管当时英国社会对此仍存在一定怀疑甚至反对意见，"但是这个事件在英国历史上的重要性，实不亚于 1688 年事件，因为它使公共借贷有可能稳妥而经常地进行，从而给政府奠定了一种新的财政基础"。18 世纪的一位英国首相诺斯勋爵曾把英格兰银行称为英国宪政的一个组成部分。"它不是作为一个普通银行在起

①《大国的兴衰》，98 页。
②《欧洲经济史》，第 494 页。
③《15 至 18 世纪的物质文明、经济和资本主义》第三卷，第 430 页。
④《英国社会史》，第 188 页。
⑤《欧洲经济史》，第 500 页。
⑥《英国社会史》，第 188—189 页。

作用"，亚当·斯密也写道，"而是作为国家的一个大蒸汽机在起作用"。[1]
从此以后，英国的公共借贷体系在英格兰银行的操作下，逐步完善和发展，国家的资信程度空前提高，政府发行的各种证券、公债券成为社会大投资者的主要投资渠道。不仅如此，英国一些小的私人投资者对国家债券也是情有独钟，踊跃认购。[2] "公债的利息准时偿付，不容违约，债权由议会保证还本，这一切确立了英国信誉，因而借到的款项之大令欧洲惊诧不已。"[3]

　　战争在带来某些程度社会变迁的同时，也要承受变迁的潜在的经济、社会、心理代价，呈现出一幅相当惨淡的场景。无论是哪种战争，都不可避免地带来种种惨祸、暴行、灾难和痛苦。从欧洲军事转型以及定型的过程中，我们还看不到和平的迹象。战争仍将继续，和平仍然只是相对的。武力的滥用有时仅仅是为了狭隘的本民族利益，这就使西方文明必然再次遭受"上帝之鞭"的考验。而其结果却比中世纪更为惨烈，更具有毁灭性。同样的，每一层次残酷的增长，冲突地理规模的扩大，开始让战争的恐惧逼近西方许多地区的人口。战争是当时西方民众所感受最深的劫难。它的直接影响是给战场周边的经济带来巨大的破坏，导致军人的大量伤亡等。如，一位历史学家估计 17 世纪连绵不绝的战争期间共有 230 万士兵死亡，约占拿武器者的 20%～25%。[4] 而有人则指出约有 500 万士兵死于 1618—1713 年的战争。[5]因战争和疾病致残的人数可能更多，在英国内战中，一位保皇党军官曾抑郁地说："我们埋掉的脚趾和手指比人多。"[6]

　　这些数字，不过是个粗略的估计，同样无法表达出这个时期战争对欧洲的巨大影响。因为由它造成的间接影响也是极为严重的。大量青壮年士兵的死亡(参见第五章相关部分)，无疑会给西方人口乃至社会、经济等

---

[1] 《英国社会史》，第 188—189 页。
[2] 《欧洲经济史》，第 481 页。
[3] 《15 至 18 世纪的物质文明、经济和资本主义》第三卷，第 433 页。
[4] Frank Tallett, *War and Society in Early-Modern Europe*, 1495-1715, p. 105.
[5] Joseph Bergin ed., *The Seventeenth Century: Europe*, 1598-1715, p. 9.
[6] 《剑桥插图战争史》，第 258 页。

的发展带来巨大影响,而登记中间年龄为 24 岁,超过 60％的招募者加入时介于 20—30 岁之间,值得重视的是,占 24.3％的低于 20 岁[1]的男性士兵的大量死亡,也无形中降低了生育率和人口总数的增长。战争杀死了数以百万计的人口,带来的苦难也不仅仅是生命的大量丧失,而且,17 世纪的士兵作为"万能"类型进入了它的第一个时期,该时期表现出消化不良的症状,更多的人心中充满恐惧。人们恐惧世界已走到了毁灭的边缘:"这世上根本没有上帝","快啊,醒来吧,从这严酷的世界中醒来吧,在恐惧猝不及防地突降以前,睁开你的双眼吧!"[2]即使在英国内战结束后,约翰·洛克还是这样写道:"所有那些在欧洲造成如此混乱和毁灭的火焰并没有平息,只有成百上千万人的鲜血才能熄灭它们。"[3]17 世纪展现了战争中人性的可怕:屠杀、草率的处决和绞杀冒犯的男女,从拒付保护金或拒绝提供食物到单纯保护自己而反抗抢劫的士兵的人。[4]如克伦威尔在攻打爱尔兰德罗厄达要塞时,"我命令……我军把他们斩尽杀绝……我亲自指挥这些行动……曾向他们建议投降,可是他们拒绝了,我就下令焚烧圣彼得教堂的钟楼(他们藏在那里)……当他们投降时,我们把他们军官的头颅砸碎,每十个士兵枪毙一个。剩下的人一律流放到巴贝多斯岛"[5]。许多士兵显露出对敌人不同寻常的残忍,尤其是在宗教信仰不同的基督徒之间,显示了宗教的不宽容和战争的残酷,因为他们相信自己是在惩罚上帝的敌人。1631 年,一支天主教军队曾洗劫了新教城市并屠城三日,被当时的新教徒们称作"永难忘记的灾难",将其比作"特洛伊的陷落或诺亚洪水",而天主教徒则视之为《旧约》所命令的对不信主者的惩罚。[6]

---

[1] Frank Tallett, *War and Society in Early-Modern Europe*, 1495 - 1715, p. 85.

[2] 《剑桥插图战争史》,第 264 页。

[3] 《剑桥插图战争史》,第 264 页。

[4] Joseph Bergin ed., *The Seventeenth Century: Europe*, 1598 - 1715, p. 10.

[5] 出自《近代史文献》第 1 卷,第 22 页,转自朱建谋译,《进军爱尔兰时克伦威尔关于攻打德罗厄达要塞的声明》,周一良、吴于廑总主编,蒋相泽分主编,《世界通史资料选辑·近代部分(上册)》,北京:商务印书馆,1972 年,第 25—26 页。

[6] 《剑桥插图战争史》,第 262 页。

此外，士兵还是疾病、瘟疫的传播者。军营是许多传染病如鼠疫、斑疹伤寒、梅毒、战壕热、伤寒和痢疾等的一大主要爆发地，常常引起大量死亡。带菌的士兵以及大批为逃避战祸而流落他乡的难民身上的跳蚤、虱子也为新地区带来了伤寒、鼠疫等传染性流行病。如在黎塞留梦寐以求的那场远征中，一支 8 000 人的部队从拉罗舍尔到达蒙特菲拉，穿行了整个法国，仅仅由此而开始传播的流行病在 1627—1628 年就造成了 100 多万人死于瘟疫。[①] 同时，大量尸体的堆积也为瘟疫和疾病的发生创造了有利条件。

不仅如此，士兵们还加剧了社会的无序性，每到没有战争的季节或两次战争之间，他们就到处抢劫、破坏。这些散兵游勇被视为一种独特的乞丐，法语中被称为 Drilles，意大利语中被称作 Formigotti，他们四处抢劫，就像在 17 世纪 20 年代初洗劫了巴黎的绯鲤帮（Rougets）和驴帮（Grisons）那样。[②] 虽然国家加强了对军队的管理，但这并不能有效阻止这类事情的发生。法国在 1674 年和 1688 年先后两次对莱茵河的巴拉丁进行了蓄谋已久的掠夺。[③] 而且，通过破坏来进行精神发泄，保持士兵身心无损，也使许多胜利者无意中止暴行。另外，缺粮缺饷的士兵还不时会发生开小差、哗变、抢劫等行为。

士兵们的行为耗尽了可能在他处进行投资的大量农业资本，征用牛马，并且毁坏农田、磨坊、农场，破坏庄稼和城市，这既带来了眼前的灾难，也由此引发并加重了饥荒在下一次发生的严重性。通常村民承受的更多。一份来自 17 世纪 30 年代的洛林报告指出：“不可能征集任何税收，因为战争摧毁了绝大多数村庄，这些村庄由于居住者的出逃或疾病和饥饿引发的体质虚弱的死亡而荒废。”[④] 战争还刺激了民众从战争地带如莱茵兰（Rhineland）和莱比锡等地向那些更和平、更繁荣的地方逃离，从

---

① 《历史学家的思想和方法》，第 17 页。
② 《欧洲近代早期的大众文化》，第 51 页。
③ ［英］阿诺德·汤因比著，徐波等译，《人类与大地母亲——一部叙事体世界历史》，上海：上海人民出版社，2001 年，第 485 页。
④ Henry Kamen, *Early Modern European Society*, p. 31.

1594 年到 1637 年,100 多名科隆商人携带家庭移往法兰克福,而法国在这一世纪末有超过 4 000 名天主教织工离开诺曼底前往英国寻求美好生活。[1] 而西班牙的入侵引起了 1636 年法国博韦地区和庇卡底省南部地区农民的恐慌,一些村庄被焚毁,部分庄稼被掠夺,农民们不得不在西班牙军队到来前携带着他们的家畜、食物、积蓄和家庭四散逃避。[2] 1656 年,在莱茵兰的劳滕(Lautern)地区,62 个城镇中的 30 个荒废了。[3] 又如三十年战争造成波希米亚、德意志、波兰和勃艮第大片土地的荒芜,波兰在 1655—1660 年的瑞典战争中损失惨重。意大利和西班牙也放弃了一些村庄和农场,如罗马南部坎帕尼亚、托斯卡纳及塞莱曼堪主教辖区。[4] 大量数据证实了士兵和战争对社会的危害。这一切曾被研究中世纪的学者描述为"广岛模型"[5],而将之用于 17 世纪,依然可行。这种危害远超经济衰退。而由此造成的后果,往往被我们所低估。更准确地说,17 世纪的经济衰退是由一系列因素和变量所造成的,其中有主动的,也有被动的,但两者相比较,被动的因素多于主动的因素。

此外,常备军的存在还让其成为影响政局的一支主要力量,军队常常积极参与政治争斗,如英国革命中长老派与平等派围绕军队问题展开的一系列斗争,以及军队主动参与如"普莱德清洗"[6]、平等派士兵起义等等,这些行为更是加剧了政局的动荡与不安。

---

① Maland, *Europe in the Seventeenth Century*, p. 8.
② Pierre Goubert, "The French Peasantry of the Seventeenth Century: A Regional Example", in Trevor Aston ed., *Crisis in Europe*, 1560 - 1660, p. 173.
③ Henry Kamen, *Early Modern European Society*, p. 33.
④ E. E. 里奇、C. H. 威尔逊著,高德步等译,《剑桥欧洲经济史》第五卷《近代早期的欧洲经济组织》,北京:经济科学出版社,2002 年,第 65 页。
⑤ 《历史学家的思想和方法》,第 356 页。
⑥ 普莱德清洗,指英国内战中,1648 年 12 月 6 日,中下级军官普莱德(T. Pride)上校带领军队占领议会的各个出入口,对主张和国王谈判的长老派议会人员进行清洗,导致了"残余国会"(Rump Parliament)的出现。

第五章
人口与社会：危机与变革

人口和社会因素是文明的两个重要构成要素，其与经济、政治、军事等因素紧密相关。17世纪西方文明在人口与社会层面上遭遇了一场严重的危机，而这场危机也给其带来了新的发展契机，对西方文明和其内部主要国家的发展建构起到了十分重要的作用。

第一节　人口问题与趋势

一些西方学者指出，西方的人口增长在17世纪曾遭遇了一次停滞乃至人口总数的下降。诺思指出，除了荷兰联合各省、英格兰和威尔士在17世纪人口还存在增长外，意大利和法国的人口在这个世纪均处于停滞，而西班牙属尼德兰、西班牙（也许还有葡萄牙）、德国的人口实际上已经下降了。[①] 而从盖洛韦绘制的西欧人口升降图中，我们也可以看到类似趋势（见下图）。然而，即便是英国，虽然总人口在增加，但速度并不快。伦敦一直在吸纳全英国的大量剩余人口，借用詹姆斯一世和一位女历史学家的话，"伦敦正在吞食英国，天长日久，英格兰将只剩下伦敦"。[②] 纳什也认为，西北欧的人口在1600—1650年增长非常迅速，随后陷入停滞，而在欧洲其他地区，人口急剧下降直到1650年并到1700年恢复到之前的水平。

[①]《西方世界的兴起》，第134页。
[②]《15至18世纪的物质文明、经济和资本主义》第二卷，第20页。

德国和地中海欧洲 1600—1650 年间人口也急剧下降约 15％～20％,1700
年才恢复原有水平。他还指出,17 世纪欧洲的人口增长低于 5％,而在 16
世纪这一比例则为 30％,18 世纪为 50％。更重要的是,这样的增长确实
集中发生在 1650 年的西北欧。(参见表 5-1)

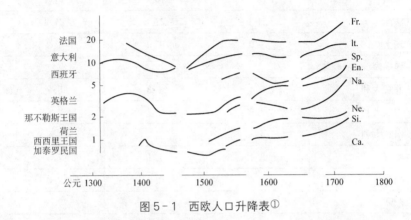

图 5-1　西欧人口升降表①

表 5-1　欧洲国家和地区 1600—1700 年人口数量表(单位:百万)②

	1600	1650	1700
西北欧			
斯堪的纳维亚	2.0	2.6	2.8
英格兰和威尔士	4.4	5.6	5.4
苏格兰	1.0	1.0	1.0
爱尔兰	1.4	1.8	2.8
尼德兰	1.5	1.9	1.9

① Patrick R. Galloway, "Long-Term Fluctuations in Climate and Population in the Preindustrial Era", *Population and Development Review*, Vol. 12, No. 1, 1986, p. 16, Figure 5. 1.

② 数据是粗略估计,尤其是斯堪的纳维亚、德国、葡萄牙和东欧的数据。资料来自:Jan De Vries, *European Urbanization*, *1500 - 1800*, Cambridge, Mass. , 1984, p. 36. 斯堪的纳维亚、德国、法国和葡萄牙的数据来自 Jean-Pierre Bardet and Jacques Dupaquier, Histoire des Populations de l'Europe, Paris, 1997. in Joseph Bergin ed. , *The Seventeenth Century*: *Europe*, *1598 - 1715*, pp. 12 - 14.

续表

	1600	1650	1700
比利时	1.6	2.0	2.0
中欧			
德国	16.2	10.0	14.1
法国	21.0	21.0	21.4
瑞士	1.0	1.0	1.2
地中海			
北意大利	5.4	4.3	5.7
中意大利	2.9	2.7	2.8
南意大利	4.8	4.3	4.8
西班牙	8.1	7.1	7.5
葡萄牙	1.4	1.5	2.0
东欧			
奥地利-波希米亚	4.3	4.1	4.6
波兰	3.4	3.0	2.8

地区			
西北欧	11.9	14.9	15.9
中欧	38.2	32.0	36.7
地中海	22.6	19.9	22.8
东欧	7.7	7.1	7.4
总计	80.4	73.9	82.8

　　虽然西方学者对17世纪西方文明区内的人口总数是否下降仍存在着争议，但更吸引笔者的是，为何16世纪西方文明区的人口增长率达到30％，而在此人口基数基础上发展的17世纪人口却出现了历史学家口中的下降或大致持平或略有增长，如 R. C. 纳什指出的低于5％的增长率的状况呢？或像一些学者指出的那样，年均增长仅为0.14％，而1750年后西方人口却也获得了快速发展（参见表5-2）？即便是在许多学者号称没

有出现人口明显下降的英国，也出现了增长减缓的趋势：在整个 16 世纪，英国人口一直保持持续稳定增长，人口增长的高峰期在 16 世纪的第三个 25 年，年增长率将近 1%；1601 年英国人口达到 410 万，17 世纪 40 年代达到 510 万；17 世纪 50 年代后，人口增长出现停滞，甚至下降，据里格利等人估算，1656 年人口为 528.1 万，1686 年下降到 486.5 万，共减少了 41.6 万人，直至 17 世纪末人口再度出现增长趋势，到 18 世纪 20 年代人口数才超过 17 世纪 50 年代的水平。[①] 笔者以为，这说明西欧内部在 17 世纪一定发生了某些问题，而这些问题足以影响到人口的正常发展趋势，导致人口增长的异常变动，这也即众多学者口中所称的马尔萨斯式的"人口危机"。如果事实果真如此，那么我们就十分有必要对这些问题进行一番审视，或许可以从中窥见 17 世纪西方文明区的人口发展状况和趋势。

表 5-2 欧洲人口发展(单位：百万)[②]

地区	1600 年	1700 年	1750 年	1800 年
地中海	23.6	22.7	27.0	32.7
指数	100	96	114	139
中欧	35.0	36.2	41.3	53.2
指数	100	103	118	152
西北欧	12.0	16.1	18.3	25.9
指数	100	134	153	216
总计	70.6	75.0	86.6	111.8
指数	100	106	123	158

现代生态学研究表明，人类和其他动植物一样都有过度繁殖能力，因此随时间推移，人数将接近资源所能允许的上限。在技术无大的变动的前提下，人口增长势必降低农业劳动生产率和人均粮食占有量，限制社会

① E. Wrigley, R. Schofiele, *The Population of England*, *1541-1871*, London, 1981, pp. 528-529.

② Jan de Vries, *Economy of Europe in an Age of Crisis*, pp. 5-6.

财富的积累和增长，加深民众生活的贫困程度，使越来越多的人口经常处于饥饿、半饥饿状态，大大降低其抵御自然灾害的能力。因此，借助人与自然生态系统之间相互依存、制约的关系，往往产生连锁效应。如奇波拉就指出，人口本身有其自然增长趋势，但一定的生产资料所能维持的人口总量是有限的。而人口经常发展过度，即"马尔萨斯压力"，必须通过一些或大或小的灾难来使人口适应于环境的最大承受力水平。① 而在 18 世纪前的旧体系下，人口仍极大地受制于传统的马尔萨斯危机，因而，上述灾难发生的可能性也就越大。同时，这种人口增长自我抑制机制还为那些不可预测的流行疾病所加强：瘟疫、流感、天花和无数其他疾病不时出现。对此，奇波拉指出："在农业社会中，不论什么时候，只要特定的农业人口的增长超过了一个特定的'最高限度'，那么发生大量的夺去人口的突然性灾难的可能性也就增加了。"②布罗代尔也认为，18 世纪前的人口发展的机理是趋向平衡的，人口体系被困在一个不可捉摸的圈子里。一旦触及圈子周边，人口很快就出现退缩。恢复平衡的方式和时机并不缺乏：匮竭、灾荒、饥馑、生活困苦、战争，尤其是种种疾病。③ 现代人口学理论也认为，气候变化、农业失败、饥荒、流行病肆虐、战争频仍、社会动荡等等不利因素都会影响人口增长。而 17 世纪的西方文明区内恰恰遭遇了这些不幸。人类社会的传统生态系统需要仲裁者的存在。在 17 世纪，战争、饥荒、瘟疫等充当了仲裁者的角色。它的直接作用是造成死亡，而更多的间接作用则是通过赋税、饥饿等造成各种危机、贫穷和营养不良，带来潜在的高死亡率。高死亡率的出现，对婴儿和儿童而言，尤为严重，如17 世纪的博韦齐地区，新生儿在一年内死亡者高达 25％～33％，仅 50％能活到 20 岁。④ 或者像我们在路易十四晚年统治的法国可以看到的那种

① ［意］卡洛・M. 奇波拉著，黄朝华译，《世界人口经济史》，北京：商务印书馆，1993 年，第81 页。
② 《世界人口经济史》，第 65 页。
③ ［法］费尔南・布罗代尔著，杨起译，《资本主义的动力》，北京：生活・读书・新知三联书店，1997 年，第 6—7 页。
④ 《15 至 18 世纪的物质文明、经济和资本主义》第一卷，第 101 页。

体现其时代特征的悲惨生活。加之卫生设施缺乏、健康状况差及疟疾蚊蝇猖獗，必然导致一些地区人口减少，这就有效地控制了人口的迅速增长，成为 17 世纪人口增长停滞乃至下降的主要原因。而在这些不利因素中，对 17 世纪西方人口增长影响更大的则是瘟疫、流行病、饥荒和战争的频发。

　　1. 饥荒、瘟疫、流行病对人口增长的影响

　　如前文所述，气候引发的饥荒在 17 世纪颇为流行。而饥荒与流行病存在着某种有效联系，一方面，它通过营养不良为流行病提供有利的温床，另一方面，它造成了数量庞大的无家可归的带菌流浪者。因而，在勒鲁瓦·拉迪里看来，饥荒就是一种人口平衡机制的最终解决方案。[①] 饥荒时死亡率急剧上升，多数地区死亡率增加了一倍至两倍。1587—1588 年、1597—1598 年和 1623 年英国许多教区的丧葬数量甚至比平常增加 2—4 倍。[②] 饥荒也是导致人口下降的一个重要原因。如，法国在 1597—1598 年、1631 年、1648—1653 年、1661—1662 年、1693—1694 年、1709 年等年均出现了较大规模的饥荒，饥荒中法国人遭受了巨大的人口损失，而尤以 1693—1694 年的危害为最。博韦奇的一些乡镇甚至失去了 1/4 左右的人口。再如在 1696—1697 年的芬兰饥荒和瘟疫中，人口也损失了 1/4。[③] 且这一历程伴随着死亡率的上升，婚嫁减少，出生率降低。而在大多数情况下，在此机制最终发挥作用前，其他一些制约因素如瘟疫、流行病、晚婚、战争等就已经在发挥作用了。而瘟疫和流行病的频发是 17 世纪西方文明发展的一大显著特征（参见第二章第三节），它们不失时机地清除了人口增长的剩余层次，且瘟疫和流行病的每次爆发都会带来大量的人口死亡。

　　在意大利，卡瓦拉瑞（G. B. Cavallari）的书中记载，1602 年因患疟疾死亡者不下 4 万人。1628—1629 年的饥荒以及 1630 年的瘟疫曾使意大

①《历史学家的思想和方法》，第 22—23 页。
②《十六、十七世纪前期英国流民问题研究》，第 61 页。
③ Henry Kamen, *Early Modern European Society*, p. 30.

利人口损失严重。科拉迪（Corradi）根据确实的档案，认为在 1630 年到 1631 年之间，估计仅在北意大利地方，死于鼠疫者就有 100 万人。[①] 而依据朱利安·布洛克的统计，意大利半岛死亡了 150 万人口，其中 2/3 是在伦巴第平原。博洛尼亚（Bologna）城和郊区共损失了 2.97 万人，威尼斯、基奥贾（Chioggia）、马拉莫科（Malamocco）损失了 4.65 万人，约占定居者的 35％，帕多瓦（Padua）损失了约 1.7 万人，约 44％，维罗纳（Verona）城和郊区损失了共 3.1 万人，约 59％，帕尔马（Parma）损失了约 2 万人，约占50％，克雷莫纳（Cremona）损失了约 2.5 万人，占 60％。米兰在博罗梅奥（Borromeo）时期曾有人口 18.02 万人，1630 年后有 10 万人。1630 年大瘟疫后，1631 年博罗尼亚人口从 6.5 万降至 4.68 万人。威尼斯 1624 年拥有 14.28 万人口，1633 年仅剩 9.82 万人。[②] 1628 年至 1629 年在里昂城，可怕的流行病几乎使半数居民死亡。米兰在 1630 年则有 8.6 万名居民死亡。1630 年的流行病也使威尼斯共和国死亡者不下 50 万人，黑泽将之视为威尼斯衰落的主要原因。[③] 意大利北部的曼图瓦城也丧失了其总人口 3.2 万人中的 2.5 万人。[④] 1654 年至 1656 年东欧人民受流行病危害死亡甚多，其后疫情又返回到意大利，特别是在那不勒斯及意大利的北部城市，致使该地区荒芜，如热那亚城一年中定居者损失一半，达到 6.5 万人。[⑤] 1656 年的瘟疫使那不勒斯也损失了其定居者的一半，达到 13 万人。[⑥] 而维也纳城 1679 年也因鼠疫死亡了 10 万人，布拉格城的死亡人数亦大致相同。

　　鼠疫亦曾在荷兰及德国传播流行，如阿姆斯特丹在 1626—1628 年间，每年都有鼠疫发生，共死亡 3.5 万人，而 1623—1625 年、1635—1636

---

①《医学史》（上册），第488页。

② J. P. Cooper ed.，*The Decline of Spain and the Thirty Years War 1609 - 48/59*，p. 76.

③《医学史》（上册），第 487 页。

④ Thomas Munck，*Seventeenth-century Europe：State，Conflict，and the Social Order in Europe，1598 - 1700*，New York：Palgrave Macmillan，1990，p. 90.

⑤《医学史》（上册），第 487 页。

⑥ Maland，*Europe in the Seventeenth Century*，p. 8.

年、1655 年的瘟疫每次都夺去该城 1/10 以上的人口。库柏和卡曼都指出，阿姆斯特丹曾遭受了 4 次大的瘟疫人口损失，1624 年损失了 11 975 人（约占总人口的 1/9，下同），1636 年 17 193 人（1/7），1655 年 16 727 人（1/8），1664 年 24 148 人（1/6）。[1] 1655 年的瘟疫使尼德兰的哈勒姆损失了 5 723 人。莱顿 1622 年的 44 745 名定居者在 1624—1625 年的鼠疫中损失了 9 897 人，1635 年损失 14 582 人，1655 年损失 10 529 人。在德国，下萨克森的于尔岑（Uelzen）1597 年的瘟疫带走了人口的 33%，而 1599 年的痢疾流行则杀死 14% 的人口。[2] 而伯金统计指出，在德国和地中海地区，1600—1650 年的人口急剧下降了 15%～20%。[3]

　　在英国，布罗代尔等人指出，伦敦 1593—1665 年发生的 5 次鼠疫，死亡人数达 156 463 人。[4] 在佩瑞斯的坎伯兰镇（Cumberland Town of Penrith），1598 年的流行病杀死了该镇 35% 的居民，其死亡率是正常时期的 12 倍。[5] 卡曼指出，1563 年的伦敦瘟疫，有 1/4 的人口死亡，死亡率是正常年份的 7 倍，而 1603、1625、1665 年这 3 年的伦敦瘟疫死亡总数达 20 万人。[6] 英国著名的日记作家塞缪尔·佩皮斯（Samuel Pepys）记载了伦敦 1665 年 8 月大瘟疫一周的死亡数字：7 496 人中有 6 102 人死于瘟疫，而真实的死亡数字则接近 1 万人。[7] 城市尤其不堪一击：1665 年，伦敦 40 万总人口中，死了 7 万—10 万。[8] 库柏也指出，1603 年伦敦瘟疫死亡 3 万人。1625 年瘟疫损失 35 417 人。1665 年的大瘟疫时期总死亡人数要

[1] J. P. Cooper ed., *The Decline of Spain and the Thirty Years War 1609-48/59*, p. 76；Henry Kamen, *Early Modern European Society*, London and New York：Routledge, 2000, p. 25.

[2] Henry Kamen, *Early Modern European Society*, p. 25.

[3] Joseph Bergin ed., *The Seventeenth Century：Europe, 1598-1715*, pp. 4, 13.

[4] J. D. Vries, *Economy of Europe in an Age of Crisis, 1660-1750*, p. 8；《15 至 18 世纪的物质文明、经济和资本主义》，第一卷，第 98—99 页。

[5] A. B. Appleby, "Disease or Famine? Mortality in Cumberland and Westmorland, 1580-1640", *Economic History Review*, 2nd ser. XXVI, 1973, p. 408.

[6] Henry Kamen, *Early Modern European Society*, p. 25.

[7] H. G. Koenigsberger, *Early Modern Europe 1500-1789*, London：Longman, 1987, p. 98.

[8] 《家庭史》，第 21—22 页。

大于 1630 年、1636 年、1647 年的人口损失，约占定居者的 1/4，近 10 万人（参见表 5-3）。当伦敦这样的大城市发生瘟疫时，许多定居者为了避免感染而逃离城市，导致工商业萧条，往昔繁华的街道为之一空。有人曾对此慨叹："秋天到来时，人们就像那落叶，被可怕的风所摇撼，他们随风倒下去了，如落叶一样越积越厚。商店的门关了，路上的行人消失了。几乎每一处都是沉寂。没有马的嘶叫，没有车辆的行踪，没有物品的供应，也没有顾客的喊叫声。从来没有如此之多的丈夫和妻子共赴黄泉，从来没有这么多的父母携带着他们的孩子踏上死亡之路。"[1]因而，在 1665 年的伦敦大瘟疫期间，塞缪尔·佩皮斯（Samuel Pepys）也哀叹道："泰晤士河上空无一船——白厅（Whitehall）[2]的庭院处处长满了野草——街道上除了穷困的可怜人外空寂无人。主啊，这是多么悲哀的时刻啊。"[3]据统计，在 1570—1670 年的百年中，伦敦及其郊区因瘟疫而死亡的人数达到 22.5 万人，诺威奇、埃克斯特与布里斯托尔共有 2.5 万人因瘟疫而死亡，而全英格兰的死亡总数则达到 65.8 万人。在 1470—1670 年的 200 年间，共有 82.2 人死于瘟疫。[4] 人口大量死亡，以致有学者认为，17 世纪下半叶英国人口停滞甚至稍有下降，其中原因为 1658 年和 1665 年的鼠疫产生的后果和 1679—1681 年间人口危机所造成的后果。[5]

表 5-3　伦敦 1665 年疾病死亡人数表[6]

时间	瘟疫	发热	天花	总死亡数
1665 年	68 596 人	5 257 人	655 人	97 306 人

---

[1] D. Defoe, *A Journal of the Plague Year*, London: Dent, 1908, pp. 285-286.

[2] Whitehall, 怀特霍尔，又译白厅，英国一条街道名，英国政府所在地。

[3] R. C. Latham and W. Matthews eds., *The Diary of Samuel Pepys*, Ⅵ, Berkeley and Los Angeles: University of California Press, 1972, p. 233.

[4] Paul Slack, *The Impact of Plague in Tudor and Stuart England*, London: Routledge, 1985, p. 174.

[5] 《家庭史》，第 24 页。

[6] J. P. Cooper ed., *The Decline of Spain and the Thirty Years War 1609-48/59*, pp. 76-77.

在法国，据诺埃勒·比拉邦的估计，1600—1670 年之间法国鼠疫致死的人数约在 230 万至 330 万之间，其中仅在 1628 年到 1632 年间便有 100 万左右。[①] 布罗代尔指出，巴黎曾于 1612 年、1619 年、1631 年、1638 年、1662 年、1668 年出现鼠疫，而 1720 年土伦和马赛的鼠疫极其凶猛，据统计，马赛人死了一半以上，街上躺满了腐烂过半、被狗啃过的尸体。[②] 而阿尔萨斯、弗朗什-孔泰和洛林这些地区，从 1635 年到 1660 年间人口损失了一半。[③] 卡曼也指出，1660—1662 年的生存危机使法国巴黎南部的阿蒂斯（Athis）教区 62％ 的 10 岁以下儿童死亡；1693—1694 年的法国死亡总数超过 200 万人；巴黎东北部的一个教区，谷价涨了 3 倍，死亡率是正常年份的 2.5 倍。[④] 在 1661—1662 年、1693—1694 年、1709—1710 年间，法国农村中 10％～15％ 的居民死于饥荒和疾病，博韦的一些乡镇人口损失甚至达到 1/4 左右。[⑤] 但泽在 1653 年、1657 年和 1660 年也损失严重，与阿姆斯特丹和法兰克福在 1664 年、1666 年的遭遇一样。[⑥]

西班牙在 1600 年到 1700 年间丧失了 1/4 的人口[⑦]，其死亡率的上升，很大程度是因为腺鼠疫的爆发。[⑧] 其中，仅在 16 世纪 90 年代的瘟疫和饥荒就给西班牙人口带来了巨大的损失，需要几十年才能恢复。[⑨] 而 1647—1652 年间流行的传染病袭击了卡塔尼亚地区以外的整个西班牙王国，使 100 多万人丧命，等于全部人口的 1/5。[⑩] 卡曼指出，1589 年的瘟疫使巴塞罗那损失了 28.8％ 的人口；1651 年则损失了 45％；桑坦德 1599

---

① 《家庭史》，第 21—22 页。

② 《15 至 18 世纪的物质文明、经济和资本主义》第一卷，第 99 页。

③ 《家庭史》，第 21—22 页。

④ Henry Kamen, *Early Modern European Society*, p. 28.

⑤ Pierre Goubert, "The French Peasantry of the Seventeenth Century: A Regional Example", in Trevor Aston ed., *Crisis in Europe*, *1560-1660*, p. 169.

⑥ Maland, *Europe in the Seventeenth Century*, p. 8.

⑦ 《西方世界的兴起》，第 132 页。

⑧ Joseph Bergin ed., *The Seventeenth Century: Europe*, *1598-1715*, p. 15.

⑨ Joseph Bergin ed., *The Seventeenth Century: Europe*, *1598-1715*, p. 4.

⑩ 《家庭史》，第 21—22 页。

年则几乎从地图上消亡，其 3 000 名定居者损失 83%（该页另有人口死亡率分析数字）。[①]布罗代尔指出，在 1647—1651 年的加泰罗尼亚，20% 的人口死亡，而许多地区的人口损失则超过了 30%；1630—1631 年、1640—1652 年、1661—1662 年、1693—1694 年以及 1709—1710 年发生的 5 次饥馑和瘟疫遍及整个王国，造成了严重的危机。[②]

　　这样的例子和数据还有很多，限于篇幅，不再一一列举，这些数字足以说明饥荒和瘟疫对 17 世纪西方文明人口发展的重要影响。

　　2. 战争也是造成人口大量死亡、人口增长率下降的重要原因

　　频繁的战争同样会导致大量人口尤其是士兵的死亡。通常而言，士兵生涯是肮脏、残忍和短暂的，其生存率很低。如法国军队 1635—1659 年期间至少损失了 50 万士兵，在德国作战的众多瑞典军团在 1631—1633 年的两年中就损失了其起初军力的 2/3。事实上，战争期间士兵整体单元每年的损失率达到 30% 是再正常不过的事情了。[③]

　　根据兰德尔（Landier）估计，每年法国军队中有 1/4 的士兵死亡，1635—1659 年间共死亡 60 万人。阿尔贝特（Albeit）的粗略估计则指出，17 世纪期间共有 230 万士兵死亡，约占拿武器者的 20%～25%。[④] 而另一位历史学家给出的数字则更为惊人，他指出约有 500 万士兵死于 1618—1713 年的战争。[⑤] 而这个数字，还只是个粗略的估计，远不能反映战争对人口的真实影响。

　　通常，那些战争的主要战场，如三十年战争的主战场德国的人口死亡率要更高。在三十年战争中，战争发生的一些边缘地区，如摩拉维亚、萨克森、西里西亚的人口损失达 15%～20%；而在德国，战争进行最激烈的一些地区损失达 40%，波希米亚、勃兰登堡、马格德堡、图林根、巴伐利亚、

---

① Henry Kamen, *Early Modern European Society*, p. 25.
②《法兰西的特性》（人与物）上，第 151 页。
③ Ronald G. Asch, *The Thirty Years War: The Holy Roman Empire and Europe, 1618 - 1648*, p. 183.
④ Frank Tallett, *War and Society in Early-Modern Europe, 1495 - 1715*, p. 105.
⑤ Joseph Bergin ed., *The Seventeenth Century: Europe, 1598 - 1715*, p. 9.

弗兰克尼人口减半；梅克伦堡、波美拉尼亚、科堡、汉斯、巴列丁奈、符腾堡的人口损失高达 60%～70%，而奥格斯堡、纽伦堡和斯图加特的一些乡村地区损失甚至高达人口总数的 4/5。[1] 对此，安德烈·比尔基埃也指出，三十年战争使德国城市平均损失了将近 1/3 的人口，乡村则为 40%左右。[2] 在英国，据统计，在英国内战中，阵亡士兵 85 000 人，但与战争相关的死亡率更高，可能有 100 000 人，约占英国人口的 3.7%。[3] 随着军队规模的膨胀，战场伤亡率大增。在 1704 年的布莱赫本（Blenheim）战役中有 30 000 人死亡，以致有诗人讽刺其为"臭名昭著的胜利"；1588 年英国打败西班牙无敌舰队，致使大约 15 000 名西班牙军人死亡。[4] 1641 年 10 月 23 日，"爱尔兰天主教大起义"爆发。爱尔兰人痛击不列颠殖民者，"总共杀掉了将近一万人"[5]。克伦威尔对爱尔兰的征服，据有机会接触到国家报纸的威廉·佩蒂（William Petty）统计，从 1641 年 10 月 23 日到 1652 年的同一天，共有约 504 000 名爱尔兰人死于刀剑、瘟疫、饥荒、困苦和流放。[6]

屠杀也会带来大量人口损失，虽然大规模的屠杀并没有频繁发生。如在 1631 年被付之一炬的马格德堡（Magdeburg），有 20 000 人被杀，其中包括 4 000 名驻军以及该城市 20 000 名定居者中的 15 000 人。[7] 英国革命期间，有文件记载的暴行，如：1644 年 6 月在博尔顿（Bolton）由莱茵的鲁珀特王子（Prince Rupert of Rhine）的军队施行了普遍的屠杀；1649 年 8 月在德罗厄达（Drogheda）的可怕洗劫，守卫该城的部队和包括老弱

① J. P. Cooper ed. , *The Decline of Spain and the Thirty Years War 1609 - 48/59*, p. 77.

② 《家庭史》，第 23 页。

③ Henry Kamen, *Early Modern European Society*, p. 31.

④ Henry Kamen, *Early Modern European Society*, p. 31.

⑤ [爱尔兰]艾德蒙·柯蒂斯著，江苏师范学院翻译组译，《爱尔兰史》下册，南京：江苏人民出版社，1974 年，第 469、461 页。

⑥ Henry Kamen, *Early Modern European Society*, p. 31.

⑦ Ronald G. Asch, *The Thirty Years War：The Holy Roman Empire and Europe，1618 - 1648*, p. 178.

妇孺在内的全城居民遭到屠杀；克伦威尔还屠杀了一个爱尔兰市镇的全部人口，还伴随有杀死俘虏、夷平村庄等没有公开的行为。[1] 此外，针对拥有两三千名定居者城镇的小规模屠杀行为也时常发生。

此外，通常士兵登记的中间年龄为 24 岁，超过 60％的应募者加入时介于 20—30 岁之间，值得重视的是其中 24.3％低于 20 岁。[2] 大量适婚年龄男性士兵的死亡，也无形中降低了生育率和人口总数的增长。

3. 婚姻和生育预防性措施

婚姻和生育预防性措施对 17 世纪人口增长也有着某种程度上的抑制作用。戴维·戈里格指出 17 世纪在人口增长方面具有重要意义。西欧出现了晚婚和比较多的人不结婚的现象。[3] 社会学认为，人类可以通过减少繁殖来应付较少的资源。生活水平的降低让他们被迫采用提高结婚年龄、独身或婚内节育的方式来抑制新生儿的出生，从而达到限制人口增长的目的。

而在所有欧洲西北部对艰难时事的反应中，最明显的便是妇女推迟结婚的习惯，即肖努所谓的古典欧洲最有效的避孕工具。[4] 或者就像英国史学家劳伦·斯通在其著作中指出的那样，英国乡绅的继承人的初婚年龄，在 16 世纪早期大约为 21 岁，16 世纪晚期为 22 岁，17 世纪到 18 世纪初则从 24 岁上升到 26 岁，小财产所有者和雇工的初婚年龄平均值在 17 世纪为二十七八岁左右。[5] 女孩的晚婚就意味着减少了三四次受孕的机会。学者戴维·黑尔对 12 个教区抽样调查的结果也显示，1600—1649 年

---

[1] ［英］诺曼·戴维斯著，郭方、刘北成等译，《欧洲史》（上卷），第 557 页；《英国史》，第 379 页；《世界通史资料选辑·近代部分（上册）》，第 25—26 页。

[2] Frank Tallett, *War and Society in Early-Modern Europe，1495-1715*，p. 85.

[3] David Grigg, *Population Growth and Agrarian Change：A Historical Perspective*，Cambridge, 1980, p. 289.

[4] 《历史学家的思想和方法》，第 24 页。

[5] Lawrence Stone, *The Family，Sex and Marriage in England 1500-1800*，Penguin，1979，pp. 41-44.

间,男子平均初婚年龄为 28 岁,女子为 26 岁。[1] 数据表明,17 世纪西欧人的初婚年龄明显呈现出晚婚的趋势。对此,史学家巴勒克拉夫曾指出:"晚婚的做法降低了出生率,它可以视为保持自然资源对人口的相对有利比例的一个因素。"[2]晚婚让她们在 20 多岁之前都过着艰难的独身生活,从而减少了她们有效生育的时间,故而减少了生育人数,出生率也因此受到影响。

同样的,这一时期西方社会独身现象也大为增加。这种独身行为是受到赞许的,它与清教徒、詹森教徒等禁欲教派的意识形态是相吻合的。这种意识形态在 1580—1780 年前工业化的欧洲各地普遍存在并十分盛行。[3] 贵族中存在着较普遍的独身现象。根据对 17 世纪南威尔士贵族的研究,在主要的贵族家庭中,有 1/3 的家长是独身。[4] 坎农研究指出,英国贵族 1690—1729 年的独身率达到了 16.7%。[5]（参见表 5-4）比尔基埃也指出,英国 16 世纪末到 17 世纪中叶的贵族家庭中,女子终身不嫁的比例较以往提高了 4 倍,到 18 世纪初,这个比例高达 25%。而在威尼斯贵族中,17 世纪初就已经达到这个比例。[6] 而在社会下层,其家庭的生活来源必须由新婚夫妻自己取得,这需要一段较长的积累时间。结婚需要个人艰苦创业和长时间的煎熬才能拥有或继承财产,以便建立家庭。瑞格雷和斯考菲尔德的研究结论是:17 世纪时英国有 25% 的人在 40 多岁时仍然未婚。[7] 而在法国,18 世纪初,42% 的公爵姐妹和重臣的姐妹不结婚。[8] 因

---

[1] Colin D. Rogers, John Smith, *Local Family History in England*, Manchester: Manchester University Press, 1991, p. 30.

[2] ［英］杰弗里·巴勒克拉夫著,杨豫译,《当代史学主要趋势》,上海:上海译文出版社,1987 年,第 125 页。

[3] 《历史学家的思想和方法》,第 24 页。

[4] J. Morrill, "The Stuarts 1603—1688", in Kenneth O. Morgan, *Oxford Illustrated History of Britain*, Oxford University Press, 1984, p. 288.

[5] J. Cannon, *Aristocratic Century: the Peerage of Eighteenth Century England*, Cambridge: Cambridge University Press, 1984, p. 83.

[6] 《家庭史》,第 97 页。

[7] Barry Reay, *Popular Cultures in England*, *1550 - 1750*, London: Longman, 1998, p. 7.

[8] 《家庭史》,第 97 页。

而，"到 1700 年，人口趋势的基本特征是晚婚、低出生率和高独身率"[1]。与此同时，独身作为一种生活方式也逐渐得到了社会认可，到 18 世纪初，独身者大约占到 8%。[2]（参见表 5-4）而避孕也获得了更大的市场。有些学者研究发现，当时英国人的家庭中有简单的避孕、节育现象，如一般已有 3 个子女的家庭，父母就采取避孕措施，母亲在哺育第 3 个或以后生的子女时，有意地延长哺乳期几个月，以达到避孕目的。根据费尔南德·布罗代尔对 18 世纪法国的观察，"以中断性交进行避孕的方法就像传染病一样迅速流传开来，也得到越来越多的人的支持"[3]。

表 5-4　1690—1799 年独身贵族人数、所占的百分比

时间	1690—1729	1730—1799
贵族人数	341	296
独身人数	57	37
独身所占比例	16.7	12.5

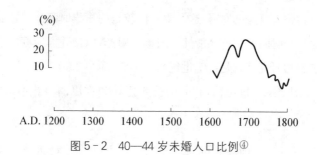

图 5-2　40—44 岁未婚人口比例[4]

① Tim Hitchcock, "Demography and the Culture of Sex in the Long Eighteenth Century", in Jeremy Black ed., *Culture and Society in Britain 1660 - 1800*, Manchester: Manchester University Press, 1997, p. 29.

② Mary Abbott, *Family Ties: English Families 1540 - 1920*, London and New York: Routledge, 1993, p. 119.

③ Fernand Braudel, *Frankreich*, Vol. 2, Stuttgart, 1990, p. 183.

④ Patrick R. Galloway, "Long-Term Fluctuations in Climate and Population in the Preindustrial Era", *Population and Development Review*, Vol. 12, No. 1, 1986, p. 15, Figure4. 10.

　4. 卫生、医疗的滞后

　　布罗代尔曾批驳了将西方人口增长归之于医疗卫生的发达、饮水设施的兴建、死亡率下降的观点，认为这些论据说起来似乎头头是道，历史学家还是放弃为好。[1] 无疑，17 世纪的卫生、医疗还很滞后。近代早期，资本主义的发展、人口流动增加，城市因此集中了较多的人口。但城市卫生条件比之中世纪并没有太大改观。斯维福特（Swift）的《一座城市暴雨的记述》(1711)记下了这样的情形："现在到处涨水阴沟涨满，边流淌边带走它们的战利品；从它们流淌过的街道，通过看到的和闻到的……从屠夫的货摊、内脏、粪便和血迹中游来，淹死的小动物、发臭的小鱼，全部浸透到泥浆中，死猫和萝卜头，在洪水中翻滚而下。"[2]伦敦如此，"所有的城市，无论大小，同样不洁，仅有程度上的差别"[3]。处于社会下层的穷人收入低，生活条件恶劣，居住地多人口密集、设施简陋，水源空气污浊，老鼠跳蚤横行，容易滋生疾病并蔓延。同时穷人饮食营养低，体质弱，抵抗能力差，染病后又请不起医生，难以获得及时有效的治疗，一旦爆发疫情，后果往往十分严重。穷人的感染率与病死率远远高于富人。1665 年的伦敦大瘟疫，维特福瑞斯（穷人区）与圣·邓斯坦（富人区）由于感染瘟疫而死亡的人数之比为 3∶1。[4]

　　曼佐尼记述了意大利 1629—1631 年流行病的情况。他感叹时人不知病因，仍被占星学的观念所支配；在法国，医学专家一致用天象来解释瘟疫；医学博士们的任务不是设法治疗疾病，而是成立行业工会，排挤那些非正牌、骗子出身的卖药郎中；教会则教导人们多作祈祷，就可以预防疾病，并将瘟疫视为"上帝的鞭子"对人们的惩罚；医学院的博士论文也是诸如此类："空气是否较饮食更为必需""清水是否较酒有益""害相思病

---

①《15 至 18 世纪的物质文明、经济和资本主义》第一卷，第 49 页。

② Peter Brimblecombe, *The Big Smoke：A History of Air Pollution in London Since Medieval Times*, London and New York：Methuen, 1987, p. 24.

③《15 至 18 世纪的物质文明、经济和资本主义》第一卷，第 366 页。

④ Justin Champion, "Epidemics and the Built Environment in 1665", *Center for Metropolitan History Working Papers Series*, No. 1, 1993, p. 39.

的女子应否放血""每月醉酒一次是否有益""女子貌美者是否多产""女子是否较男子淫荡"。① 而英国城市陷于贫困，充满不满，濒于崩溃。各种居住条件极为恶劣的小房子随处可见，至少有 1/4 的伦敦居民就居住在这样的房子中。这给公共卫生安全的预防带来了诸多隐患。伦敦城在 1603年、1625 年、1636 年、1665 年都发生过大规模疫病流行，许多人得不到有效救治。剑桥大学副校长指出，1636 年的瘟疫导致 5 000 多人的贫困人口中不超过 100 人得到救济。② 针对疫病隔离制度，1603 年一个名叫 W. T.的人写了一本名为《针对某些谬论的驳斥》的小册子，他指出瘟疫是上帝飞越空气的箭，是不会传染的，因此病人应该被探视。时人思想可见一斑。瑞士著名医生帕拉塞尔苏斯的一段话更是广泛流传："这是多么野蛮和愚蠢的行径，在每一次大瘟疫发生的时候，把那些感染瘟疫的人关闭在房子中，给他们做上标志，像进入了监狱一样，疏于对他们的照料和抚慰，让他们忍受孤独，然后在饥饿中死去……在这个时候，你还认为你是爱邻人如自己吗？ 难道在瘟疫发生的时候我们不比任何时候都更加需要友情、抚慰和帮助吗？"③这也从一个侧面反映出时人并没有针对疫病的有效治疗手段，只能被动地对病人进行隔离，虽然被动隔离也是医疗卫生事业的一个进步，但主动隔离和被动隔离实在不是一个层面的问题。大部分民众以及官员、学者、医生还是选择一跑了之，就连科学家牛顿也选择离开城市回到农村躲避。忏悔和祈祷仍是大多数人选择的应对方式。而1665 年那场鼠疫的终结，很大程度上则是因为 1666 年一场意外的大火。在这些事例中，我们看不到那个时代卫生医疗的进步，它仍受到医学发展水平以及社会组织机构不完备等方面的诸多限制。

总之，瘟疫、疾病、饥荒、战争的损失加重了西欧文明的灾难。这一时期，较高的疾病死亡率、战争死亡率、婴儿死亡率等等，也使得许多传统贵

---

① 罗伯特·路威，《文明与野蛮》，第 252—255 页。

② Victory Morgan, *A History of the University of Cambridge*, Vol. Ⅱ, p. 248.

③ 邹翔，《近代早期伦敦的疫病隔离与宗教界的反应》，《齐鲁学刊》，2010 年第 3 期，第 62页。

族世系难以维持长久。如英国 1559 年的 61 名贵族中，到 1641 年只有 22 名通过直系继承延续下来，20 名没有直系男性继承人，是通过旁系后代传承，21 名完全断绝男性世系，到 1659 年有 26 家绝嗣。17 世纪，贵族家族绝嗣比率高达 40%。斯图亚特王朝统治下有 99 家贵族绝嗣。[1] 法国的情形也与此类似。而这为卖官鬻爵提供了更大可能。加之婚姻和生育预防性措施的相伴以及医疗卫生事业的滞后，给西欧文明蒙上了一层黑暗与不幸，这些黑暗与不幸的年代仍深刻保存在西欧人的历史记忆中。

第二节　社会结构与危机

人口大量死亡打乱了西方文明的正常发展。如，1590 年代的不幸给西班牙人口带来了巨大的损失，需要几十年才能恢复。在意大利部分地区，尤其是南部，经历了相似的瘟疫和高死亡率问题。死亡率危机最严重的时候是 16 世纪 90 年代至 17 世纪 60 年代，这些瘟疫在法国、德国和地中海国家带来了巨大的死亡，也导致了农业改革的失败。[2]此外，人口不足也是西班牙、瑞典争霸欧洲的重要阻力，汤因比对此指出："西班牙像瑞典一样，由于人口不足而无法扮演它想要扮演的角色。"[3]

在传统社会中，大多数农民时常处于短缺状态，一旦农业歉收、经济情况恶化时，社会下层中的一些成员就会成为主要受害者。农业危机会夺去其收入，当价格上涨时，那些挣扎在刚刚能维持生存的边缘的人们就会跌入生存线以下的境地。对此，汤普森指出："在困难年月，可能有 20% 的居民即使已能消除所有其他开支，也无法在没有帮助的情况下买到足够的面包；而且……在很艰难的岁月，全部居民中有 45% 会被抛进这种赤

---

① 王晋新、姜德福，《现代早期英国社会变迁》，上海：上海三联书店，2008 年，第 143 页。
② Joseph Bergin ed., *The Seventeenth Century：Europe，1598-1715*，pp. 15-16.
③《人类与大地母亲》，第 485 页。

贫之中。"①戈贝尔描述的 17 世纪法国博韦地区农民的消费水平也具有一定代表性。农民基本的食谱由面包、汤、稀粥、大豆和黄豆组成，普通农民一般养不起家畜，更没有多余的钱消费肉食，他们的食谱中几乎没有肉类，即使饲养家畜，也多为纳税之用。大部分农民都处于营养不良的状况，其生存状态可简单地分为"能吃饱的和不能吃饱的"。② 农民的可支配收入很少，对农业的投入仅能维持简单再生产。这一点从保存下来的各种农民占有的基本生产资料中可以看出。在年成好时，农民勉强能够留出下一年的种子，年成不好，或遇上战乱、灾荒，预留的种子也可能由投资转为消费。如果农场主和富裕农民减少雇工及其工资或者是税赋的加重，那么这些农民的生存状态将更为恶劣，很多人将因缺少粮食而沦为乞丐，甚至饿死。对于 17 世纪的法国农民的生存境况，拉迪里指出："……从捐税的角度来讲，16 世纪中叶的农民在某些方面虽然比 15 世纪的前辈们略差一些，但比起 17 世纪的后代和继承者来，却享有更大的'喘息空间'。"③17 世纪的多事之秋，各国税收的加重无疑对农民的生存状态的恶化产生了重要影响。

17 世纪西方的生存危机极为严重。死亡、饥荒、战争等产生了大量的社会流民，社会民众普遍贫困化。17 世纪的农业歉收卷走了农民们的剩余产品，让他们几乎很少有或没有现金收入，而消费品价格的上升（虽然是短期的）、消费的有增无减，则让大多数民众收支失衡，负担过重。一旦坏年景接连到来，农民们就不堪重负。17 世纪灾荒频繁发生，由此导致了许多地区农民的流离失所，使这一时期西方社会流民数量大增。这在英国尤其圈地运动以后情况更为严重，仅 1631—1639 年，37 个郡的档

---

① E. P. Thompson, *Customs in Common*, London: the Merlin Press, 1993, p. 301.
② Pierre Goubert, "The French Peasantry of the Seventeenth Century: A Regional Example", *Past & Present*, 1956(10), p. 68; [英] M·M·波斯坦, H·J·哈巴库克, 《剑桥欧洲经济史》(第五卷)：《近代早期的欧洲经济组织》, 北京：经济科学出版社, 2002 年, 第 192 页。
③ 《历史学家的思想和方法》, 第 150 页。

案中就载有被捕流民达 26 000 人之多。[1] 17 世纪 30 年代的第二次全国性逮捕调查中，根据治安官提供的资料估算，被定罪的乞丐流民占到处游荡、等待救济的穷人的 6%。[2] 流民所犯罪行主要有盗窃、抢劫、行骗、散布异端邪说和煽动闹事等。他们当中有部分人是惯匪、社会渣滓和职业罪犯。

　　流浪汉的数量猛增，导致社会的无序性猛然增强，因此各地都在实施名为救济，实为惩治流浪汉的法律，绝大多数流浪汉被四处驱逐，饥寒交迫。同时，整个社会呈现出普遍贫困化的种种迹象：各国弃婴收容所里人满为患[3]；在英国，据统计，17 世纪 40 年代英国的贫民人数约达 50 万人，而全国人口也不过 450 万人左右[4]；而奇波拉则指出，英国直至 17 世纪末穷人仍占到一半，其中一半过着极度贫困的生活；法国也有 5/9 的人生活在贫困之中；德国科隆每 5 万人中就有 2 万是乞丐。[5] 即便是 16 世纪乡村工业较为发达并曾为无地少地贫困农民提供了大量就业机会的英国东南部的肯特威尔德地区，在 17 世纪也难以为继，贫困人口日增。结果该教区济贫税数额一路攀升，1611 年超过 100 镑，1615—1616 年达 146 镑，而到了 17 世纪晚期，肯特郡征缴的济贫税已达 29 875 镑，位居英国前列。[6] 相类似的，较为富裕的英国埃塞克斯郡因贫困而免交炉灶税的居民

[1] A. L. Beier, *The Problem of the Poor in Tudor and Early Stuart England*, London and New York: Methuen, 1983, p. 32. 关于流民和贫困问题的研究论著：Paul Slack, *Poverty and Policy in Tudor and Stuart England*, London: Longman, 1988; Paul Slack, *The English Poor Law*, *1531 - 1782*, Cambridge: Cambridge University Press, 1995; A. L. Beier, *Masterless Men: The Vagrancy Problem in England 1560 - 1640*, London, 1987; A. L. Beier, *The Problem of The Poor in Tudor and Early Stuart England*, London, 1983; 尹虹，《十六、十七世纪前期英国流民问题研究》，中国社会科学出版社，2003 年；向荣，《英国"过渡时期"的贫困问题》，《历史研究》，2004 年第 4 期；尹虹，《近代早期英国流民问题及流民政策》，《历史研究》，2001 年第 2 期等。

[2] A. L. Beier, *Masterless Men*, *The Vagrancy Problem in England 1560 - 1640*, London, 1987, p. 5.

[3] 《家庭史》，第 214 页。

[4] 《英国史》，第 351 页。

[5] 《欧洲经济史》第二卷，第 81—82 页。

[6] Michael Zell, *Industry in the Countryside*, *Wealden Society in the Sixteenth Century*, Cambridge University Press, 2004, p. 111.

也激增至 40％。1688 年,全英格兰已经有 1/2 以上的人处于贫困线以下
(准确数字为 51.4％)。① 17 世纪初,在赫特福德郡的奥尔纳姆,1/10 的
家庭要经常从济贫税中获得补助,还有 1/4—1/2 的家庭有时要靠救济才
能渡过难关。② 1622 年,在萨利奇,约 73％的人口缺少谷物,在汉普郡的
奥德翰教区,19 个有谷物的人不得不向 186 个没有谷物的贫民提供帮
助。③ 17 世纪前半叶,英国大约 8％的人口"生活在那时极端残酷规定的
贫困线以下"。17 世纪 20 年代、40 年代初以及 1659 年前后,英国贫民人
口比例上升至全国总人口的 20％,英国约有 100 万人口需要通过领取各
种救济维持生活。④ 1622 年的一项调查显示,斯塔福德人中的 25％是贫
民,1646 年,沃切斯特人口中的 23％是贫民或无以为生者。在 1616 年的
舍费尔德,至少 20％~30％的人口是不得不依靠乞讨为生的贫民,还有一
些不能忍受疾病所带来的困难而走上乞讨之路。在 1630 年的牛津,约
36％的人口计 2 858 人不得不依靠救济为生。⑤ 1709 年的冬天许多法国
民众被冻死。不独市民,士兵也经常承受着饥饿。根据一些报告,16 世
纪 30 年代的士兵食用死猫和其他动物尸体的事情并不罕见,饥饿的士兵
甚至向市民乞讨。⑥ 此外,时局的艰难,甚至让人们对最危险的职业——
职业士兵——的兴趣大增,因为它可以拥有固定的军饷和粮食维持生存。

　　疾病、饥荒、战争和死亡还加剧了社会紧张。上层社会认为疾病是穷
人传播的,因而更加憎恨穷人;而穷人反过来憎恨这样的事实,社会上层
因营养较好而较少受到疾病的袭击。⑦ 社会下层对社会不满情绪加重,往
往组成各种帮派,从事偷窃和抢劫,有的为了反对地方政府的压榨,甚至

---

① 许洁明,《十七世纪的英国社会》,北京:中国社会科学出版社,2004 年,第 62—63 页。
② 钱乘旦、许洁明,《英国通史》,上海:上海社会科学院出版社,2007 年,第 151 页。
③ Paul Slack, *Poverty and Policy in Tudor and Stuart England*, Longman, 1988, p. 64.
④ Maurice Ashley, *England in the Seventeenth Century*, *1603 - 1714*, London, 1952,
　　p. 24.
⑤ Paul Slack, *Poverty and Policy in Tudor and Stuart England*, Longman, 1988, p. 72.
⑥ Ronald G. Asch, *The Thirty Years War: The Holy Roman Empire and Europe*, *1618 -
　　1648*, New York: St. Martin's Press, Inc., 1997, p. 179.
⑦ Henry Kamen, *European Society 1500 -1700*, pp. 35 - 203.

发动大规模武装暴动，直接对社会公共秩序造成严重威胁。在这一时期，乞丐、流浪汉、小偷、强盗以及各种寄生集团所占的人口比重为数不小，且他们处于社会的边缘，生活资料的匮乏，使其经常为了生存铤而走险，"与其冻死、饿死，不如绞死"，通过如偷窃、抢劫等犯罪行为弥补食物、衣物的缺乏。盗窃者所盗物品多为衣服、家庭日常用品、粮食、家畜家禽和金属制品等，其他还有钱币、银制餐具、钟表和珠宝首饰等。乡村中的小偷还时常偷农业用具，这显然是城市和乡村中经济活动不同所致。如英国萨里郡乡村中的盗窃罪 26.5% 的所盗物品为粮食、21.4% 为衣服、9.5% 为家庭日常用品，苏塞克斯郡相应的数字为 29.2%、22.8% 和 10.1%。[①] 综上可以看出，乡村社会的犯罪主要还是生活压力和衣食无着的窘境造成的。1622 年的英国国务文书中记载：威尔特的治安法官汇报，当地由于一些呢绒商解雇了为数不少的工人，有 8 000 人失业，有人抢劫了运往市场的粮食，担心会进一步暴动。同年 5 月，格洛斯特郡的治安法官报告说，许多失业的人正在挨饿，人们开始偷窃。[②] 猖獗的偷盗、抢劫等犯罪行为，弃婴的频繁产生以及社会骚乱，以致"几乎整个欧洲人口都表现出相同的悲观情绪"[③]，一些地区甚至爆发了绝望市民和农民的起义与暴动。戴维斯曾指出，在社会进程中，一个时期的经济繁荣，提高了大众的期望值，如随后出现了严重经济衰退，把期望值粉碎，那么就会促使大众产生被剥夺和攻击感。[④] 大多数农民在正常时期也仅是能维持其基本生活水平，而年复一年地忍受着悲惨的生活对那些企望改变生存条件的人来说，其内心产生的某种期望被激发却一再遭受挫折时得不到满足，最有可能产生对抗和不满的情绪。社会不稳定因素才逐渐形成。而在 17 世纪的大背景下，在军队中服役的士兵懂得了如何使用火器，故从战场上归来的

---

① J. M. Beattie, *Crime and the Courts in England*, *1660 – 1800*, Oxford: Clarendon Press, 1986, p. 187.

②《十六、十七世纪前期英国流民问题研究》，第 173 页。

③ Joseph Bergin ed., *The Seventeenth Century: Europe, 1598 – 1715*, p. 4.

④ James C. Davies, "Toward a Theory of Revolution", *American Sociology Review*, Vol. 127, 1962, pp. 5 – 19.

士兵更是常常成为社会的隐患。许多匪帮就是这种由退伍军人组成的犯罪团伙，更增加了社会的动荡。

　　小冰期的恶劣条件和战争等因素加重了社会危机，也导致了众多社会动乱。很多地区都因为食物短缺而引发了骚乱，如1596年，牛津郡的克里斯特教堂的学生因为面包分量不足而闹事。几星期后肯特郡的一些"坏人"抢劫运粮船。最严重的是1596年牛津郡发生了200—300人参加的骚乱。1629年埃塞克斯郡的麦尔顿爆发了多次骚动以阻止当地粮食出口，1693—1695年北安普顿郡的食物骚乱，1697年林肯郡发生了反圈地骚乱，1709年埃塞克斯骚乱，等等。① 正如汤普森所说，这些骚乱都是"肚皮造反"②。而在一些地区，悲观情绪常常演变为绝望农民的起义和暴动。如在意大利那不勒斯，1647年7月，由于食物的短缺和对果树的强制征税导致了严重的民众起义。③ 一些乡村起义的数字，甚至是令人惊奇的，例如普罗旺斯，1596—1635年间发生了108次民众起义，1635至1660年（其中16次伴随着1648—1653年的弗隆德运动）更多达156次，1661—1715年则多达110次。在一个仅有60万人的社会，在约一个多世纪的时间里，374次的巨大起义数字令人极为震惊！④ 在英国，17世纪爆发了多次起义，如1607年的发生于中部各郡的大规模农民起义。英国革命前，农民起义在全国各地蔓延，夺取贵族地主强占的土地、砍伐森林、拒绝交租。1640年革命前夕，在英国许多地区都爆发了农民反圈地的事件，被圈占的土地上的栅栏也被拆毁。而根据上议院档案中的不完全资料，1640年到1643年，上议院一共处理了农民运动的主犯246人，甚至还

① John Briggs, Christopher Harrison, Angus McInnes and David Vincent, *Crime and Punishment in England*: *An Introductory History*, New York: St. Martin's Press, 1996, p. 94;《十六、十七世纪前期英国流民问题研究》，第173页。
② ［英］爱德华·汤普森著，沈汉等译，《共有的习惯》，上海：上海人民出版社，2002年，第6页。
③ Joseph Bergin ed., *The Seventeenth Century*: *Europe*, *1598 - 1715*, p. 70.
④ R. Pillorget, *Les Mouvements Insurrectionnels de Provence*, *Entre 1596 et 1715*, Paris, 1975, p. 988. Geoffrey Parker and M. Smith eds., *The General Crisis of the Seventeenth Century*, 1985, p. 12.

包括 5 名妇女。革命初期也发生了众多的农民骚动，如多塞特郡、威尔特郡等地发生的人数众多、影响巨大的"棒民"运动。① 法国甚至出现了一系列的农民自卫组织：从 1589 年（阿尔克大战）到 1593 年（亨利四世进入巴黎）间，就有"老实人""绿色城堡""利潘"等武装团体，随后还有"迟来人""晚起者""乡下佬"等。发生的起义则有：1624 年在凯尔西；1632 年在普瓦图、阿基坦和维瓦赖；1635 年在朗格多克和阿基坦；1636 年在阿列河谷至大西洋的广大地区；1643 年在整个法国西部；1645 年在波尔多至格勒诺布尔一线以南的法国南部；1670 年在维瓦赖；1675 年在下布列塔尼；等等。② 除了这些公开的暴动之外，还应该考虑到许多隐蔽的反抗。这类事件加在一起，为数也相当可观。据伊夫-玛丽·贝尔赛统计，1590 年至 1715 年间，仅在阿基坦地区，"火种露头的事"就有 450 至 500 起之多。③ 17 世纪的起义与暴动如此之多，以致马克·布洛赫说，近代早期欧洲的农民起义就像工业时代的罢工一样普遍。④

　　频繁的起义，使统治者不得不对此十分关注，并采取行动，以图在其发生之前加以阻止。如法国内战导致了高死亡率以及许多地区绝望农民的暴动，且由于农村经济遭到了严重破坏，出于对农民起义可能爆发危险的考虑，亨利四世的新政府发现它不得不免除大量的 16 世纪 90 年代后期未交纳的税款。⑤法王路易十四也曾免除了 1647—1656 年民众的全部欠款和 300 万人的人头税。然而，随着情况的进一步恶化，社会秩序愈加动荡。

第三节　人口流动与社会控制

　　16 世纪人口的快速增长，为西方文明的发展带来了一些重要的影响

---

① 《英国史》，第 343、348 页。

② 《法兰西的特性：人与物》（下），第 146—147 页。

③ 《法兰西的特性：人与物》（下），第 147 页。

④ Geoffrey Parker and M. Smith eds., *The General Crisis of the Seventeenth Century*, p. 12.

⑤ Joseph Bergin ed., *The Seventeenth Century：Europe，1598 - 1715*, pp. 3 - 4.

和变化。

　　首先，人口压力导致了许多严重的社会后果：如资源的紧张、流动人口的增多、地区冲突的增多等。

　　16、17 世纪，由于收成不好、食物匮乏，以致弃婴收容所里人满为患。[1] 勒鲁瓦·拉迪里认为法国在 16 世纪仍在不断增长的过多人口导致对粮食的需求极为迫切，阻碍了牲畜饲养的扩大，从而阻碍了其农业革命的机会。[2] 更为严重的是，由于人口压力导致的冲突可能会成为原有社会体制解体的直接或间接原因。即人口、资源的矛盾导致社会功能的丧失、利益集团力量关系的改变等，而这些会导致社会冲突而诱发新制度的产生。如，三十年战争和法国的弗隆德运动均与人口增加的压力有关，以至于在西班牙有人告诫说："丈夫在性冲动时要当心少生孩子。"[3]

　　人口压力还导致人口的大量外移。如在英国，16 世纪以后，随着农村人口的快速增长，人口与土地资源的关系日趋紧张，向大城市和海外迁移的人口规模不断扩大，部分城市人口激增，最为明显的就是伦敦。据统计："16 世纪 20 年代，全国每年的迁移人口大约占总人口的 15％，17 世纪上升到 30％以上。"[4] A. L. 贝尔指出，16 世纪和 17 世纪早期英国农村人口向城市迁移，部分缓解了农村的就业压力和生计压力，"起了缓解地方饥馑危险的安全阀作用"[5]。而大量的人口流动，在欧洲一些地区的社区内也导致了冲突，移民与当地居民间的冲突在一些地区甚至导致了巫术迫害：长期以来邻里发挥着相互支持的功能，但人口流动的加剧会使邻里关系不能保持长久。而新移民的到来必然会对当地原住民原有利益构成威胁，如此一来也会导致迫害。如在维宁根邻近村庄中的迫害者被

---

① 《家庭史》，第 214 页。

② 《历史学家的思想和方法》，第 141 页。

③ 《15 至 18 世纪的物质文明、经济和资本主义》第一卷，第 59 页。

④ A. L. Beier, *The Problem of the Poor in Tudor and Early Stuart England*, London: Routledge, 1983, p. 8 - 9.

⑤ A. L. Beier, *Masterless Men: The Vagrancy Problem in England 1560 - 1640*, New York: Methuen, 1985, p. 31.

认为是一群移民过来的手艺人，原因是其对那些早已建立的维护当地人家庭利益的规则感到不满。而同时，作为原住民日常生活的实际或潜在的威胁者，移民也成了一些人的迫害对象。如在 1675—1690 年的萨尔斯堡，游民、乞丐则成了迫害对象。[①]

表 5-5　17 世纪英格兰海外移民人口统计表[②]

年份	出生人口数	死亡人口数	移民人口数
1630—1639	1 565 473	1 302 997	69 100
1640—1649	1 609 745	1 333 657	69 400
1650—1659	1 444 963	1 413 905	71 800
1660—1669	1 482 753	1 485 379	42 200
1670—1679	1 471 113	1 435 086	51 700
1680—1689	1 564 307	1 601 645	43 100
1690—1699	1 558 272	1 414 972	30 300

部分城市人口增长情况[③]（人）

城市	1520 年左右	1603 年左右	1670 年左右
伦敦	55 000	200 000	475 000
诺里奇	12 000	15 000	20 000
布里斯托尔	10 000	12 000	20 000
约克	8 000	11 000	12 000
埃克塞特	8 000	9 000	12 500
索尔兹伯里	8 000	7 000	6 000
考文垂	6 601	6 500	7 000

---

① 《与巫为邻》，第 339、345 页。
② E. Wrigley & R. Schofield, *The Population History of England 1541 - 1871*, London, 1981, p. 186, 转自江立华，《转型时期英国人口迁移与城市发展研究》，首都师范大学博士论文，2000 年，第 39 页。
③ 《转型时期英国人口迁移与城市发展研究》，第 60 页。

续表

城市	1520 年左右	1603 年左右	1670 年左右
纽卡斯尔	5 000	10 000	12 550
坎特伯雷	5 000	5 000	6 000
伯里圣埃德蒙	3 550	4 500	6 200
莱斯特	3 000	3 500	5 000
沃里克	2 000	3 000	3 300
普利茅斯		8 000	8 000
科尔切斯特	7 000	5 000	10 305
格洛斯特		6 000	5 000
伍斯特		4 250	8 300
剑桥	4 000—5 000	5 000	9 000
温切斯特		3 000	3 100
大雅茅斯	4 000	5 000	10 000
金斯林	4 500	6 000	9 000
切斯特	3 000—4 000	6 000	7 600
伊普斯威奇	3 100	5 000	7 900
诺丁汉		3 540	3 328
赫尔		6 000	6 000
牛津		5 000	5 000
林肯	4 000—5 000	4 100	
东德雷汉	600	1 100	1 500
希钦	? 650	1 800	2 400

　　人口压力和大规模流动常常是政治不稳定、社会动荡的重要诱因。当社会发展与人口增长不相适应时，就会产生不满心理，从而埋下动荡的种子。相反，当人们对自身状况不满时，如果社会经济发展能给新增的人口提供就业机会和较好的生活条件，反而能促进社会的稳定，借用社会学

所阐释的"隧道效应"（tunnel effect）：在一条单向双车道的隧道中发生了堵车，当两条车道都动不了时，大多数人可以心安理得；当一条车道开始流通时，另一车道的人会觉得自己这一车道也应该马上畅通；可是，如果这一车道继续不通，该车道上的人就会不满，并进而要想方设法挤入另一车道。[①] 这表现在另外一些地区，人口流动则推动了当地社会的发展，如荷兰进步宽容的政策吸引了大量的南尼德兰和北德意志的移民，结果使荷兰人口从 1550 年的 120 万激增到 1650 年的 190 万。而法国废除《南特敕令》迫使 20 万拥有一技之长、工作最为勤勉的胡格诺教徒逃离法国，这其中很大一部分也进入了荷兰，这些移民成功推动了荷兰经济、艺术、文化的发展。[②] 移民带来的技艺也有助于工业技术的发展。英国更是人口流动的主要受益者，从伊丽莎白女王即位后，对待难民的态度就极为积极。女王政府对外来移民颁发许可证，保护移民经营自己的行业，授予专利权，吸收拥有技术和资本的外国人移居英国，对外来新教移民实行信仰自由的原则。更为重要的是，英国强调外来移民为英国所用，外来移民不得保守他们的技术秘密，而应该教给英国人。这无疑有利于英国击败竞争对手、夺取海外市场：佛兰德人、胡格诺的教徒和尼德兰织工促进了诺里奇毛纺织业的发展，使其成为新织物的中心；荷兰的织工带来了织造新褶饰的秘密，荷兰农民则带来了排水和进一步精耕细作的技术；受西班牙迫害的犹太人为英国带来了理财的经验。[③] 外来移民为英国发动了一场小产业革命，帮助英国创造出大量的财富，也激活了手工业扩大再生产的能力。对此，布罗代尔指出："英国付诸应用的重大革新……都向外国借鉴……须知正是德意志、尼德兰以及意大利（玻璃工业）和法国（毛纺与丝织工业）等先进地区的工匠和工人带来了

---

① 德国著名社会学家赫希曼（Hirschman）的理论，Albert O. Hirschman, "Changing Tolerance for Income Inequality in the Course of Economic Development", in *World Development*, Vol. 1, No. 12 (1973), pp. 24–36.

② 科林·麦克伊韦迪、理查德·琼斯，《世界人口历史图集》，第 51、60 页。

③ David Landes, *The Wealth and Poverty of Nations*, New York：W. W. Norton, 1998, p. 309.

必要的技术和技巧,使英国得以建立一系列崭新的工业……"①可以说,17和18世纪英国工业革命、农业革命的技术进步,在某种意义上是荷兰先进工业和农业的推广和传播,而推广工作最初也主要是由荷兰移民进行的,流入英国的荷兰资本则又是18世纪英国工业革命所需资金的重要来源。

表5-6　16世纪中叶—17世纪初期英国的尼德兰移民②

时间	移民情况
1558年之前	2 860名尼德兰人移居英国
1560年	英国的尼德兰移民已达10 000人
1561年	约406名被逐出佛兰德尔和布拉邦特的尼德兰人被允许定居桑维奇
1561—1570年	此间约有30 000名佛莱芒的织工和染工新教徒移居英国,还有一批其他工匠
1565—1586年	荷兰移民定居科耳切斯特,1573年达534人,1586年增至1 293人
1567年	南安普敦市政当局接受了100名瓦隆人的定居申请
1568—1578年	1 132名佛莱芒人和339名瓦隆人移居诺里季,1569年达到3 000人,1571年3 925名荷兰人和瓦隆人到来,1578年移民达到6 000人
1573年	已有60 000名尼德兰新教难民移居英国
1581年	伦敦一份报告中列有3 909名被安置的移民,其中1 364名为荷兰人
1585年	梅德斯通市的新教移民达43户,其中成年人115名
1618年	伦敦外来移民已达10 000人,其中绝大部分为佛莱芒人和瓦隆人

　　其次,也是更为重要的,人口变动导致社会流动,也导致了社会控制手段的变化。

　　社会流动通常被界定为人们在一定的社会分层体系中社会位置的变动,个人位置的改变可以创造出一种新的生活方式。社会流动是个人位

---

① 《15至18世纪的物质文明、经济和资本主义》第三卷,第639页。

② 刘景华《试论英国崛起中的尼德兰因素》,《史学集刊》2009年第2期,第16页。

置的调整移动，也是社会结构的流转变迁过程，是实现人力资源重新配置、优化，进而带动其他各类资源重新配置优化的一条途径。一般而言，它包括水平流动和垂直运动两种。17世纪，西方人口的大量流动主要是水平流动，而垂直运动的通道日益狭窄。例如，英国大学学费在16、17世纪由于价格革命和经济危机的影响而出现上涨，是导致平民学生比例下降的重要原因。据统计，从1500年到1640年物价由400%涨至650%，随之学费水涨船高，16世纪末平民子弟每年学费花费30—35镑，17世纪初涨至35—40镑，十年后已高达100镑。① 由此带来的是整个17世纪不富裕的学生人数的下降。与此同时，身份等级差异导致了教育的不公平，而这又催生了社会失范。学员的社会身份也对其生活待遇、奖学金的获得带来了明显影响，使得大学中社会等级日益分化，社会差别日趋明显，并造成了一定的负面影响。部分人内心高度敏感，对自己的生存环境产生自卑心理，加之择业环境的劣势，使其极易走上社会对立面，成为稳定社会秩序的潜在威胁。而历史事实也表明了英国资产阶级革命中的一部分激进人士就是在大学受过高等教育却被排斥在主流社会之外的所谓"闲散人员"。而都铎政府对流民的定义中，就曾将牛津和剑桥大学所有需要乞食，却没有得到校长或副校长签发的乞食许可证的学生包括在内。②

即便是水平流动，也受到法律越来越严格的控制。17世纪，为了应对大量流动人口和贫困人口，英、法等主要欧洲国家和城市都在开始建立安全和救济体系，这在英国表现得更为明显。对此，王晋新教授在论及英国近代早期的人口运动与社会转型时，就曾指出："当时的英国也意识到四处流散的人群是一种不稳定的社会因素，必须加以遏制和妥善解决。历届政府频频颁布'劳工法''贫困救济令'，软硬兼施，双管齐下。流民凄

---

① Lawrence Stone，"Social Mobility in Early Modern England：Conference Paper"，*Past and Present*，1966，No. 33，p. 33；Nicholas Tyacke，*The History of the University of Oxford*，Vol. Ⅳ，Oxford：Clarendon Press，1997，p. 87.
② 《十六、十七世纪前期英国流民问题研究》，第14页。

苦的境遇，官府衙役的凶恶吼叫，'救济院''赈济所'纷纷开张，构成了近代初期英国社会的独特历史画面。"①在英国，1601 年，伊丽莎白女王命令将以前各项救济法令编纂补充成法典颁布，此即著名的英国 1601 年《济贫法》(The 1601 Poor Law Act)。此后，英国政府也颁布了一些新法律、法令来进一步完善济贫法，如对 1601 年《济贫法》的若干补充规定(1620 年后，1598 年、1601 年法案以及规定被大大强化②)，1631 年的《命令集》(Book of Orders)，1662 年的《居住法》(The 1662 Settlement Act)以及 1685 年、1691 年、1697 年、1722 年法案等。这些法案的颁布，使其成为历史上最早的有组织的常规济贫法律，也使英国的济贫体系的主要内容得到了法律确认，并以法律的形式确认了国家和政府对救济贫民应负有的责任，这是人类文明的一大进步。由此，英国形成了以 1601 年《济贫法》为基础，以征收济贫税、建立济贫院、实行教区安置、就业等为主要内容的一整套济贫原则和制度，并为后世遵循，其基本思想一直执行到 1834 年济贫法修正案即新济贫法的出台。在某种程度上，它可以说是后世西方社会福利制度的滥觞。

而 17 世纪自由迁徙的主要阻力来源却恰恰是济贫法，1601 年的《济贫法》和 1662 年的《定居法》是其主要体现。在具体执行上，法令严格区分社会中不同类型的穷人并以不同措施进行处理。它将穷人分为值得救济者(the deserving poor)和不值得救济者(the undeserving poor)。并明文规定，各教区有责任在灾区所辖区域内向本教区居民及房地产所有者征收"济贫税"；接受济贫补助的贫民应佩戴专门的徽章；身强力壮的贫民不予救济，须入济贫院参加劳动，拒绝劳动者将判以监禁；由治安法官负责救济，征收济贫税，调查贫民生活，决定申请救济贫民的救助费，监督、

---

① 王晋新，《人口运动与社会转型——人口史学与近代初期社会经济史研究》，《世界历史》，1996 年第 3 期，第 8 页。

② A. L. Beier, "Poverty and Progress in Early Modern England", in David Cannadine and J. M. Rosenthal eds., *The First Modern Society*: *Essays in English History in Honour of Lawrence Stone*, Cambridge: Cambridge University Press, 1989, p. 203.

检查《济贫法》的执行情况并有权将不缴纳济贫税者投入监狱；等内容。[①]
而 1662 年的《居住法》则授权教区执事可以将没有该教区居住权或不属
于该教区的人驱逐出去。[②] 根据这样的济贫制度和定居法，当一个贫民迁
移到其他教区时，若该教区认为他增加了其济贫税负担的话，就必须在 40
天内将其遣返原籍。显然，成立济贫院的目的并不单单是为了救济穷人。

　　然而，有意思的是，济贫体系的建立，此种社会变迁的结果却非西方
社会蓄意准备的，而是制度和立法变迁的计划外后果。各主要城市安全
和救济体系的建立，显然表明了统治者和富人将流民看作是对法律和现
存秩序的一个严重威胁，也表明了传统的救济方式在实际和意识形态上
的崩溃，"此项设计显然是为了将不受欢迎的外来者驱逐出去。在每个地
方，外来者要被遣送回去"[③]。而在实际上，对流民的救助是很少的，只有
最富裕的城市能够承担。大多数国家只能靠定期对乡村进行军事征讨、
惩戒性的绞刑和强制性入伍来镇压流浪者。慈善甚至可以说是一种恶意
伪装的镇压的委婉说法。国王授权教区可以对流民施以鞭刑和烙印。
1713 年英国的《布莱克·沃尔瑟姆法案》(Black Waltham Act)甚至授权
可以对有拦路强盗的嫌疑者及其同伙不加审讯即施以绞刑。为免于被当
作流民受到惩罚，甚至连职业剧团也不得不托庇于贵族保护人的保护之
下方得以流动。如此一来，人口就可以相对固定地居住在其教区内，减少
了无序流动。

---

① Chris Cook, John Stevenson, *The Longman Handbook of Modern British History 1714 -
1980*, London: Longman Group Limited, 1983, p. 109; Neil Tonge, *Elizabeth I*, Essex:
Pearson Education Limited, 2001, p. 31; Jeremy Black, *Historical Atlas of Britain: the
End of Middle Ages to the Georgian Era*, London: Sutton Publishing Ltd., 2000, p.
35; John A. Wagner, *Historical Dictionary of the Elizabethan World: Britain,
Ireland, Europe and America*, Phoenix, Arizona: the Oryx Press, 1999, p. 240; "Key
Dates in Poor Law and Relief Great Britain 1300 - 1899", 载 http://www.thepotteries.
org/dates/poor.htm, 2005 年 5 月 26 日下载。
② Marjie Bloy, "The 1662 Settlement Act", 载 http://www.victorianweb.org/history/
poorlaw/settle.html, 2005 年 5 月 26 日下载。
③《与巫为邻》，第 289 页。

同时,在各种救济机构中,被剥夺了生产资料的流民被迫接受劳动所需要的训练,这在某种程度上也为英国各行业培训了大量的熟练工人。但要指出的是,在这些救济机构中,不但迫害并未完全消失,而且在经济上又受到了残酷剥削,但不可否认的是,该体系在某种程度上通过"定居"的手段制止了人口的长期无序流动,缓解了社会动荡并使贫民得到一定程度上的必要的社区救济。从而相对行之有效地实现了对教区民众和流动人口的监管,促进了英国具有近代意义的管理和监督机制的发展。

如此一来,法律就限制了长期流动而只允许居民的短暂流动。然而,劳动力长期自由流动在社会发展过程中又是必不可少。为了满足工农业对劳动力的需求,英国政府颁布了一系列法律,逐渐放松了对居民迁移的限制。如 1697 年的法律规定,如原教区出具证明,愿意在必要时负担起救济的责任,贫民可以到其他教区去谋生,但原教区必须负责遣返的费用。然而,该法令却进一步强化了教区在人口流动监管中的重要地位,政府也由此进一步强化了对人口无序流动的监管。

此外,饥荒还给法国绝对主义王权的加强做出了贡献。1661 年法国东部和北部的农业歉收帮助年轻的路易十四加强了对其臣民的统治。柯伯尔报道说,国王不仅向巴黎和周边的个人和社区分发谷物,甚至还下令向民众每日分发 3 万—4 万磅的面包。[1] 从而,年轻的路易十四赢得了民心,有力地加强了其绝对主义王权。

总之,由于气候变化导致的饥荒、瘟疫和疾病的流行、战争的频发以及西方人为应对危机而采取的预防性生育措施,都大量地减少了西方人口,使其发展遭遇了一次"滑铁卢"。人口大量死亡打乱了西方文明的正常发展,天灾人祸导致了西方文明内部流民激增,偷盗、抢劫等社会治安问题层出不穷,整个社会呈现出贫困化的趋势,人们食不果腹。悲惨的境遇,激发了西方民众的骚乱、暴动乃至连绵不断的起义,从而给西方文明的发展敲响了警钟。然而,大量的流民和社会的不幸,同时也给统治者加

---

[1] Henry Kamen, *Early Modern European Society*, p. 28.

强对其臣民的统治提供了契机。为此西方各国改变了人口的控制手段，以英国为例，统治者通过建立城市安全和救济体系，实际上，将大量的人口固定在以教区为基本单位的固定地区，并授权教区可以驱逐他属流民，这样一来，就减少了不合理的流动，加强了对民众和流动人口的监管，既稳定了社会，又相对有效地实现了对人口的控制。

第六章
西方文明与外部世界

　　通常,文明的发展与扩张是在两个维度上展开的,即伴随着体系扩展和充实的文明内和文明际的暴力冲突与和平交流。如果说,对西方文明的考察必须要以坐标的方式进行的话,那上面的文字可以说是从纵轴对西方文明内部变革的考察,接下来我们将从横轴考察西方文明与外部世界的关系。

第一节　全球背景中的 17 世纪西方文明

　　西方文明与外部世界的关系曾是现代性的核心特征,与"发现"的进程一样都占压倒性的优势。这就是通常所说的"西方中心论"或"欧洲中心论"的基本出发点和思路。在这个老掉牙的故事情节中,讲述人传达给人们这样一种信息:当第一批葡萄牙船只绕过好望角后,无可匹敌的西方优势就开始了;非欧洲国家都像一叠纸牌似地倒下了;是西方人发现了世界,西方人扩展了世人的物质和精神视域,给予了人们最大限度的自由,并将他们融入了现代社会。在这段历史中,西方人逐渐强化了他们对美洲的统治,英国和荷兰逐渐转变为全球帝国,非洲也同样处于西方人的有效控制下,而这要归因于西方文明的丰厚遗产以及自身的必然转变。

　　然而,笔者要强调指出的是,世界一直就在那里存在着,至少是它的非洲-亚洲部分早就在塑造着欧洲。"发现"的真实意思不过是西方人将非洲、美洲或葡萄牙人口中的印度以及亚洲带入到救赎、社会和技术进步的基督教世界的历史叙事中而已。17世纪是西方的时代,但它们同时也是其他文明的时代。亨利·皮朗早就曾强调过欧洲的极端依附性,他在1935年指出:"没有穆罕默德,就没有查理曼。"[1]对此,学术界却长期未能给予充分重视,而是按照冲击-反应等带有西方中心论的解释模式,过分关注和强调西方文明对东方诸国单方面的冲击作用,并由此而建立起近代早期亚欧文明交往格局的基本框架和阐释结构。[2]

　　就17世纪而言,西方人远未达到后来的高度。这一时期的世界并非如后世学者所设想的那样,由西欧据统治地位。对奥斯曼、萨菲、莫卧儿和中国等帝国,西欧人还远远谈不上领先或主导,甚至只能在这些帝国的边缘地带徘徊,并且接受严格的管束。这些帝国在17世纪虽然都曾面临困境,但各大帝国依然是管理辽阔疆域的政治和经济的扩张性的、成功的组织形式。如印度的莫卧儿帝国的势力在奥朗则布(死于1707年)统治时期达到顶峰。它依然能够完全调动所控制的资源来提高和扩大统治王朝的权力并将其延伸至新的地区。事实上,亚欧大陆的大部分地区都处于这种或那种帝国的有效控制之下。与世界其他地方相比,西方在技术方面同样也不占有统治地位。菲利普·柯廷写道,在17世纪,"世界史的'欧洲时代'的黎明还没有到来。印度经济仍然比欧洲更加具有生产效率。甚至17世纪的印度或中国的人均生产率也比欧洲高——虽然根据现在标准是很低的……还有,欧洲进口亚洲制品而不是相反"[3]。

　　同样的,亚洲常常被欧洲中心论者指为停滞不前的,因为它没有西方

---

[1] H. Pirenne, *Mohammed and Charlemagne*, London, 1939, p. 234. 转自《白银资本》,第41页。

[2] 也有一些学者改变了对发现和征服美洲的传统说法的使用,他们使用了非哥伦布的语言,用遭遇或文化的相遇进行了替换。如 Alfred W. Crosby, *The Columbian Exchange: Biological and Cultural Consequences of 1492*, Westport: Greenwood Press, 1972; Jerry H. Bentley, Herbert F. Ziegler, *Traditions & Encounters: A Global Perspective on the Past*, NewYork: McGraw Hill, 2005.

[3] Philip Curtin, *Cross-Cultural Trade in World History*, Cambridge: Cambridge University Press, 1985, p. 149.

的农业革命、思想启蒙等波澜壮阔的各种运动。对此，佩里·安德森认为："在东方大帝国中没有西方的那种运动，并不意味着它们的发展因此就仅仅是停滞的或循环往复的。在近代早期的亚洲历史上几乎充满了极其重大的变革和进步，即使它们没有通向资本主义。正是由于无视这一点，才产生了东方帝国'停滞'和'始终如一'的错觉，而实际上，历史学家必须注意它们的多样性和发展性。"①

事实上，亚洲在很大程度上是充当了西方文明变革的借鉴和榜样的角色。到17世纪末，"在有文化的欧洲人中几乎没有人完全不被（亚洲的形象）所触动，因此，如果在当时欧洲的文学、艺术、学术和文化史中看不到这种影响，那就确实太奇怪了"②。德国哲学家莱布尼兹曾说过："事实上，所有精美的东西都来自东印度群岛。……有识之士已经指出，世界任何地方的商业繁荣都比不上中国。"③"17世纪期间……欧洲知识分子正被有关传说中的遥远的中国文明的许多详细的报道强烈地吸引住。这些报道以耶稣会传教士的报告为根据，引起了对中国和中国事务的巨大热情。实际上，17世纪和18世纪初叶，中国对欧洲的影响比欧洲对中国的影响大得多。西方人得知中国的历史、艺术、哲学和政治后，完全入迷了。中国由于其孔子的伦理体系，为政府部门选拔人才的科举制度，对学问而不是对作战本领的尊重以及精美的手工艺品如陶瓷、丝绸和漆器等，开始被推举为模范文明。"④"人们普遍认为，东方的那些大帝国拥有无穷的财富和庞大的军队。这种看法是相当正确的。乍看起来，这些东方社会一定似乎远比西欧的人民和国家更加得天独厚。的确，和这些东方的伟大文化和经济活动中心相比，欧洲的相对弱点比它的力量更为明显。"⑤里格利指出，从18世纪中期的亚当·斯密、稍晚的马尔萨斯和李嘉图，甚至到

---

① ［英］佩里·安德森著，刘北成等译，《绝对主义国家的系谱》，上海：上海人民出版社，2001年，第522页。
② 《白银资本》，第34—35页。
③ 《白银资本》，第35页。
④ 《全球通史——1500年以后的世界史》，第234页。
⑤ 《大国的兴衰》，第14页。

19世纪中期的约翰·穆勒,都深信中国比欧洲任何地方都富有。[1] 到19世纪中期以前,印度帝国始终被认为是世界上最富有、最强大的国家之一,而中国则始终是最令人叹为观止的,被欧洲人当作最高的榜样。[2]在科技方面,中国文明也曾给西方人提供了发展的动力。英国哲学家和政治家弗朗西斯·培根曾富有洞察力地指出,欧洲其时发生的变迁是三种外来的重要发明推动的——火药、印刷术和指南针让世界旧貌换了新颜。[3] 它们分别在军事、文字、航海上改变了欧洲,影响了欧洲的战争、统治、意识形态、帝国和贸易,并使之处于不断的变革之中,它的深远影响是创造了一个新的欧洲,这个欧洲的力量较之以往的几个世纪显得更为强劲和危险。

在全球背景下,直到18世纪末,西方人在与亚洲人进行的全球经济竞争中仍然处于劣势,穆斯林商人控制了欧亚大陆的海上航线,即从红海和波斯湾穿过印度洋、绕过东南亚,到达中国海的航线。即使一度称雄的荷兰,也不过是寻求充当欧洲的代理人和经纪人,做世界马车夫、欧亚贸易的中间商而已。对于英荷战争,一位英国商人曾感慨道:"对我们两国而言,世界贸易太少了,因此必须有一方被打倒。"而英国海军的一位将军则说得更加直接。他说:"荷兰人控制的贸易太多了,英国人决心从他们手中将贸易权夺过来。"[4]由此导致英荷两国关系日趋紧张,羽翼渐丰的英国决心通过武力改变荷兰控制海洋贸易的局面并取而代之。在东方,直至17世纪下半叶,英国东印度公司才逐渐打破荷兰东印度公司的垄断,同中国建立直接的商贸航运业务。西方与东方的贸易常常处于逆差,西

---

[1] E. A. Wrigley, "The Classical Economists, the Stationary State, and the Industrial Revolution", in Graeme Donald Snooks ed., *Was the Industrial Revolution Necessary?* London and New York: Rouledge, 1994, p. 27.

[2] Donald Lach and Edwin van Kley, *Asia in the Making of Europe*, Vol. 3, Book 4, Chicago: University of Chicago Press, 1993, pp. 1897, 1904.

[3] 弗朗西斯·培根,《新工具》,格言129条,转自《全球通史——1500年以前的历史》,第454页。

[4] C. Hill, *God's Englishman, Oliver Cromwell and the English Revolution*, London, 1970, pp. 166-168; Paul M. Kennedy, *The Rise and Fall of British Naval Mastery*, London: Macmillan, 1983, p. 48.

方的黄金白银大量外流，亚洲的产品充斥于西方市场。曾于 16 世纪末访问印度的一位英国旅游家曾说，每年有约 20 万葡元的白银（约 20 万两）运往澳门以购买中国货物；16 世纪末叶，每年由菲岛输入中国的美洲白银已超过 100 万西元（约 72 万两），到 17 世纪前期更增至 200 余万西元。[1] 如来自亚洲的棉丝织品充斥于欧洲市场，排挤着欧洲产品。对此，英、法等国为了保护民族工业，不得已被迫实施市场保护政策，拼命阻止这种制品的侵入。英国议会于 1707 年通过一项限制印度棉纺织品出口英国的法令，以维护英国生产商的利益。然而，事与愿违，丹尼尔·笛福 1708 年在《每周评论》的一篇文章这样写道："人们看到一些上等人，竟把一些印度地毯披在身上，而在不久前，他们的妓女还嫌这种布料过分粗俗；印花布身价日高，从脚下升到人的背上，从地毯变成衬裙，甚至女王自己也穿着中国和日本的织物露面，我说的是中国的丝绸和细布。不仅如此，我们的住宅、书房或卧室里，垫子、椅子乃至床，全都离不开细布和印花布。"[2] 在法国，35 条以上的禁令未能治好走私印花布痼疾。巴黎的一位商人做得更出格：他建议布置三名下级警官，每人发给 500 里弗，当街剥光穿着印度布衣服的妇女。如果这个建议过分可笑，就让妓女穿上印度布衣服然后当街脱光，以裨世道人心；而根据 1717 年 12 月 15 日法令，禁止穿着印度棉织品或中国丝织品。对买卖该物品者，除没收货物和罚款 1 000 埃居外，另处长期苦役等刑罚，情节严重者加重处分。[3] 表现出对中国和印度商品的强烈敌意，也暗示了两者的优势地位。然而，这也于事无补。最终，该禁令于 1759 年撤销，并在国内建立起印花布工业，与外来的英国、瑞士、荷兰竞争，甚至试图与印度的印花布工业抗衡。

对此，斯塔夫里阿诺斯在论及 19 世纪以前中国与外部世界的经济关系的特点时说："它反映的……是那些世纪大部分时间在财富和技术上

---

[1] 全汉昇，《明代中叶后澳门的海外贸易》，《中国文化研究所学报》第五卷，第 1 期；全汉昇，《明清间美洲白银的输入中国》，《中国文化研究所学报》第二卷，第 1 期。

[2]《15 至 18 世纪的物质文明、经济和资本主义》第二卷，第 176 页。

[3]《15 至 18 世纪的物质文明、经济和资本主义》第二卷，第 174—176 页。

的优势。"①樊树志教授也认为："这种结构性贸易逆差,所反映的绝不仅仅是技术层面的贸易问题,而是贸易各方生产水平,经济实力的体现。"②而西方国家用以弥补与东方国家之间贸易逆差的手段和方法就是对美洲殖民地的掠夺和开发。西方各主要国家在17世纪展开了尤为激烈的明争暗斗,而其最终目的只是为了争夺西方的霸主和在亚洲市场进行贸易的优先权,即在这个仍被亚洲支配的世界里寻找积累财富和力量的途径。贡德·弗兰克、彭慕兰、王国斌等西方学者的著述,对此已做了深刻的表述。

即使就西方人"征服"美洲而言,虽然西方人相对于美洲印第安人占据着技术上的某种优势,然而,对美洲的征服仍然是几个因素结合在一起的,其中病菌充当着急先锋和西方人的同盟者。美洲印第安人无人经历过已成为旧世界网络内日常生活一部分的"疾病群"和流行病感染,因而对它们几乎没有任何的免疫力。当密集的、相互交流的美洲人口第一次遭遇这些疾病,可怕的流行病随之爆发。更重要的是,美洲的人口来源简单,因而它们的基因改变相对较少。这意味着一种特定病原体,如果能够突破一个人的免疫系统,同样的事情就非常有可能发生在所有人身上。反之,在遗传学上,病原体多样化的人口能够形成有效保护他们的免疫系统。因而,流行病对缺乏有效免疫的印第安人的杀伤力也远远大于西方人的火器。正如尤卡坦的一位印第安人所说,在欧洲人到来之前,"那时并没有什么疾病;他们那时没有骨头疼痛,他们那时没有高烧;他们那时没有天花;他们那时没有胸口灼热;他们那时没有肺痨;他们那时没有腹部疼痛;他们那时没有头疼脑热。那时人类历程是有序的。外国人一来,情况就都变了"。③ 在西方人的"征服"之前,天花时疫、饥饿以及印第安人之间的内讧早已经使得原来强大的印第安人的几大帝国外强中干。而

---

① 《全球通史——1500年以后的世界史》,第76页。
② 樊树志,《文明的彷徨——晚明历史大变局》,《解放日报》,2004年6月28日。
③ Alfred Crosby, *The Columbian Exchange: Biological and Cultural Consequences of 1492*, Westport: Greenwood Press, 1986, p. 36.

且，西方人对印第安人的"征服"并未取得彻底的胜利，印第安人的斗争仍在长期坚持，如亚利桑那州的阿帕切人和阿根廷大草原的印第安人与欧洲人对抗长达 300 年之久。① 对此，威廉·汤普逊在评述过去 500 年西方的崛起时也指出，军事优势只是重要因素之一，其他因素发挥了更为至关重要的作用，如征服对象的相对虚弱、当地盟友的帮助等等。② 这种最初的优势很快在印第安人掌握相关技术后而日趋下降，如到 17 世纪 60 年代，马萨诸塞的印第安人已能生产弹药并能制造工具修理滑膛枪，有了铁器的协助，印第安人的抵抗力进一步加强，随之而来的是西方人与之作战时的大规模伤亡。1675—1676 年，英国人与印第安人作战伤亡 3 000 人，优势进一步消失。③

第二节　奥斯曼的挤压

十字军的失败使欧洲诸国大部分君主转而将战争机器转向内部。这种内部集权化运动，让法国、英国、西班牙等国的王权获得了不同程度的增强，但据此认为西方正处于普遍对外扩张的观念却令人怀疑。正相反，有事实证据表明，自 15 世纪以来，西方基本处于一种被包围的状态，西方文明在奥斯曼帝国扩张的挤压下发生了内聚性破裂。它向中国、日本和俄国等地区的有限推进均遭到失败。

同样的，在 17 世纪西方文明的发展走向上，外部世界对其的直接挤压和间接压力对其构建起到了某种意义上的决定作用。当时其他区域文明的发展变革对西方文明也有着多种重大的影响和制约作用。巴勒克拉夫在论及这一历史时期时也曾提出："在形成了今天这样结构的世界上，

---

① Peter Stearns et. al. eds., *World Civilizations*：*The Global Experience* (Third Edition)，Addison-Wesley Educational Publishers Inc.，2001，p. 592.

② William R. Thompson, "The Military Superiority Thesis and the Ascendancy of Western Eurasia in the World System"，in *Journal of World History*，10，1999，pp. 144，178.

③ 《剑桥插图战争史》，第 228 页。

印度、中国和日本的历史,亚洲和非洲其他国家的历史,如同欧洲的历史一样,都是至关重要的。"①而在本节所说的西方文明区域,其北面为冰川无人区,南部为孱弱、荒芜的非洲大陆,西部面海。东部是受奥地利哈布斯堡王朝、奥斯曼帝国和俄国重重挤压下的落后的中东欧山脉地区。东南更是强大的奥斯曼帝国所在,而在奥斯曼帝国的身后则有萨菲帝国和印度的莫卧儿王朝两大伊斯兰帝国。几大势力扼制了西方通向东方的陆上通道,限制了西方文明的陆上发展。而位处东南区的奥斯曼帝国对西方的挤压和构建作用显得十分重要。

　　17世纪的奥斯曼帝国是一支具有决定性的世界强势力量,控制着西起匈牙利,南至波兰,北及非洲东北部,东到小亚细亚、波斯湾的庞大区域,奥斯曼帝国的强盛阻断了东西方交往的传统商路,直接挤压着西方文明的发展。奥斯曼人不断向外扩张,是因为它本身有一个扩张性的社会结构。奥斯曼国家起源于依靠战争掠夺运转的游牧部族,它永远为袭击做好准备,是一个十足的征服机器。环境造就了奥斯曼社会演进的两个统治性原则:一、军事安排与组织的首要性;二、机动性的需要,以劫掠和征服为唯一共同目的,强制群体去借鉴、吸收和采用他人的思想、社会实践和制度,以联系和控制被征服和被剥削的民族。②"只要奥斯曼军队前面的边疆还没有封死,对于整个统治秩序来说,禁卫兵团和德伍希尔迈的必要性与合理性就在实践中得到证明。"③因此,军队构成这个国家与社会的主体。为了维持现存社会秩序,必须使用这些军队征服土地和获得奴隶。"封建领地可以通过军事服务来作为回报;但圣法禁止没收现存的穆斯林的土地,只能通过领土扩张来获得大量土地,也就是说,通过更多的侵略……奴隶也只能通过更多的侵略才能获得。对于这些军事因素的忠

① [英]杰弗里·巴勒克拉夫主编,邓蜀生编译,《泰晤士世界历史地图集》,北京:生活·读书·新知三联书店,1985年,第13页。
② P. H. Coles, *The Ottoman Impact on Europe*, London: Thomas & Hudson, 1968, p. 45.
③《绝对主义国家的系谱》,第401页。

诚与热情依赖于为进一步劫掠提供无限的机会和一个奴隶行政系统的存在与服从；所有这些意味着更多的劫掠。"①所以，奥斯曼"帝国扩张的基本推动力始终是残酷的军事性的"②，并在此基础上塑造扩张性的社会体制。自 14 世纪起，奥斯曼帝国就对欧洲保持的高压军事进攻态势，早已使西方文明不堪重负，对其既尊敬、钦佩又感到不安。钦佩者如 1634 年，一位富有思想的旅行者下结论说，土耳其人是"近代唯一起伟大作用的民族"，"如果有谁见到过他们最得意的这些时代，他就不可能找到一个比土耳其更好的地方"。③无怪乎当时有许多西方人认为当时居住在伊斯兰世界要比欧洲更为安全和自由。④ 不安者，就连教皇"也害怕罗马的命运不久就会赶上君士坦丁堡"⑤。在其鼎盛时期，"奥斯曼……既拥有最优秀的基督徒军队的那种现代化品质，又拥有远远超过任何单个敌对的基督教国家的动员力量。唯有联合起来，才能在多瑙河前线抵挡住它"⑥。"奥斯曼帝国是 16、17 世纪的一个决定性的世界力量；用现代术语来说，这个帝国是个超级力量。根据它地缘政治的形式，它大量的疆土和人口，其经济资源的财富，和能够动员这些资源服务于国家目标的中央和地方行政体系来看，它无愧被列入超级大国的行列。"⑦奥斯曼人对西方也时常表现出一种优越感：他们自以为自己是不可战胜的，根本就没有想到自己或许能从邪教徒即异教徒那里学到些什么。凡是与基督教欧洲有关的东西，穆斯林的官吏和学者都示以轻蔑和傲慢。⑧ 历史事实上也表现如此。哈布斯堡王朝屡战屡败，基本居于劣势，数次签订割地赔款的不平等条约，甚至

---

① P. H. Coles, *The Ottoman Impact on Europe*, London：Thomas & Hudson, 1968, p. 70.

② 《绝对主义国家的系谱》，第 397 页。

③ 《全球通史——1500 年以后的世界史》，第 90、233 页。

④ 《世界文明史》，第 710、711、985 页；《全球通史——1500 年以后的世界史》，第 50 页。

⑤ 《大国的兴衰》，第 15 页。

⑥ 《绝对主义国家的系谱》，第 390、400 页。

⑦ Jeremy Black ed., *European Warfare*, *1453 - 1815*, New York：St. Martin's Press, 1999, p. 118.

⑧ 《全球通史》，第 355 页。

不惜向奥斯曼苏丹自称儿臣。[①] 更有甚者,法国在 1536 年甚至与奥斯曼帝国签订了《奥斯曼帝国和法国友好与商业条约》,正式建立起极为密切的同盟关系,并决定共同对付神圣罗马帝国皇帝查理五世,令当时的基督教徒极为震惊,而被指为"渎圣"。[②] 对此,法国不以为意,为了加强同奥斯曼的关系,法国多次提出修约建议,使同盟条约在 1569 年 10 月 18 日、1581 年 7 月、1597 年 2 月、1604 年 5 月 20 日都得到更新和扩展。[③] 德国哲学家莱布尼茨曾向法王路易十四建议,与其越过莱茵河来实现政治抱负,不如转向东南,向奥斯曼帝国挑战,这样在政治上更划算。[④] 然而,这个建议并未为路易十四所采纳。究其原因,法国并不具备单独向奥斯曼帝国挑战的资本。奥斯曼帝国的强大迫使哈布斯堡王朝和欧洲一些国家当时纷纷派使节前往波斯,请求与萨菲王朝统治下的波斯建立反对奥斯曼帝国的联盟,就是一个明证。为了钳制奥斯曼人,不得不与奥斯曼人的死敌萨菲王朝进行频繁的外交活动。[⑤]

控制东西方贸易路线也是奥斯曼扩张和对外战争的重要目标。当葡萄牙人在 16 世纪的最初十年里开始垄断印度洋的香料贸易和试图控制波斯湾的商路时,经过小亚细亚的东西方贸易就受到了极大的冲击和影响。为了控制更多的商路以获得经济利益,奥斯曼国家把扩

---

① 《世界文明史》,第 969—972 页。

② 该条约于 1536 年 2 月签订,内容分经济、军事、司法、宗教等几个方面,其中条约第三条款规定了法国在奥斯曼土耳其所享有的"治外法权"。详见朱寰主编,《世界上古中古史参考资料》,北京:高等教育出版社,1987,第 326—327 页;J. C. Hurewitz ed., *Diplomacy in the Near and Middle East*, *A Documentary Record:1535 -1914*, Vol. I, New York:D. Van Nostrand Company, Inc., 1956, pp. 1 - 5. 对这一结盟的评论见 L. S. Stavrianos, *The Balkans since 1453*, New York:Rinehart & Company, 1958, p. 74; Eugene F. Rice, Jr., Anthony Grafton, *The Foundations of Early Modern Europe*, *1460 -1559*, New York:W. W. Norton & Company, 1970, p. 120.

③ 该条约在路易十四时期的 1673 年 6 月 5 日得以重新修订,1740 年 5 月 28 日永久确定;最终在"一战"后的 1924 年 8 月 6 日,该条约终止。见 J. C. Hurewitz ed., *Diplomacy in the Near and Middle East*, *A Documentary Record:1535 - 1914*, New York:Octagon Books, 1972, p. 1.

④ 《白银资本》,第 35 页。

⑤ 《全球通史——1500 年以后的世界史》,第 148—149 页。

张的矛头指向了控制叙利亚和埃及的马木路克王朝，后者当时控制着叙利亚和经红海到达开罗和亚历山大的东西方商路。"一旦征服它们，奥斯曼人就能试图直接征服印度洋。毕竟，通向麦加的朝圣路线，不仅横跨叙利亚和北非，而且也包括通向印度的海上路线。从红海和波斯湾下水的奥斯曼船只承担防护通向南亚的朝圣路线的重任。"①因此，贸易利益的诱惑和穆斯林世界合法支配权所显示的明确的征服取向牵引着奥斯曼人沿着欧亚商业走廊向东扩张。② 在整个 16 世纪，奥斯曼人还同控制印度洋贸易的葡萄牙人、波斯人等进行了长期而反复的斗争。

　　奥斯曼的巨大市场，也吸引了英、法、荷兰等国前来从事贸易。1611—1612 年是荷兰商业在地中海东部的重要转折点，1612 年荷兰大使在君士坦丁堡与苏丹签约，荷兰因此在土耳其享有贸易特权，荷兰黎凡特贸易越来越兴盛。就拿阿勒颇港口来说，1614—1616 年共有 30 艘荷兰商船到达阿勒颇。1616 年土耳其苏丹政府免去了荷兰在土耳其出口丝时所加的 3% 的出口税。这对荷兰来说，不能不说是件好事。1620 年驻阿勒颇的荷兰领事注意到荷兰在阿勒颇的贸易增长很快。③ 而荷兰最初远航东方，为避开奥斯曼帝国、强大的葡萄牙和西班牙军舰的袭击，则多次试图绕过北冰洋前往中国。1594 年、1595 年、1596 年连续 3 次派出北冰洋探险船队，当时的荷兰当局向探险队下达了明确的指示："从挪威、莫斯科公国、鞑靼的北方开辟一条去中华王国和秦王国的海上通道。"④法国与奥斯曼 1604 年修订的法土条约共 50 条，赋予了法国商人最完整

---

① 关于保护朝圣路线问题，可参见 Naim R. Farooqi, "Moguls, Ottomans, and Pilgrims: Protecting the Routes to Mecca in the Sixteenth and Seventeenth Centuries", *The International History Review*, Vol. 10, No. 2, 1988, pp. 198 - 220.

② Palmira Johnson Brummett, *Ottoman Seapower and Levantine Diplomacy in the Age of Discovery*, Albany, New York: State University of New York Press, 1994, p. 7.

③ Ruggiero Romano, "Between the Sixteenth and Seventeenth Centuries: the Economic Crisis of 1619 - 1622", in Geoffrey Parker and M. Smith eds., *The Crisis of the Seventeenth Century*, London: Routledge and Kegan Paul, 1978, pp. 174 - 175.

④ 张箭,《地理大发现(15—17 世纪)》,北京:商务印书馆,2002 年,第 277—292 页。

的税收和关税豁免权,重申法国外交官和商人在黎凡特的优先权,等等。①

　　虽然有学者认为从勒班陀战役后,奥斯曼帝国已经走向衰落,然而,"百足之虫,死而不僵"。有学者指出,"唐·约翰的著名的胜利,道义上的影响多于实质上的影响",这场战争的"政治和战略影响是微不足道的"。②因为尽管"这次胜利为最大的希望敞开了大门。但是,它当时却没有产生具有战略意义的后果"③。"对于基督教国家的海军来说,勒班陀海战是一个极大而著名的胜利,但它的确几乎没有改变基本形势。"④"这次始料未及的胜利产生的后果如此之少,以致令人感到吃惊。"⑤而且,"胜利既没有丝毫减轻参加谈判的各方互不相让的激烈程度,也没有丝毫增加它们之间的互相信任"⑥。有学者得出这样的结论:"勒班陀战役的重要性被基督徒们严重夸大了。它并不意味着土耳其海上力量永久地被摧毁;相反,奥斯曼的损失在一年内得到弥补,土耳其舰队像以前一样强大,1572 年再次出现在海上,洗劫了意大利和西西里海岸并从独立的摩洛哥统治者手中夺取了突尼斯。菲利普二世不得不撤回他的舰队以找出法国人或荷兰人,它们的王朝政治比土耳其更危险;勒班陀的胜利永远不能再出现了。"⑦同样的,这场海战过后,奥斯曼苏丹说:"异教徒只是烧焦了我的胡须;它将再次长出。"⑧确实,1572 年 4 月,勒班陀海战失败后仅 6 个月,奥

①　De Lamar Jensen, "The Ottoman Turks in Sixteenth Century French Diplomacy", *Sixteenth Century Journal*, Vol. 16, No. 4, 1985, pp. 466 - 470.

②　[英] R. B. 沃纳姆编,中国社会科学院世界历史研究所组译,《新编剑桥世界近代史》第 3 卷,《反宗教改革运动和价格革命:1559—1610 年》,北京:中国社会科学出版社,1999 年,第 338 页。

③　[法] 费尔南·布罗代尔,吴模信译,《菲利普二世时代的地中海和地中海世界》(下卷),北京:商务印书馆,1996 年,第 744 页。

④　Susan Rose, "Islam Versus Christendom: The Naval Dimension, 1000 - 1600", *The Journal of Military History*, Vol. 63, No. 3, 1999, p. 578.

⑤　《菲利普二世时代的地中海和地中海世界》(下卷),第 724 页。

⑥　《菲利普二世时代的地中海和地中海世界》(下卷),第 746 页。

⑦　Charles A. Frazee, *Catholics and Sultans: the Church and the Ottoman Empire, 1453 - 1923*, New York: Cambridge University Press, 1983, p. 69.

⑧　Paul Coles, *The Ottoman Impact on Europe*, p. 91.

斯曼帝国有大约 200 艘战舰和 5 艘划桨炮舰已做好了服役准备。[①] 并且，厄尔杰·阿里成功地把阿尔及尔的海军作为样板，组建了一支极其机动灵活的舰队。这支舰队的帆桨战船更加轻便，而且非常坚固。它们装备的大炮和辎重器材比受它们袭击的基督徒的帆桨战船少，但每次都机动灵活地战胜基督教舰队。[②] 因而，"勒班陀战役，不是直接设定了地中海中立化的条件，而是激发了进一步的战争，直到谁控制北非的问题以有利于奥斯曼人的方式解决时为止"[③]。"后勒班陀时代的外交表明，无论是菲利普二世还是威尼斯的领导者，都不是在有利的条件下同奥斯曼人达成协议的。"[④]1573 年威尼斯向苏丹妥协，而西班牙和奥斯曼之间的和平谈判在 1577 年便开始了，1581 年正式达成了休战协定，1584 年和 1587 年再次续签了休战协定。所以说，奥斯曼的力量被西方历史学家坚持的传统观点所蒙蔽：其认为 1571 年基督徒在勒班陀的胜利标志着地中海海上力量平衡的决定性转移。[⑤] 至于奥斯曼人的真正衰落，布罗代尔认为这个时间不会早于 17 世纪末，1687 年奥斯曼帝国还曾围攻维也纳，在欧洲联军面前取得了数次战争的胜利，充分显示了其军事力量依然强大，"土耳其的辉煌一直延续到所谓的'郁金香时期'，即 18 世纪"[⑥]。安德森也指出："进入 17 世纪时，伊斯兰文明的威力达到了地理上的极致。"[⑦]

　　可以说，在传统世界中，一直以来战争和贸易导致了不同文化间的交

---

① Geoffrey Parker ed., *The Cambridge Illustrated History of Warfare*, Cambridge University Press, 1995, p. 122.

② 《菲利普二世时代的地中海和地中海世界》(下卷)，第 767 页。

③ Andrew C. Hess, "The Battle of Lepanto and Its Place in Mediterranean History", *Past & Present*, No. 57, 1972, pp. 70 - 71.

④ Andrew C. Hess, "The Battle of Lepanto and Its Place in Mediterranean History", *Past & Present*, No. 57, 1972, p. 71.

⑤ P. H. Coles, *The Ottoman Impact on Europe*, London: Thomas & Hudson, 1968, p. 97.

⑥ ［法］费尔南·布罗代尔著，肖昶等译，《文明史纲》，桂林：广西师范大学出版社，2003 年，第 109、107 页。

⑦ 《绝对主义国家的系谱》，第 523 页。

流,而与其他文明的接触和交流能够引起或促进变迁。因而,也正是在这一层意义上,"由其他外部文明构筑起来的巨大的结构性、军事性的屏障加大了对欧洲的压力,迫使欧洲人沿着一条抵抗力最小的路线,扩张其海上势力,并从我们现在称之为美洲诸印第安文明地区搜刮财富资源,因为这些地区尚缺乏抵御更强大入侵者的军事力量"。[1] 因而,遭到西方文明挤压的只能是不那么强势的美洲印第安文明和非洲的部分地区。对此,维克多·李·伯克认为:"虽然无法在陆地上对中东、中国和日本形成重大突破,但欧洲人却有通过军事行动统治支配美洲土著文明的能力……欧洲人对那些无法与其海上力量相匹敌的文明发起猛攻并竭力地榨取、搜刮其财富资源。"[2]

第三节　西方的殖民与扩张

西方文明的被孤立和边缘性,使其扩展与发展沿着两个维度展开:

其一,西方文明内各国之间展开了激烈的竞争。

近代早期的西方文明存在着多种发展的趋势和可能。一种是以荷兰、英国为代表,呈现出十分明显的由民族国家的路径走向现代社会发展的趋势,它们极力追求西方诸国之间势力的均衡;一种是哈布斯堡王朝统治区域与西班牙地区则呈现出完全相反的一种态势,即沿着传统框架,通过军事征服、联姻等手段不断走向世界帝国;法国介于二者之间,而在路易十四上台后则明显倾向于后者,争当西方文明的霸主。

以上情况充分展现在哈布斯堡王朝的迅猛崛起以及它与法国波旁王朝之间的大陆争霸及其与英、荷诸国家、地区之间进行的各种明争暗斗。而瑞典等国则积极扩军备战,极力周旋在各国之间,为自己谋求最大的利益,一时间也成为西方的军事强国。葡萄牙利益集团甚至为了分得西班

---

[1]《文明的冲突——战争与欧洲国家体制的形成》,第122—123页。
[2]《文明的冲突——战争与欧洲国家体制的形成》,第176—177页。

牙的一杯羹，不惜支持西班牙赶走另一继承人，并与西班牙合并。由上述主要国家参与的"三十年战争"就是最为明显的例子。如前所述，在 17 世纪西方文明世界中发生的诸多战争中，涉及霸权争夺、国家安全、殖民地争夺的战争不下半数。

而就当时的情形而言，17 世纪西方文明几个主要大国的发展道路各异，既有工商立国，也有军事立国；既有近代意义上最早的民主政体，也有强大的绝对主义政体；既有新教产生，又有罗马旧教。整个西方文明究竟是由英、荷引导迈向现代社会，还是由西班牙哈布斯堡王朝或法国波旁王朝率领建成一个基督教大帝国，时局并不明朗。就当时的战争格局来看，似乎后者的优势更为明显一些，西班牙和法国都曾取得了几近成功的巨大胜利，迫使英荷德等国不得不经常联合起来组成反西或反法联盟进行对抗。而他们最终功亏一篑的原因，出在自身内部的一些因素的组织上，如税收体系，而这很大程度上是由当时西方文明的大环境造成的政治组织上的内在缺陷导致的，并非西班牙一国固有的问题。

同样的，笔者要指出的是，宪政道路此时只能说是英国可能走的道路之一而已。英国的《权利法案》在某种程度上似乎只是对中世纪时期大宪章传统的延续，作为新时期的"大宪章"，它同样是利益妥协的结果："三种势力、五种意见相互斗争与妥协即合作博弈的结果，它实现了博弈各方集体利益的最大化。"①维克多·李·伯克也指出："1640 至 1688 年间的英国革命时代大大延缓了王权的增长，同现代民主制相比，此时的英国议会并非全然是一种民主的力量，在一定程度上，它恢复了作为一种国家力量的封建土地精英们的统治。"②16 世纪时，英国建立的仍是混合君主制。就 16 世纪的整体情况看，国王在混合政府结构中一直稳固地保持着核心地位，用亨利八世的话说就是，国王是"首脑"，议会两院是"四肢"，"首脑"

① 程汉大，《17 世纪英国宪政的博弈分析》，《南京大学学报》，2004 年第 1 期，第 101 页。
② 《文明的冲突——战争与欧洲国家体制的形成》，第 150 页。

和"四肢"紧密结合一起,组成一个不可分割的"政治共同体"(a body politic),即国家。① 在 17 世纪后期的英国的本土权贵看来,外来的国王(以及借助外部势力的国王)在本国没有深厚的统治根基似乎更依赖他们,也更容易控制。这也缔造了一个很有信服力的说法,即它奠定了宪政政治的根基。王权在英国的最终式微是多种原因造成的,它是英国社会长期的发展结果,尤其是英国内战中君权神授、国王神圣不可侵犯等政治原则的进一步丧失;威廉三世应邀登位②以至其在英国本土根基不强;威廉三世对外政策中的失误;文弱而不幸的女性国王(安妮女王)的出现,更为重要的是由于安妮女王没有嫡系继承人以致汉诺威人入主英国;到了汉诺威王朝时,即位的是来自德国汉诺威的乔治一世和乔治二世,因为不懂英语,且以外国人身份入主英国对英国情况的不熟悉,让他们几乎无从制订适合国情的政策,且由于自身执政能力平平而逐渐自我封闭并脱离了权力核心,如乔治一世甚至把出席内阁会议当成一种负担而不愿参加,从而进一步强化了这种宪政趋势。加上 17 世纪末 18 世纪初一系列法案的出台,尤其是国王们的合作和妥协,更是强化了这种趋势。因而,在 17、18 世纪英国宪政与王权的博弈过程中的各种因缘际会,使英国较为成功地避免了博弈学说所谓的零和博弈及负和博弈,各方"努力"创造条件,以

① G. R. Elton, *Studies in Tudor and Stuart Politics and Government*, Cambridge: Cambridge University Press, 1983, p. 270.
② 威廉没有斯图亚特血统,缺乏合法的继位资格,所以更便于议会预先对王权规定某些明确的法律限制,作为拥戴他登基的先决条件。事实也是如此。1688 年,在调整国王和议会权力关系的"宪法解决"中,议会选派代表有意识地把王冠和早已拟好的《权利宣言》一起呈现给威廉和玛丽。《权利宣言》明确规定了人民和议会享有的各种不可剥夺的权利,实际上相当于西方思想家笔下的"社会契约"。尽管当时议会没有明确要求新国王正式签署它,但把它和王冠一起呈献,并当面向新国王宣读,暗示着接受这个"契约"文件是接受王冠的先决条件,而威廉同时把二者收下,意味着已心领神会,默许了其中的法律规定。1689 年,议会通过了《权利法案》,将《权利宣言》上升为宪法性法律。1701 年,议会又通过《王位继承法案》,对王权又规定了许多新的限制。对于这两个至关重要的宪法文件,威廉一一予以签署。可以说,威廉与议会各派的合作态度是英国走向宪政道路的重要一步。当然,它更多的意义是在法理学意义上的。后来事实告诉我们,虽然在法理上1688 年后国王的权力受到某些限制,但事实上国王的权力依然很大,传统王权和议会的争斗仍在延续,很多外交政策都可由国王直接制定。

实现合作型正和博弈，这也在不同程度上强化了议会的权力，这才逐渐有了后来所谓的宪政代议制政治。

其二，与外部世界的竞争与冲突，同样伴随着西方各国在新土地上的竞争。

奥斯曼帝国的依然强大屡屡使其从陆路通向东方的道路碰壁。不得已，西方人只得选择一条抵抗力最小的路线，再次从海路出发，新大陆和非洲地区再次进入了他们的视野。为此，西方人对上述两个地区展开了疯狂的殖民扩张和奴隶贸易。

以英法荷西葡为例，在美洲，西方各主要国家夺取了印第安人的大量土地，建立了大量殖民地和据点：法国建立了加拿大的路易斯安那殖民地，又在西印度夺取马提尼克和瓜德罗普两个岛屿；英国在 17 世纪初也开始在北美大西洋沿岸建立殖民地，到 1733 年建立了 13 个殖民地，在西印度，占有牙买加、巴巴多斯及巴哈马；荷兰占有北美的新尼德兰、南美的圭亚那；葡萄牙在南美占有巴西；西班牙在美洲有墨西哥、新格兰纳达、秘鲁、拉普拉塔、智利、危地马拉、加拉加斯和佛罗里达以及西印度群岛的古巴、波多黎各、圣多明各东部。在非洲，法国侵占了马达加斯加，占领戈雷和塞内加尔河口；英国占有冈比亚及黄金海岸；荷兰占领非洲的海岸殖民地，并从葡萄牙手中夺取了南非好望角殖民地；葡萄牙占有安哥拉和莫桑比克。在亚洲，西方各国也侵占了一些当时的边缘地区，如法国侵入印度，在印度沿海建立了本地治里、昌达那加等贸易站；英国侵入印度，占领了三个据点，加尔各答、圣乔治要塞及西海岸的孟买；荷兰占领了印度马拉巴海岸和科罗曼海岸、马六甲、爪哇、苏门答腊、婆罗洲的一部分、马鲁古群岛、西里伯斯、中国台湾；葡萄牙在亚洲占领了果阿和第乌岛及中国澳门；西班牙在亚洲有菲律宾和吕宋岛。

与此同时，西方国家之间也展开了争夺，主要是英法荷等后起之国对老牌势力西班牙和葡萄牙属地的侵占、掠夺。1600 年时，荷兰海军已经在大西洋和印度洋构成对葡萄牙和西班牙的威胁，荷兰人开始抢夺从波罗的海到地中海之间的远程贸易。此后,荷兰人先后与葡萄牙人、英国人在印度洋展开了激烈的争夺。1602 年,荷兰人在爪哇海与葡萄牙的一次决定性海上争斗中取得胜利,随之爪哇海的控制权落到荷兰人手中。1622 年,靠荷兰和波斯人的帮助,英国人从葡萄牙人手中夺得霍尔木兹,但英国必须把战利品和关税的一半交给荷兰和波斯,同时宣布进出霍尔木兹的荷兰和波斯商船永远免税。在荷兰人控制了印度洋之后(即 1625 年前后),英国人的黎凡特公司的贸易遭到不可挽回的打击。17 世纪葡萄牙受到荷兰的挑战,1641 年荷兰人占领了安哥拉等葡萄牙的非洲殖民地和南美洲的殖民地,1648 年至 1654 年间葡萄牙人彻底失去在印度洋的殖民据点,1641 年马六甲被荷兰占领,1644—1656 年锡兰被荷兰完全征服,葡萄牙人被逐出阿拉伯半岛和波斯湾。[①] 海洋上,也展开了对西班牙、葡萄牙商船、运金船的授权式海盗掠夺以及相互争夺。如,英国在 16 世纪 90 年代有组织的海上掠夺活动平均每年至少 100次,有的年份达 200 次。[②] 荷兰也不甘寂寞,在 1621 年就建立了西印度公司,这个公司以走私和从事海盗式的掠夺为生,仅据 1602—1615 年的统计,10 多年里荷兰人掳获西、葡船只就达 545 艘,在 1623—1636 年间短短的 13 年时间内,荷兰西印度公司就宣称捕获伊比利亚船只 547 艘。而西荷战争期间,西班牙所属敦刻尔克地区的海盗在英吉利海峡拦截荷兰商船,在 1626—1634 年间,共击沉荷兰船只 336 艘,捕获 1 499 艘,给荷兰造成的经济损失达1 100万盾之多;1626—1646 年,敦刻尔克海盗所捕获的荷兰船只的价值超过 2 200 万盾;1621 年开始的 25 年里,敦刻尔克海盗破坏的荷兰船只达到3 000艘,即每年平均 125 艘荷兰船只遭到

---

① David Sturdy, *Fractured Europe*, 1600 - 1721, pp. 116 - 117; Donald F. Lach and Edwin J. Van Kley, *Asia in the Making of Europe*, Vol. Ⅲ, Book 1, Chicago and London: University of Chicago Press, 1993, pp. 41 - 43, 57 - 62, 77;《菲利普二世时代的地中海和地中海世界》上卷,第 839 页。

② K. R. Andrews, *Elizabethan Privateering*: *English Privateering during the Spanish War*, 1585 - 1603, Cambridge: Cambridge University Press, 1964, p. 82.

海盗袭击。[①] 据 1601 年伦敦的一份文书记载，热那亚等城市对英商的海盗行径及进行的倒卖活动叫苦连天。[②] 在某种程度上，荷兰、法国和英国的海盗是比常备军更大的打击西班牙外部海军力量的主要构成部分。对西葡属地的侵占，最为显著的征服是荷兰对巴西大部地区的占领，此前它曾是葡萄牙人的定居地。此外，荷兰还对葡占澳门发动了数次侵占战争。而为了争夺殖民地，英国的克伦威尔甚至在 1654—1655 年制定了所谓的"西部计划"（Western Design），企图占领西印度群岛中部岛屿伊斯帕尼奥拉岛（Hispaniola），并以之为基地展开对西属美洲属地的一系列入侵。[③] 17 世纪 90 年代，苏格兰也试图在达连地峡（Isthmus of Darien）寻找殖民地。英荷也多次爆发战争。荷兰人在这些战争中特别容易受到敌人伤害。他们的商船速度缓慢。因此，当荷兰船只从世界各地聚集在一起，为驶回本国港口而穿越英吉利海峡时，受到两面夹攻，而攻掠它们的英国私掠船，尤其是法国私掠船，则得到绝好收获。塞缪尔·佩皮斯叙述道，他在一艘被捕获的荷兰的印度贸易船上，发现了"一个人在世界上所能见到的处于混乱中的最大量的财富……胡椒通过每个漏缝散落出来。人踩踏在胡椒上，他在没了膝盖的丁香和肉豆蔻中行走，整间整间的房舱都堆得满满的。还有大捆大捆的丝绸和一只只铜板箱，我看见其中有只箱子打开着"。[④] 这些劫掠达到惊人规模，英国人在 1652—1654 年的第一次英荷战争里，从荷兰人那里夺得大约 1 700 艘商船作为战利品。英国人在尝得当海盗的甜头后，却又害怕逐渐发展起来的海上贸易遭到其他对手的打击，遂逐渐发展起护航任务。1652 年，由于北非海域海盗船的猖獗活动，英国的海上贸易遭受了严重损失，英国政府决定拨款 194 000 英镑，派遣一些军舰在阿尔及利亚附近海域巡航，并向往返于英国和黎凡特地区之

---

① Jan De Vries and Ad Van Der Woude, *The First Modern Economy*：*Success*，*Failure*，*and Perseverance of the Dutch Economy*，*1500 - 1815*，Cambridge：Cambridge University Press，1997，p. 404.

②《菲利普二世时代的地中海和地中海世界》，第 918 页。

③ Joseph Bergin ed. ，*The Seventeenth Century*：*Europe*，*1598 -1715*，p. 203.

④《全球通史——1500 年以后的世界史》，第 170—171 页。

间的商船船队提供军舰护航。①

　　西方人从美洲运回了大量黄金白银（参见表 6-1）。也许这些贵金属并没有对西方文明的经济发展起过多大作用，但尽管如此，这些金属可能帮助了西方的贸易"搭上了亚洲的经济列车"②，并在西方的军事革命和战争中扮演着一个重要的角色。最初西方人在美洲仅仅是简单地掠夺黄金白银用来贸易交换，然而，一旦产量下降，国力衰落就是必然的事情。如西班牙，长期以来，卡斯提尔和美洲的黄金白银一直是维系其自身经济发展的两大主要动力，卡曼曾指出西班牙的低度发展不是依赖于欧洲的其他地方而是依赖主导性的殖民地市场。③ 在 1591—1600 年间塞维利亚港年均进口黄金 1 945 千克，白银 270 763 千克。1566—1654 年间，国王从美洲得到了 1.21 亿杜卡特的财富。④ 按照地缘政治学说的说法，作为帝国，要具有较之他国的资源优势，需要下列条件：a. 技术水平；b. 生产力水平；c. 人口规模；d. 财富构成水平构成正函数。西班牙选择成为一个帝国，而一个世纪内西班牙对西方文明的主导显然是个显赫成就，但连续承担这个光荣角色需要新的经济所得或更为基本的经济发展。西班牙显然还无法做到。作为一个相对松散的帝国联合体，虽然治下领地很多，但阿拉贡、加泰罗尼亚、瓦伦西亚乃至后来的葡萄牙等地都各有其法律和税收制度，皇帝的额外收入很难得。1640 年，腓力四世企图让加泰罗尼亚人支付派驻那里保卫边境的西班牙军队的军费，结果引起了一场著名而长期的叛乱。因而，它的税收长期压在卡斯提尔人的身上，卡斯提尔成为西班牙税收制度中唯一的摇钱树。长期的压榨，给卡斯提尔的资本积累和发展带来了严重影响，西班牙农业耕地面积的相对狭小，畜牧业的大量

① Owen Rutter, *Red Ensign*: *A History of Convoy*, London: R. Hale Ltd. , 1943, p. 38.

② 贡德·弗兰克语。参见《白银资本》，第 373 页。

③ Henry Kamen, "The Decline of Spain: *A Historical Myth*?", *Past and Present*, No. 81, Nov. , 1978, p. 25.

④ Geoffrey Parker, "War and Economic Change: the Economic Costs of the Dutch Revolt", in G. Parker ed. , *Spain and the Netherlands*, *1559 - 1659*: *Ten Studies*, London: Glasgow, 1979, p. 188.

占地，阻碍了它的发展。加上人口数量的不足以及 17 世纪中的下降，让它像人口不足的瑞典一样，很难长期为继而无法扮演它想要扮演的角色。当主要的额外收入——美洲的金银剩余大为减少时，西班牙国内经济的脆弱性显得尤为明显，随之而来的就是西班牙经济的快速消退。而法国、英国和荷兰人似乎找到了新的致富途径，他们在美洲的加勒比海诸岛屿以及其他地区建立了大量种植园，起初种植园主尝试使用欧洲的契约劳动者和一些爱尔兰、苏格兰奴隶进行劳动，但很快他们就发现这些人过于昂贵且不能持久，而依靠奴隶生产的种植园对于廉价的奴隶需求日增，贩奴贸易也随之达到高峰。而这也是下一个世纪西方文明的重要事情了。

表 6-1　从美洲运送回来的黄金白银（单位：千克）①

年代	白银	黄金
1551—1560	303 121	42 957
1561—1570	942 858	11 530
1571—1580	1 118 591	9 429
1581—1590	2 103 027	12 101
1591—1600	2 707 626	19 451
1601—1610	2 213 631	11 764
1611—1620	2 192 255	8 855
1621—1630	2 145 339	3 889
1631—1640	1 396 759	1 240
1641—1650	1 056 430	1 549
1651—1660	443 256	469

　　另外，也许从今日的海洋战略眼光看，西方人当时占据的这些地区具有极为重要的地位。然而，直到 19 世纪美国人马汉第一次提出了争夺制海权、控制海洋、消灭敌人舰队等一整套的海权理论前，西方人对海洋的

---

① Wolfram Fischer et. al. eds., *The Emergence of a World Economy*, 1500 - 1914: *Papers of the Ninth International Congress of Economic History*, Wiesbaden: Franz Stein Verlag, 1986, p. 67.

重要性的认识还不是很明确,甚至被誉为西方近代军事理论的经典之作的克劳塞维茨的巨著《战争论》中也几乎不谈海战。于法国而言,是建立一支强大的海军争夺海洋霸权,还是将国家资源投给陆军进行领土扩张和维持欧陆霸权。这道选择题一直困扰着法国历代统治者。显然,法国统治者更偏爱发展陆军和进行大陆扩张,"因为法兰西毕竟是一个陆上强国,其脆弱的东北边界会招致入侵"。[①] 17世纪中后期,海军的发展得到了法国政府高层的特别关注,一度发展迅猛。17世纪末,法国拥有的舰船数量规模远胜于英国海军,法国军舰以其鲜明的轮廓和宽敞的炮位享有最优舰只的声誉。[②] 然而,法国海权衰落的原因之一是法国的对外战略重点一直在海外扩张与欧陆称霸这两个方向之间摇摆,以致顾此失彼。海军大臣和财政总监柯尔柏执掌大权期间,他积极鼓励工商业与拓展海外殖民地,而当时的法国陆军部长卢瓦侯爵则极力主张在欧洲大陆的领土扩张。柯尔柏死后,卢瓦侯爵执掌决策大权,海军就失去了继续发展的动力,而确立了争夺欧洲大陆霸权的对外政策,从1702年至1713年的西班牙王位继承战争,一直到1763年英法七年战争结束,18世纪的法国多次处于四面受敌的不利境地,经常手忙脚乱地去同时应付海陆两个方向上的敌人。法国的海军作战指挥、军舰操纵、造船工艺等宝贵的经验都没能很好地传承下去。正如法国历史学家布罗代尔在《法兰西的特征:空间和历史》中所说:"就其民族特性来讲,法国也确实不宜于海上发展。"[③]英国也未必好到哪里去。到17世纪中期,英国海上运输业才一改一个世纪以前的落后状况,由沿海运输发展到欧洲近海运输,并进而发展到远洋运输。"尽管英吉利是一个海洋民族,一些英国人一直从事某些与海洋相关的行业——捕鱼、沿海贸易及与波罗的海和西班牙的船运,但是英国人

---

① 罗宾·W.温克著,赵闯译,《牛津欧洲史(第二卷):从旧制度到革命时代(1648—1815)》,长春:吉林出版集团,2009年,第108页。

② J. S. 布朗伯利编,中国社会科学院世界历史研究所组译,《新编剑桥世界近代史:大不列颠和俄国的崛起(1688—1725年)》,北京:中国社会科学出版社,2008年,第1067页。

③ 费尔南·布罗代尔著,张泽乾译,《法兰西的特征:空间和历史》,北京:商务印书馆,1994年,第64页。

对伊比利亚两个国家的早期海上扩张事业反应迟钝。直到 16 世纪下半叶，由于葡萄牙和西班牙瓜分了东西半球，从南方绕到东方的可能性消失，英国一心想开辟东北航路，加之受南北美洲和加勒比海地区发现的刺激，英国才开始有越来越多的人从事海洋探险，形成一个与海洋探险相关的特性，开始铸造一个航海传统。"①但此时英国的海洋开拓基本上属于私人性质，政府对海洋开拓仍然采取消极态度，国家的政策也不利于英国人的海外拓殖。"斯图亚特王朝前期的历届政府在掠夺殖民地问题上所采取的态度更加消极。斯图亚特王朝政府不但对于那些私人和公司的主动性不给予国家的支持，甚至为了讨好西班牙而对那些过分积极的殖民者采取惩罚措施，从而妨碍了私人殖民者主动性的发挥。这些私人殖民者原拟仿效荷兰人，在西班牙占领的美洲大陆和海上，开展大规模的掠夺活动。但是这种打算由于詹姆斯一世和查理一世政府的遏制而化为泡影。"②

更为重要的是，在制陆权或陆路交通和近海贸易仍占据主导地位的 17 世纪，西方人占据的地区基本上都远离亚非各大帝国的中心统治区域，在某种程度上不能不说是一种地理上的边缘，从实际作用看，最初这些地点更多的是作为西方人一种贸易航行中的停靠点、歇脚点、淡水补给点、与其他帝国进行贸易前的试探地等在发挥着原始作用。正如我们接下来看到的那样，葡萄牙人、荷兰人都曾在亚洲的某些沿海岛屿建立了某些据点，但这只是暂时的和有限的，他们并没有能力对亚洲内陆进行规模稍大的入侵，他们也未能在亚洲海域内取得垄断地位，西方人企图征服中国或（要不是因为腐败）在中国建立永久性商业据点的前景是极为黯淡的，如侵犯中国台湾的荷兰人也被郑成功驱逐。也就是说，西方的军事发展和所谓的"优势"根本不具备改变亚洲任何地方以陆地为基础的力量格

---

① Peter Bradley, *British Maritime Enterprise in the New World*: *from the Late Fifteenth to the Mid-Eighteenth Century*, Edwin Mellen Press, 1999, p. 2.

② 叶·阿·科斯明斯基、雅·亚·列维茨基，何清、丁朝弼、王鹏飞等译，《17 世纪英国资产阶级革命》（上卷），北京：商务印书馆，1990 年，第 173 页。

局。而在与外部世界的交往中，也促使了西方文明内部怀疑主义的发展，同样也是此观点的一个例证。换句话说，最初遭到西方文明挤压的亚非地区实际上是亚非各主要国家统治的薄弱地区。也只有在这些地区，西方文明才能取得一席立足之地。只是接下来的历史发展，却向着有利于西方文明的方向发展，在后来的几个世纪中，全球性交换网络的发展使得海洋的重要性越来越明显，曾经的立足点大多成为举足轻重的战略要地。这一情况的变化和新机遇的出现，让西方文明在与其他地区各文明的竞争中拔得了头筹。

总之，从对外部世界的前述考察中可以看到，当今学术界存在着"一元、一维、单向"为主要特征的历史认识弊端。对此，王晋新先生将之归为两种谬误：时间上的谬误，即在一个原本不存在一个中心、一种发展维度和单向影响作用的历史阶段，去大谈奢谈西方的"中心"地位和作用，将18世纪中叶或19世纪工业革命之后的西方文明所具有的地位和意义提前置放到16、17世纪；空间上的谬误，无端地把原本对具有独特性、区域性的西欧问题的解决方法、道路，抬升、提高到解决所有区域文明问题的高度，成为放之四海而皆准的金科玉律，并在某些力量的推动下，去误读、误判其他区域文明的历史实践。而且，学术界在一元中心、一维发展和单向影响的认识弊端中构建出一个三位一体的历史模式，以此说明西方文明的合理、先进与永恒。这种历史模式又必然导致另一种"三位一体"现象，即西方化的思维逻辑、价值取向和话语叙述模式，从而遮蔽、模糊了历史的本来面目。[①]

因此，有必要在全球视野下对17世纪的非西方诸文明的发展状况进行大量而深入的历史研究。对此，佩里·安德森认为："迄今为止，如果说对欧洲来说已经进行了大量翔实的学术研究，那么相比之下，对于非欧广大地区的历史在多数情况下仅仅是走马观花、隔靴搔痒。但是，在程序

---

① 参见王晋新，《多元、多维与多向：重新审视1500年以来世界文明》，《学海》，2007年第3期，第91页，及其未刊论文稿《一元与多元、一维与多维、单向与多向——重新审视16、17世纪世界文明的发展大势》。

上有一个十分明显的教训，即绝不能先建立欧洲进化的规范，然后把亚洲的发展情况归入遗留的一个统一范畴……实事求是地建立一种具体而准确的社会形态和国家体系的类型学。这种类型学尊重它们各自结构和发展的重大差异。只有在无知黑夜，一切不熟悉的形象才会具有相同的颜色。"①而笔者还要强调的是，对现有西方文明的研究中，尤其是对17世纪西方文明的解读中，还存在着许多不清楚，甚至误读之处，要认清西方文明和外部世界的真实关系问题，首先应当回到欧洲，回到西方文明自身，应当将西方文明的实际发生情况，看作真实的历史过程而非抽象的理论模式认真进行探讨。现代世界的真正起源也许就在其中。

---

① 《绝对主义国家的系谱》，第566页。

结论： 危险与机遇

　　行文至此,笔者似乎可以就导言中所提出的诸多问题做一总结性的回答了。

　　西方文明在近代早期的崛起和全球性扩张,是近代以来世界历史发展最引人注意的重大事件之一。然而,在研究中,我们会不时碰到历史学家的时代错误。长期以来,学者们对其原因的解读或多或少都带有欧洲中心论或西欧中心论的思路,历史学家在使其研究符合科学规律时,也常常力求解释某些历史事件发生的先后关系,致力于解释过去的事情,也常常像物理学家和化学家的实验那样,从已知的条件和特定的物质中去预测某些结果,而将之归因于西方文明自身的特质。然而,一个文明的发展却不同于物理学家和化学家的实验室试验,自然界和人类世界的复杂性更是充满了各种偶然性和意外事件,这些事件使得未来的文明发展格局会以新的方式形成,从而呈现出一种新的面貌。也就是说,有些事情看来比其他事情更有可能发生。换言之,已经发生之事不一定就是实际上最可能发生之事。但是,历史学家却很容易将真正发生了的事情,同"应当发生"的事情联系在一起。这种必然性的意识,掩盖了在特定的历史时刻存在着的多种可能性。因而,笔者以为,要分析 17 世纪西方文明的发展问题,就不得不提到偶然性这个问题。

　　通常来说,人类社会历史现象的偶然性主要表现在两个方面:一是人们对自己从事历史活动的后果难以预料、难以把握。这是由历史运动中各种复杂因素相互作用所导致的。由于事物内部的矛盾斗争,以及它和周围条件的复杂联系，在事物发展中往往存在着多种可能性，可能性是事物合乎规律的发展趋势，是事物具备了一定条件下的发展趋向。许多历史的结局，单纯用历史的必然性是无法解释的。"一个事件本来将会作为一系列若干之前事件的后果而发生的，但由于另一系列其他事件中途插足进来，因而所期望发生的结果竟然变了样子。"①可以说，人们对自己活动的后果总是难以把握的，经常遇到一些种豆得瓜的尴尬事情。每个投入历史活动的人都有自觉的目的，而历史运动的结局，却很少照顾到人们的目的。一如列宁所说："历史喜欢捉弄人，喜欢同人们开玩笑。本来要到这个房间，结果却走进了另一个房间。"②一般地，事情总是这样的：人们在解决某一问题时，采取一种看来非常有效的措施，但对这种措施事后会带来什么样的灾难性的后果，却又显得惊人的无知。人们对自己行动的后果及其负面影响，总是意想不到的。于是，这些后果，对于行动者来说，就显得那样突然、偶然和不能把握。二是具体历史现象的个别性、独特性、非重复性。任何个人都是一个偶然而非必然，而这个偶然在历史上所发生的作用则是独特的、不可替代的。历史上往往有一些面临多种选择的机会，历史的向前发展就取决于走在历史前列、指导运动的那些领袖人物的选择。这两种表现都取决于人类的意识活动。

和自然界的历史比起来，人类社会历史有一个显著的特征，即它是人们有意识有目的的活动。恩格斯在论述这一问题时曾谈到"任何事物的发生都不是没有自觉的意图，没有预期的目的的"③。也就是说，任何事情的发生，都源于一定的自觉的意图，是由一定的目的引起的。历史是人们有目的有计划的活动的结果。但遗憾的是，这一特征并没有消弭人类社会历史现象的盲目性、偶然性，反而大大加剧了这一问题的复杂性，如自觉意图或预期目的的结果却非人所能控制的。恩格斯对此也有表述：

---

① ［美］悉尼·胡克著，王清彬等译，《历史中的英雄》，上海：上海人民出版社，1964 年，第 101 页。

② 《列宁全集》第 20 卷，北京：人民出版社，1955 年，第 459 页。

③ 《马克思恩格斯选集》第 4 卷，北京：人民出版社，1972 年，第 243 页。

"人们所期望的东西很少如愿以偿,许多预期的目的在大多数场合都彼此冲突、互相矛盾,或者是这些目的本身一开始就是实现不了的,或者是缺乏实现的手段的。这样,无数的个别愿望和个别行动的冲突,在历史领域内造成了一种同没有意识的自然界中占统治地位的状况完全相似的状况。行动的目的是预期的,但是行动实际产生的结果并不是预期的,或者这种结果起初似乎还和预期的目的相符合,而到了最后却完全不是预期的结果。这样,历史事件似乎总的说来同样是由偶然性支配着的。"①举例来说,如欧洲各国建立救济体系的初始目的是为惩罚流民或驱逐外来者,但其后果却出人意料,它推动了西方文明具有近代意义的给付或免除标准制定的程序化、标准化和制度化以及征税体制、社会福利制度、公务员制度、职业教育制度乃至国家体制的发展和完善等。再如前文中提及的对英国大量使用煤作为新的能源的原因分析中也可以看出,很大程度上它也是多种偶然性产生的耦合作用所致。

中国台湾学者杜维运指出:"历史上有偶然,有例外。偶然的事件,往往牵动历史上重大的变迁……所以历史上的偶然性,往往决定历史的发展……在历史上绝没有颠扑不破的定律。"②德国哲学家卡尔·雅斯贝斯也认为:"历史不时表现为一团乌七八糟的偶然事件,像急转的洪流一样。它从一个骚乱或是一个灾祸紧接到另外一个,中间仅间隔短暂的欢乐,就是瞬息间出现的一些小岛,它们终究也必然会被吞没。一切正如马克斯·韦伯所说的那样,一条被恶魔铺满了毁坏的价值的道路。"③这些言论都很鲜明地指出了偶然性在历史发展中的巨大作用。对此,我们不应忽视。

对此,马克思主义的基本观点是既要承认必然性、规律性,也要承认偶然性,历史的运动就表现为二者的辩证统一。过去,我们过多地强调了马克思主义的历史必然性、规律性的思想,而忽视了它对偶然性的重视。其实,马克思主义丝毫不否认历史运动中的偶然因素,并且认为正是偶然

---

① 《马克思恩格斯选集》第 4 卷,第 243、393 页。
② 杜维运,《史学方法论》,台北:华世出版社,1979 年,第 361—362 页。
③ 田汝康、金重远选编,《现代西方史学流派文选》,上海:上海人民出版社,1982 年,第 37 页。

性充当了必然性的表现形式及其必要补充，必然性需要通过偶然性来为自己开辟道路。而在历史领域里，当巨大的社会力量形成对峙时，也就形成了无处不在的能牵一发而动全身的临界点，即社会历史处于混沌状态，这时可能一个小小的随机扰动，都会掀起一场轩然大波，一个小小的机缘、力量都可以左右胜利的天平。这也就是社会历史中的"蝴蝶效应"①。因而，要探讨 17 世纪西方文明的变革问题，在笔者看来除了必然性外，同样要重视偶然性的巨大作用。正是由于历史进程中不断有偶然性为其开辟道路，人类主体才有选择道路的主观能动性，才会使历史朝着大多数的利益和愿望的目标前进，历史才不再是神秘的。我们不必对历史偶然性讳莫如深，历史正是通过这种无数的偶然性体现出规律性和必然性。偶然性已成为不断探索新的可能性的前提，没有偶然性、随机性，也就没有选择性，没有了主体能动性，没有历史偶然性的历史，就会成为一个不可理解的谜。

　　而在 17 世纪西方文明的发展历史中，从上文的分析中，我们可以清晰地看到偶然性在西方文明发展进程中所起到的作用。正是由于气候带有偶然性（对于人类而言），它的突然变化，平均气温 1℃—2℃这一些微的

---

① 著名的混沌理论。又被称作非线性。蝴蝶效应（Butterfly Effect）最初是指在一个动力系统中，初始条件下微小的变化能带动整个系统的长期的巨大的连锁反应。这是一种混沌现象。美国麻省理工学院气象学家爱德华·罗伦兹（Edward Lorenz）在 1963 年于一篇提交纽约科学院的论文中分析了这个效应。"一个气象学家提及，如果这个理论被证明正确，一个海鸥扇动翅膀足以永远改变天气变化。"在以后的演讲和论文中，他用了更加有诗意的蝴蝶。因为这位气象学家制作了一个可以模拟气候的变化的电脑程序，并用图像来表示。最后他发现，图像是混沌的，而且十分像一只蝴蝶张开的双翅，因而他形象地将这一图形以"蝴蝶扇动翅膀"的方式进行阐释，对于这个效应最常见的阐述是："一个蝴蝶在巴西轻拍翅膀，可以导致一个月后得克萨斯州的一场龙卷风。"因为蝴蝶翅膀的运动，导致其身边的空气系统发生变化，并引起微弱气流的产生，而微弱气流的产生又会引起它四周空气或其他系统产生相应的变化，由此引起连锁反应，最终导致其他系统的极大变化。蝴蝶效应在社会学界用来说明：一个坏的微小的机制，如果不加以及时地引导、调节，会给社会带来非常大的危害，戏称为"龙卷风"或"风暴"；一个好的微小的机制，只要正确指引，经过一段时间的努力，将会产生轰动效应，或称为"革命"。此效应说明，事物发展的结果，对初始条件具有极为敏感的依赖性，初始条件的极小偏差，将会引起结果的极大差别。

下降，犹如蝴蝶翅膀鼓动的风，却对整个西方文明系统在 17 世纪的发展进程产生了诸多巨大的连锁反应，使其经历了诸多的困难与危险，直接或间接牵动了西方文明内部农业生产、社会经济、政治秩序、人口等等方面的剧烈动荡，17 世纪的西方文明表现出一种无序，经历了一场"普遍危机"。借用 20 世纪美国社会学家罗伯特·帕克的一段话："我们正生活在……一个社会瓦解的时代。万物都处在一种不安的状态中——万物看起来都在经历变迁……给常规的生活带来任何改变的任何形式的变迁，都可能使习惯分崩离析；在现有社会秩序所依赖的习惯瓦解的过程中，社会秩序也随之坍塌。影响社会生活和社会常规的任何新事物都可能带来社会的瓦解。任何新发现、新发明、新想法，都能扰乱秩序……任何看起来能够为生活增添趣味的事物，对现有的社会秩序来说都是令人困扰的。"①同时，西方文明开始了随后的调适，这些因素在变革与调整中又相互激撞、冲击，导致了一些深刻的变革与调整，从而使西方文明 17 世纪的文明变迁显得十分壮阔和复杂，也在很大程度上改变了未来西方历史发展的面貌与轨迹。因而，在某种程度上，近代早期的西方文明的自我建构是在一种混乱和无序中展开和实现的，有序的力量、无序的力量、组织的力量在混乱中纠合在一起。17 世纪的西方文明存在于分裂、对抗和冲突中，然而也就是这种分裂、对抗和冲突锻造并保存了西方文明。

正是在这一世纪中，西方社会遭遇了前所未有的重大挑战，遭遇了诸多问题，但同时也迎来了前所未有的重大机遇，例如人口的损失和下降，迫使西方不得不变革其传统的经济发展形式，从而激发了西方人的创造性，并从中孕育了西方社会的新结构，推动了传统的西方社会向近代西方社会的转型。农业的失败和由此带来的食物供应危机，也改变了自大垦殖运动以来西方人的生活方式，为了提供必要的食物，养殖业快速发展起来，从而形成了一直影响到今天的饮食习惯和发展模式。而恶劣的气候

---

① Robert Park, "Social Change and Social Disorganization", in Stuart H. Traub and Craig B. Little eds., *Theories of Deviance*, Itasca: F. E. Peacock, 1975, pp. 37 - 40.

和其他因素则迫使西方人不得不寻找替代能源，变革其生活方式，这样，煤在西方才得以大量使用，其重要作用也日益凸显出来，从而为即将到来的工业和能源革命打下了坚实基础。而后者正是日后西方快速发展起来的主要原因之一。因此，正是在应对挑战、问题和机遇中，戴着"镣铐"的西方社会迎来了自身的一次重大蜕变，各国舞出了各具风味的"舞蹈"，以相同的或相似的或不同的措施、方法对这些问题进行了极具特色的自我取舍与尝试，从而对其后世的发展历程产生了极为深远的影响。那么，在某种意义上可以说，各国面对时代带来的巨大挑战、机遇而进行的自我取舍与尝试却决定了各国未来一段时间内的发展方向和趋势，那么，各国都进行了怎样的自我取舍与尝试呢？这种取舍与尝试的结果和影响又如何？这些新的问题又成为一个个耐人寻味、发人深思的问题，也成为我们今后研究的一个方向。

同样的，在历史发展变迁的进程中，学者们大多主张将一个国家、社会、文明看作是封闭的系统。他们十分强调该系统的稳定性，并认为文明发展到一定阶段，内部的结构就会达到完美的高度，也就是通常所说的"结晶化"（crystallization）。而结晶化的另一面也就是结构的僵化。制度越趋近完美，其内部的弹性空间也越小，失去了继续挣扎的时间与空间。换句话说，系统越稳定，文明之熵①也就越小，它是极稳定的东西，既不能吸收新事物，也变不出新东西。这时的文明就会无法获得进一步的发展。如同赫胥黎之桶②，苹果—石子—细沙—水，容纳的物质越来越多，直至撑破。而文明要有新的发展，就必须有所突破（breakthrough）、有所超越

---

① 熵（entropy），热力学系统的重要状态函数之一。熵的大小反映系统所处状态的稳定情况。在信息论中，熵可用作某事件不确定度的量度。信息量越大，体系结构越规则，功能越完善，熵就越小。

② 赫胥黎所做的一个比喻：地球上生命的增加，就像是往一个大桶里装苹果，苹果放满了，桶仍有空间，还可以加石子，石子在苹果中间，不会使苹果溢出，石子加满了，还可以加细沙，最后还可以加水。赫胥黎之桶，原指生态结构的变化，桶即生物圈最主要的结构，苹果等指代依附在生物圈内的各种生态系统，后被转用于社会结构的变化。参见金观涛，《西方社会结构的演变》，四川人民出版社，1985 年，第 128—133 页。

(transcendence)。人类文明历史上有过多次突破，而每次突破前先要有一次崩坏或崩溃。它往往意味着比困境更急剧的变化，以致原有秩序的全面垮台。而这种崩坏或突破的动力，或来自自身子系统的适应性调节，或来自外力的突然进入，如蛮族入侵等。同时，人们也总是喜欢把平衡这个概念应用到中世纪晚期和现代早期的西方文明。然而，笔者要着重指出的是，那样一来它就不可避免地会对人们的正确理解产生误导。因为我们并不能用完美和静态平衡的眼光来看待包括西方文明在内的任何一个文明形态，文明自身也存在着一些看似静止不动却无时无刻不在变化的子系统，如气候。表面看来，这些子系统既在某种程度上存在于传统的文明系统之内，对人类社会的历史发展发挥着潜移默化的功效，又在某种程度上脱离于传统的人类社会系统之外，参与着太阳系甚至浩瀚宇宙的运行规律并受此影响，而且不时地将这种影响反馈在传统的人类社会系统中，显示着它的强烈存在。① 而在事实上，笔者要指出的是，在人类历史上，巨大的社会变革，不是任何单因素就可以支配的，它是众多作为文明构成要素的交互作用与奇特的凑合，而气候因素则是文明变迁发展构成要素的有机组成部分之一。要强调的是，历史本来就是多种面孔交叠在一起并且不停地在变幻的。因此，我们应该根据动态平衡来观察它，文明的动态平衡指的是这样一种状态，如果它受到某种修改，马上就会出现反应，再把它修正到下一阶段平衡的正常状态。而这种动态的平衡关系却时常为我们所忽视，如此一来，对问题的思考也就可能出现偏颇。

纵观"延长的17世纪"西方文明的发展历程，17世纪，是西方文明发展历程中极为重要的一环，在世界历史的发展进程中同样也具有划时代的意义。我们可以看到这一时期的西方文明经历了突进式的革命、暴动与起义以及渐进式的改良运动；经历了痛苦、彷徨无措和精神迷茫；经历了"多极体制"、多种势力并存和出路未知；经历了气候变化、无数次的饥荒、瘟疫、流行病、规模越来越大耗费越来越多的惨烈战争，以及由此带来

---

① 《现代化新论》，第67页。

的高额死亡率；经历了文艺复兴、宗教革命等所造成的观念世界的分崩离析式的变革、宗教迫害、巫术审判以及精神转向。它不是一种单纯的断裂，也非一种简单的继承，它对此前的西方文明诸多发展特征既有继承又有断裂，它是以往世纪蕴蓄的新力量与旧有力量发生激烈冲突、碰撞的时期，也是人口、经济、军事等文明要素重新解构和重建并艰难抉择的时期，是西方人精神文化产生异变和重要转向以及孕育新的发展可能性的时期。危机、挑战与机遇并存，发展与变革同步，倒退、动荡、徘徊与进步共在，可以说是这一时期西方文明的基本特征。正如杜普莱西斯指出的那样：17 世纪的西方社会并不完全是一个低谷，17 世纪也不纯为一种断裂，退一步说，17 世纪即便可说成是"两峰之间的 17 世纪"，其起伏程度也未必像人们想象的那样明显和有序；即便是陡然断裂，也只是一种处于传统与变革之间的取舍与尝试。①

　　最后，笔者以为，在对 17 世纪的西方社会进行的探讨中，值得研究的问题仍然很多，我们必须在借鉴、吸收西方学者们的研究成果基础上，努力寻求这些推动西方社会运动变革的基本因素之间的互动联系，从政治、经济、思想文化、军事、人口、生态等诸多社会构成基本要素着手，对 17 世纪西方社会进行全方位、多视角、多层次、跨学科的深入研讨与考察，揭示其在社会发展进程中的互动联系，在互动中揭示 17 世纪西方社会的发展规律，这样才能更有效地帮助人们认识历史本真状态下的 17 世纪西方社会，从史实和理论两方面修正以往人们在历史认识论中的线性发展史观和简单处理历史问题的习惯做法，探究社会发展过程中的复杂性、艰难性、曲折性和多样性问题。这也就为我们留下了十分广阔的思考和尝试空间。它同样对我国学术界的学术研究提出了严峻的考验和挑战。

　　总之，在 17 世纪西方文明发展历程中，各种偶然性和发展可能性相互联系、碰撞，不断产生新的耦合性作用，而各类新的文明发展问题也层出不穷，西方人为之应接不暇。但正是这些发展问题赋予了西方文明一

---

① 《早期欧洲现代资本主义的形成过程》，第 334 页。

种新的发展动力，刺激着西方文明不断努力。时至今日，我们对这一时期西方文明的探讨依然存在着许多的疑问和困惑。我们必须正视这些疑问和困惑。更为重要的是，当前的中国，正处于文明转型的重要时期，同样面临着类似的疑问与困惑，迫切需要从外部文明，尤其是从西方文明的转型、发展中借鉴和汲取必要的经验和教训，避免走弯路，这也就要求我们必须对这些疑问与困惑进行进一步的细致研究。史学家任重而道远，学术研究依然在路上，距离终点还有很多路要走。

附录[①]

一、主要饥荒发生情况表

年　份	地　点
1628、1631、1643、1662、 1694、1698、1709、1713	法国西南部
1696—1697	芬兰
1662	布莱佐瓦
1662	勃艮第
1652	洛林和四邻地区
1694	墨朗附近[②]
1594—1597	欧洲大部分
1661	法国北部、东部
1692—1694	西欧
1693	阿利坎特市[③]
1628—1629	意大利[④]

[①] 附录表格中所涉及的饥荒、瘟疫、人口死亡数字等并不完整,多为正文涉及或得到多数学者认可的部分数据。

[②] 以上数据来自《15 至 18 世纪的物质文明、经济和资本主义》第一卷,第 82—88 页。

[③] 以上数据来自 Henry Kamen, *Early Modern European Society*, London and New York: Routledge, 2000, pp. 27 - 28。

[④] 以上数据出自 J. P. Cooper ed., *The Decline of Spain and the Thirty Years War 1609 - 48/59*, Cambridge: Cambridge University Press, 1971, p. 76。

二、主要瘟疫、流行病发生情况表

瘟疫、流行病发生年份	地点	类型
1583、1605、1625	法国安茹	鼠疫
1639、1707	法国安茹	痢疾
1599—1600、1616、1648—1649	西班牙塞维利亚	瘟疫
1576—1577、1630	意大利北部	瘟疫
1623—1625、1635—1636、1644、1655	英国伦敦、荷兰阿姆斯特丹	瘟疫
1720	法国马赛、土伦	鼠疫①
1628—1629	法国里昂	流行病
1666—1675	英国	天花
1630	威尼斯	流行病
1665	伦敦	瘟疫
1630—1631	意大利北部	瘟疫②
1626—1628	荷兰阿姆斯特丹	鼠疫
1586、1629、1632、1637	多尔	鼠疫
1580、1587	萨瓦	鼠疫
1595、1599、1646—1649	塞维利亚	鼠疫
1589、1596	法国格勒诺布尔	鼠疫
1585、1588	波尔多	鼠疫
1580	阿维尼翁	鼠疫
1656	热那亚	鼠疫
1622—1628	阿姆斯特丹	鼠疫
1612、1619、1631、1638、1662、1668	巴黎	鼠疫

① 以上数据来自 J. D. Vries, *Economy of Europe in an Age of Crisis, 1660 - 1750*, p. 8.
② 以上数据来自《医学史》(上册),第 487—488 页。

续表

瘟疫、流行病发生年份	地点	类型
1593	伦敦	鼠疫
1588 及其之后一段时间	威尼斯、米兰、法国、加塔洛尼亚	流感
1597	马德里	瘟疫①
1603、1625、1665	伦敦	瘟疫
1624、1636、1655、1664	阿姆斯特丹	瘟疫
1597、1599	于尔岑（下萨克森）	瘟疫、痢疾
1599	西班牙桑坦德	瘟疫
1596—1603	大西洋瘟疫	瘟疫
1656	那不勒斯、热那亚	瘟疫
1589、1651	巴塞罗那	瘟疫②
1630	意大利	瘟疫
1656	利古里亚、那不勒斯、热那亚	瘟疫
1655	尼德兰哈勒姆、莱顿	瘟疫
1617—1664	阿姆斯特丹	9 次瘟疫
1625、1630、1636、1641、1643、1647、1665	伦敦	瘟疫、斑疹伤寒、发热、天花③
1653、1657、1660	但泽	瘟疫

---

① 以上数据出自《15 至 18 世纪的物质文明、经济和资本主义》第一卷，第 89、95、97—99 页。

② 以上数据出自 Henry Kamen, *Early Modern European Society*, London and New York：Routledge, 2000, pp. 25 - 26 .

③ 以上数据出自 J. P. Cooper ed. , *The Decline of Spain and the Thirty Years War 1609 - 48/59*, Cambridge：Cambridge University Press, 1971, pp. 75 - 77.

瘟疫、流行病发生年份	地点	类型
1666	法兰克福	瘟疫①
1647—1651	加泰罗尼亚	瘟疫
1630—1631、1640—1652、 1661—1662、1693—1694、 1709—1710	西班牙	瘟疫②

三、1580—1720 年西方文明发生的主要战争及起因

战　　争		起　　因
1. 胡格诺战争	1562—1598	宗教
2. 俄国—瑞典、波兰、丹麦	1558—1583	领土
3. 八十年战争	1568—1648	民族独立　　宗教
4. 西班牙—葡萄牙、法国、英国	1580—1589	霸权/征服　　民族
5. 英国—西属殖民地	1585—1586	争夺殖民地
6. 英国—西班牙	1587—1604	安全/均势　　报复　　商业/航海
7. 俄国—瑞典	1590—1595	领土
8. 奥地利—土耳其	1591—1606	领土
9. 爱尔兰—英国	1595—1603	民族
10. 波兰—瑞典	1600—1611	领土
11. 葡萄牙—荷兰	1601—1641	争夺殖民地
12. 波兰起义	1606—1607	争夺权力（贵族与国王）

---

① 以上数据出自 David Maland, *Europe in the Seventeenth Century*, London: Macmillan Education, 1983, p. 8.
② 以上数据出自《法兰西的特性：人与物》(上)，第 151 页。

续表

战　　争		起　　因
13. 俄国—波兰	1609—1618	霸权/征服　　领土
14. 于利希封地继承战争	1609—1614	王位继承　　领土
15. 丹麦—瑞典	1611—1613	霸权/征服　　领土　　商业/航海
16. 英国—葡萄牙	1512—1630	商业/航海
17. 俄国—瑞士	1613—1617	王位继承
18. 波兰—土耳其	1614—1621	报复（支持内部叛乱）
19. 波兰—瑞典	1617—1629	领土
20. 波希米亚—巴拉丁	1618—1623	宗教
21. 三十年战争	1618—1648	领土　　霸权/征服　宗教　争夺权力
22. 荷葡西非战争	1620—1655	争夺殖民地
23. 法国贝阿恩暴动	1621—1629	宗教
24. 荷兰—西班牙	1624—1629	争夺殖民地
25. 英国—法国	1627—1628	商业/航海　　宗教
26. 俄国—波兰	1632—1634	领土
27. 法国—西班牙	1635—1659	领土　　霸权/征服
28. 英王—苏格兰教会	1639—1640	宗教
29. 葡萄牙革命	1640	民族独立
30. 葡萄牙—荷兰	1640—1641	争夺殖民地
31. 西班牙加泰罗尼亚暴动	1640—1659	争夺权力（反对中央集权）
32. 西班牙—葡萄牙	1641—1644	民族
33. 爱尔兰大叛乱	1641—1649	宗教　　民族
34. 英国内战	1642—1646 1648—1652	争夺权力（国王与议会争权）
35. 丹麦—瑞典	1643—1645	领土　　地区霸权

战　　争		起　　因
36. 威尼斯—土耳其	1645—1669	领土
37. 那不勒斯—西班牙	1647	阶级压迫　　民族
38. 乌克兰—波兰	1648—1654	民族　　宗教
39. 英国—爱尔兰	1649—1650	霸权/征服
40. 英葡战争	1650—1654	报复（支持对方内部敌人）
41. 英格兰—苏格兰	1650—1651	霸权/征服
42. 第一次英荷战争	1652—1654	商业/航海　　争夺殖民地
43. 俄国—波兰	1654—1667	领土
44. 英国彭拉多大叛变	1655	王位继承
45. 英国—西班牙	1655—1660	争夺殖民地　　宗教
46. 瑞典—波兰	1655—1660	王位继承　　领土　　安全/均势
47. 瑞士内战	1656	宗教
48. 俄国—瑞士	1656—1658	领土　　商业/航海
49. 西班牙—葡萄牙	1657—1668	霸权/征服
50. 奥地利—土耳其	1663—1664	领土　　安全/均势
51. 英国—荷兰	1664—1665	争夺殖民地　　商业/航海
52. 拉辛起义	1665—1671	阶级压迫
53. 波兰内战	1665—1667	争夺权力（贵族与国王）
54. 英国—荷兰	1665—1667	商业/航海　　争夺殖民地
55. 英国内乱	1666	宗教
56. 法国—西班牙	1667—1668	王位继承　　领土　　商业/航海
57. 英国海盗—西班牙	1668—1671	抢劫财富
58. 波兰—土耳其	1672—1677	领土　　宗教
59. 荷兰—法国、英国	1672—1678	领土　　安全/均势
60. 西西里墨西拿叛乱	1674—1679	民族独立

续表

战　　争		起　　因
61. 丹麦—瑞典	1675—1679	领土　　商业/航海
62. 英国誓约派起义	1679	宗教
63. 法国—西班牙	1683—1684	领土
64. 奥地利—土耳其	1683—1699	领土　　宗教　　安全/均势
65. 蒙默思公爵叛乱	1685	宗教　　争夺权力
66. 威尼斯—土耳其	1685—1699	领土　　安全/均势
67. 路易十四入侵莱茵河流域	1688—1689	领土
68. 大同盟战争	1688—1697	王位继承　　安全/均势
69. 英国詹姆斯党人叛乱	1689—1690	王位继承
70. 第二次北方战争	1700—1721	领土　　商业/航海　　安全/均势
71. 西班牙王位继承战争	1701—1714	王位继承　　安全/均势
72. 法国卡米撒派起事	1702—1710	宗教
73. 瑞士菲尔墨派战争	1712	宗教
74. 威尼斯—土耳其	1714—1718	领土　　安全/均势
75. 英格兰—苏格兰	1715—1716	王位继承
76. 波兰起义	1716—1718	阶级压迫
77. 奥地利—土耳其	1716—1718	领土
78. 西班牙—英国、法国、荷兰、奥地利	1718—1720	王位继承

　　注：此表中数据分析综合了乔治·C.科恩《世界战争大全》(北京：昆仑出版社，1988年)的战争数据和厦门大学历史系许二斌副教授在《欧洲战争起因变化趋势研究》(《厦大史学》第二辑，2006年)一文中的部分数据及其起因分类，在此致谢。

四、17 世纪西欧国家、地区主要人口死亡数字/比例表

时间	国别/地区	死亡人数/比例
1628—1629	里昂	半数居民
1630	米兰	86 000 人
1656	热那亚	65 000 人
1679	维也纳 布拉格	100 000 人 100 000 人
1626—1628	阿姆斯特丹	35 000 人
1623—1625、1635—1636、1655	阿姆斯特丹	每次 1/10 以上
1593—1665 年间 5 次瘟疫	伦敦	156 463 人
1600—1670 年间 1628—1632 年间	法国	2 200 000—3 300 000 人 1 000 000 人左右
1720	马赛	50% 以上
1630	曼图瓦	70%
1656	那不勒斯、热那亚	近 50%
1589、1651	巴塞罗那	28.8%、45%
1603、1625、1655	伦敦	200 000 人
1597、1599	下萨克森的于尔岑	30%、14%
1599	桑坦德	3 000 人中的 83%
1630	威尼斯	500 000 人
1665 年 8 月一周	伦敦	6 102 人
1630—1631	北意大利 曼图瓦	1 000 000 人 32 000 中的 25 000 人
1660—1662	巴黎南部的阿蒂斯教区	62% 的 10 岁以下儿童

续表

时间	国别/地区	死亡人数/比例
1628—1630	意大利半岛 博洛尼亚城和郊区 威尼斯、基奥贾、马拉莫科 帕多瓦 维罗纳城和郊区 帕尔马 克雷莫纳	1 500 000 人 29 698 人 46 490 人（约 35%） 17 000 人（约 44%） 31 000 人（约 59%） 20 000 人（约 50%） 25 000 人（约 60%）
博罗梅奥时代 1630 1631 1624—1633	米兰 博洛尼亚 威尼斯	180 216 人减至 100 000 人 65 000 人降至 46 747 人 142 804 人降至 98 224 人
1655	尼德兰的哈勒姆	5 723 人
1622—1625 1635 1655	莱顿	9 897 人 14 582 人 10 529 人
1624 1636 1655 1664	阿姆斯特丹	11 975 人（1/9） 17 193 人（1/7） 16 727 人（1/8） 24 148 人（1/6）
1600—1700	西班牙	1/4
1603 1625 1665	伦敦	30 000 人 35 417 人 97 306 人
1635—1660	阿尔萨斯、弗朗什-孔泰和洛林	50%
1647—1652	西班牙大部分地区	1 000 000 人，约总人口的 1/5
1696—1697	芬兰	1/4

后记

行文至此似应暂画一句号了。青莲曰："夫天地者,万物之逆旅也。光阴者,百代之过客也。而浮生若梦,为欢几何。古人秉烛夜游,良有以也。况阳春召我以烟景,大块假我以文章。"然吾非青莲也,小文虽初成,亦感光阴荏苒,秋色喜人,然心中惴惴焉,恐此雕虫小技,不合大人,岂敢游乎?

然每端坐堂中,睹此小文,又不禁浮想联翩。

初涉此题乃硕士毕业论文选题之时。初选此题,一为导师其时正思索 15—17 世纪世界文明发展大势问题,一次言及国内学界对 17 世纪西方社会整体发展状况少有涉足;另一为在学院资料室翻看资料时,偶然发现一本 1982 年版、甘瑞·马丁·贝斯特编著的"文献与争论"丛书之《17世纪欧洲》,该书描述了西方学术界 20 世纪 50—70 年代间对 17 世纪欧洲历史的研究概况,其中第十部分简要介绍了西方学术界对"17 世纪危机"问题的研究状况。贝斯特在书中摘录了几种相关研究观点,言语中透露出西方学术界对此曾进行过一场大讨论且成果颇丰。其视角之新颖独特,笔者此前闻所未闻。

两相联系,激发了笔者兴趣。随后,笔者开始按图索骥查找相关资料。果然,西方学术界曾围绕着这一问题进行了长达半个世纪的论争。言谈中,透露出 17 世纪西方文明的发展遭遇很多问题。而这与笔者此前所学教材中所描绘、传递出的图景大相径庭。孰对孰错,抑或两者都不足以反映出 17 世纪西方文明的真实图景?那么,真实的 17 世纪西方文明图景又应该是怎样的呢？这一问题一直萦绕在笔者脑海之中。

为解开此谜团，遂以此问题作为硕士论文选题。初时，踌躇满志，本打算在对西方学术界的相关学术研究史进行一番考察后，再从政治、经济、精神文化、生态、人口、战争等诸多西方社会构成要素着手，对 17 世纪西方社会进行一次宏观的整体性考察，以释心中所惑。本想事情也会进行得很顺利，然而当对社会诸构成要素进行考察时，很快就发现事情远非笔者想象的那样简单。问题之艰巨，以至于小文初时线条极为粗放，常常挂一而漏万，加之学力之不逮，更是举步维艰。不得已，征得导师同意后，笔者只得将这一宏伟构想舍弃并将小文主要研究方向转向对 20 世纪中叶西方学术界所爆发的关于"17 世纪普遍危机"论争的梳理与辨析。诸多遗憾与无奈，只好期待未来努力了。

就读博士期间，笔者对 17 世纪西方文明发展历程的兴趣依然高涨。同时，笔者希望通过进一步努力，可以稍减以前的遗憾和无奈。于是，在和导师商量后仍然选择 17 世纪西方文明作为自己的主选方向。而其主要思路则是最初思路的延续，对 17 世纪西欧的气候与生态、精神与文化、战争与军事、人口与社会等方面所遭遇到的困难和问题展开论述。至于能否达成效果，内心实是惶恐。

工作后，幸而得中教育部人文社科基金青年项目"气候的外生冲击与 17 世纪西欧社会变迁研究——基于历史学的视野"，遂将博士论文进行改写。小文试图以 17 世纪西欧气候变迁为切入点，从侧面凸显出一些常为人所忽视的西方文明发展态势，以期勾勒出各文明要素之间的互动联系。另外，小文还对文明、社会转型理论进行了一些简单探讨。细心的读者或许会发现，笔者介绍的部分条目中并没有那么多言之凿凿的客观或盖棺定论的不变。即使是那些客观和不变，其间也包含了诸多变数。部分观点，因为没有过多的数据支撑，也使我很难遽下断语。文中也不可避免地要描述一些西方文明发展变迁的代价、所呈现出的惨淡场景。当然，在文明发展变迁就是痛苦的历史等等诸如此类的观点上花费过多的精力显然不是我的目的，我的目的仅仅是指出和分析一些与文明发展变迁进程有关的相当明显的代价。我力图不受主观价值判断的影响（至少我的理想是这样），试图让对历史发展的解读受制于证据而非头脑中简单的好坏、善恶之类的二元对立概念。当然，应该承认，做到这样并非十分容易。

在某种意义上，小文也应属于所谓的宏大叙事。今日学界，说起宏大叙事似乎是种讽刺，因为宏大叙事与其说是一种历史叙事，不如说是一种历史构想、一种完满的构想，甚至不免带有神话的色彩。宏大叙事必然包含不曾体验到甚至无法体验的环节，神话用想象来补足这些环节，而现代人则用推理来补足。小文的尴尬之处似乎就在这里：即便你可能正确地指出某种趋势，但是你无法落实更多细节。宏大叙事遭遇最多的攻讦是细节上的失守，而微观研究和考据之所以能够胜出，靠的就是在细节上与你巷战，攻一点而不及其余，哪块失守对你来说都难免会灰头土脸。这并非是我自己对文中可能的失误进行辩解（如果有不足被指出，也未尝不是件好事，因为这种失守很可能是因为笔者学力不逮所致，或可以推进某种细节研究），但我们仍然需要宏大叙事，它是我们认识和描述世界的思维模型，就像一个孩童在努力寻找碎片以进行完整的拼图，即使它只具有美学意义上的价值。

最后，当然要感谢许多关心、帮助过我的人。是他们让我感到了温馨和幸福。

曾忆昔，壬戌年秋九月，有幸而获选，入于先生王晋新门下。屈指算来，学习与工作跟随先生已有十二年。此十二年，先生之于吾，可谓劳矣。吾本愚钝，然先生不以为意，不避辛劳，勤加指点。每求教先生，先生辄尽其所知而予以详细解答。此十二年，虽有遗憾和无奈，然更多的是收获和欢乐。此十二年，无论是做人还是做事，学生都深有所得，此对我可谓收获甚丰，受益匪浅。此十二年，当为我二十余年寒窗苦读生涯之一大乐事、幸事！谨在此借寸纸支笔聊表对导师王晋新教授的感激。先生之为学、为人、为师风范，当为吾日后学习之楷模。

要感谢从而受教之史苑众良师：徐家玲、周巩固、宫秀华、董小川、梁茂信、王云龙、李晓白等，吾从而受教良多，在此一并谢过。东北师范大学荣誉教授朱寰先生，北京大学的高毅教授，天津师范大学的侯建新教授、张乃和教授，南京大学的杨豫教授，清华大学的刘北成教授，武汉大学的向荣教授，吉林大学的张广翔教授等学界前辈都曾对小文提出过很好的意见、建议和点拨。诸师之恩惠自当铭记心中。

还要感谢所有关心和爱护我的人。感谢我的父母孙书红、吴京华，岳父母尹相荣、侯桂平，妻子尹璐、女儿孙嫣然等亲人始终如一的支持，让我感激不尽。与同门姜德福、许二斌、魏建国、孙守春、王军、赵红、尹铁超、陈金锋、宋保军、韩福秋、赵阳等的学术交流让我颇受启发，他们的鼓励和帮助则让我内心十分温暖，在此也一并致谢。薛刚、客洪刚、穆崟臣等朋友在我搜寻学术资料时都提供了极大便利，在此致谢。

"文章千古事，得失寸心知"，倘小文尚有可取之处，则尽可归之于以上诸君之无私帮助。文中所存之一切缺憾与文责则尽由吾一人承担可也。

其时在甲午年国庆，感触良多，不知所言，且为记。